\初心者から/

ちゃんとしたプロになる

Webデザイン基礎入門

NEW STANDARD FOR WEB DESIGN

栗谷幸助
相原典佳
藤本勝己
村上 圭
吉本孝一 共著

改訂
2版

books.MdN.co.jp
MdN
エムディエヌコーポレーション

はじめに

1990年代の半ばに、Webサイトが世の中に広がり出してから四半世紀ほど経ちました。パソコンで「見るもの」だったWebサイトは、今ではスマートフォンなどのさまざま端末で「使うもの」へと進化しています。

そうした状況の中で「Webデザイン」を担う方がやるべきことや必要になる知識の量は、当初と比べると格段に増えています。初心者の方が「プロとしてのスタート地点」に立つためには何を学ぶべきか？に迷ってしまう時代ともいえるでしょう。

本書は、初心者の方がプロを目指す上で、最初に必要となる基本的な知識や技術を体系的に学べる書籍を目指したものです。大学や専門学校、社会人向けの専門スクールで教鞭を執っている執筆陣が、それぞれの経験をもとに、やさしく・しっかりと解説しています。

Webデザインの概論や制作に必要となるツール、素材・配色に関する知識にはじまり、HTML・CSSの基礎をていねいに学んだあと、実際にWebサイトを作ることでHTML・CSSの実践的な使い方を理解し、最後にサイトの公開や運用に関する知識を身につけます。この一連の流れは、Webサイトの実制作のフローに沿ったものです。

AIによるクリエイティブの自動生成が話題の昨今。このAIが私たちに取って代わるのではないか？といった声も聞かれますが、私はWebサイトを共に作る心強いチームメンバーとして、AIが寄り添ってくれると思っています。この本で学ぶ知識や制作スキルは、人と人とのコミュニケーションのみならず、AIとのコミュニケーションにおいても力を発揮するはずです。

何かを学びはじめるときに読み込んだ本は、プロとして活動をスタートしたあとも“お守り”のような存在になるもの。本書が、みなさんの「学び」の場でいつも側にあり、プロとして活躍するときにも“お守り”となるような、長く寄り添うものになれば幸いです。

2023年8月
著者を代表して　栗谷幸助

Contents 目次

サンプルのダウンロードデータについて

本書の解説で使用しているHTML・CSSファイルなどは、下記のURLからダウンロードしていただけます。

https://books.mdn.co.jp/down/3223303008/

【注意事項】
- 弊社Webサイトからダウンロードできるサンプルデータは、本書の解説内容をご理解いただくために、ご自身で試される場合にのみ使用できる参照用データです。その他の用途での使用や配布などは一切できませんので、あらかじめご了承ください。
- 弊社Webサイトからダウンロードできるサンプルデータの著作権は、それぞれの制作者に帰属します。
- 弊社Webサイトからダウンロードできるサンプルデータを実行した結果については、著者および株式会社エムディエヌコーポレーションは一切の責任を負いかねます。お客様の責任においてご利用ください。
- 本書に掲載されているHTML・CSSなどの改行位置などは、紙面掲載用として加工していることがあります。ダウンロードしたサンプルデータとは異なる場合がありますので、あらかじめご了承ください。

本書の使い方

本書は、WebデザインやHTML・CSSの初心者の方に向けて、Webサイト制作の基本知識と作り方を解説したものです。本書の構成は以下のようになっています。

解説ページ　記事テーマごとに基本的な内容を本文と図版で解説し、補足的な説明を加えています。

① 記事テーマ

記事番号とテーマタイトルを示しています。

② 解説文

記事テーマの解説。文中の重要部分は黄色のマーカーで示しています。

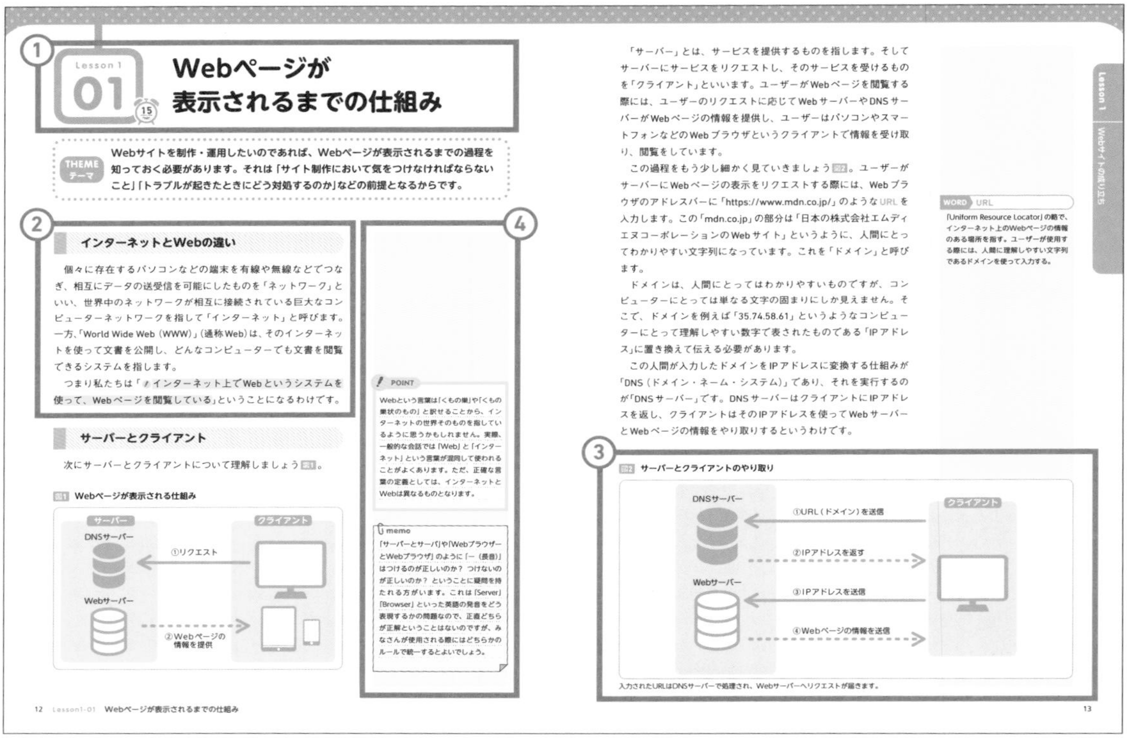
① Lesson 1 01 15

Webページが表示されるまでの仕組み

THEME テーマ Webサイトを制作・運用したいのであれば、Webページが表示されるまでの過程を知っておく必要があります。それは「サイト制作において気をつけなければならないこと」「トラブルが起きたときにどう対処するのか」などの前提となるからです。

②

インターネットとWebの違い

個々に存在するパソコンなどの端末を有線や無線などでつなぎ、相互にデータの送受信を可能にしたものを「ネットワーク」といい、世界中のネットワークが相互に接続されている巨大なコンピューターネットワークを指して「インターネット」と呼びます。一方、「World Wide Web（WWW）」（通称Web）は、そのインターネットを使って文書を公開し、どんなコンピューターでも文書を閲覧できるシステムを指します。

つまり私たちは「インターネット上でWebというシステムを使って、Webページを閲覧している」ということになるわけです。

サーバーとクライアント

次にサーバーとクライアントについて理解しましょう 図1。

図1 Webページが表示される仕組み

サーバー
DNSサーバー
Webサーバー
①リクエスト
②Webページの情報を提供
クライアント

④

POINT

Webという言葉は「くもの巣」や「くもの巣状のもの」と訳せることから、インターネットの世界そのものを指しているように思うかもしれません。実際、一般的な会話では「Web」と「インターネット」という言葉が混同して使われることがよくあります。ただ、正確な言葉の定義としては、インターネットとWebは異なるものとなります。

memo

「サーバーとサーバ」や「Webブラウザーと Webブラウザ」のように「ー（長音）」はつけるのが正しいのか？ つけないのが正しいのか？ ということに疑問を持たれる方がいます。これは「Server」「Browser」といった英語の発音をどう表現するかの問題なので、正直どちらが正解ということはないのですが、みなさんが使用される際にはどちらかのルールで統一するとよいでしょう。

12 Lesson1-01 Webページが表示されるまでの仕組み

「サーバー」とは、サービスを提供するものを指します。そしてサーバーにサービスをリクエストし、そのサービスを受けるものを「クライアント」といいます。ユーザーがWebページを閲覧する際には、ユーザーのリクエストに応じてWebサーバーやDNSサーバーがWebページの情報を提供し、ユーザーはパソコンやスマートフォンなどのWebブラウザというクライアントで情報を受け取り、閲覧をしています。

この過程をもう少し細かく見ていきましょう 図2。ユーザーがサーバーにWebページの表示をリクエストする際には、Webブラウザのアドレスバーに「https://www.mdn.co.jp/」のようなURLを入力します。この「mdn.co.jp」の部分は「日本の株式会社エムディエヌコーポレーションのWebサイト」というように、人間にとってわかりやすい文字列になっています。これを「ドメイン」と呼びます。

ドメインは、人間にとってはわかりやすいものですが、コンピューターにとっては単なる文字の固まりにしか見えません。そこで、ドメインを例えば「35.74.58.61」というようなコンピューターにとって理解しやすい数字で表されたものである「IPアドレス」に置き換えて伝える必要があります。

この人間が入力したドメインをIPアドレスに変換する仕組みが「DNS（ドメイン・ネーム・システム）」であり、それを実行するのが「DNSサーバー」です。DNSサーバーはクライアントにIPアドレスを返し、クライアントはそのIPアドレスを使ってWebサーバーとWebページの情報をやり取りするというわけです。

WORD URL

「Uniform Resource Locator」の略で、インターネット上のWebページの情報のある場所を指す。ユーザーが使用する際には、人間に理解しやすい文字列であるドメインを使って入力する。

Lesson 1 Webサイトの成り立ち

③

図2 サーバーとクライアントのやり取り

DNSサーバー
Webサーバー
①URL（ドメイン）を送信
②IPアドレスを返す
③IPアドレスを送信
④Webページの情報を送信
クライアント

入力されたURLはDNSサーバーで処理され、Webサーバーへリクエストが届きます。

13

③ 図版

画像やソースコードなどの、解説文と対応した図版を掲載しています。

④ 側注

POINT　解説文の黄色マーカーに対応し、重要部分を詳しく掘り下げています。

memo　実制作で知っておくと役立つ内容を補足的に載せています。

WORD　用語説明。解説文の色つき文字と対応しています。

Lesson 1

Webサイトの成り立ち

私たちが毎日のようにスマートフォンやPCから見ているWebサイトは、一体どんな仕組みで画面に表示されているのでしょうか？ Webサイトがどうやって作られているのかから見ていきます。

読む 練習 制作 公開 運用

Lesson 1
01
15 min

Webページが表示されるまでの仕組み

THEME テーマ

Webサイトを制作・運用したいのであれば、Webページが表示されるまでの過程を知っておく必要があります。それは「サイト制作において気をつけなければならないこと」「トラブルが起きたときにどう対処するのか」などの前提となるからです。

インターネットとWebの違い

個々に存在するパソコンなどの端末を有線や無線などでつなぎ、相互にデータの送受信を可能にしたものを「ネットワーク」といい、世界中のネットワークが相互に接続されている巨大なコンピューターネットワークを指して「インターネット」と呼びます。一方、「World Wide Web（WWW）」（通称Web）は、そのインターネットを使って文書を公開し、どんなコンピューターでも文書を閲覧できるシステムを指します。

つまり私たちは「インターネット上でWebというシステムを使って、Webページを閲覧している」ということになるわけです。

サーバーとクライアント

次にサーバーとクライアントについて理解しましょう 図1。

図1 Webページが表示される仕組み

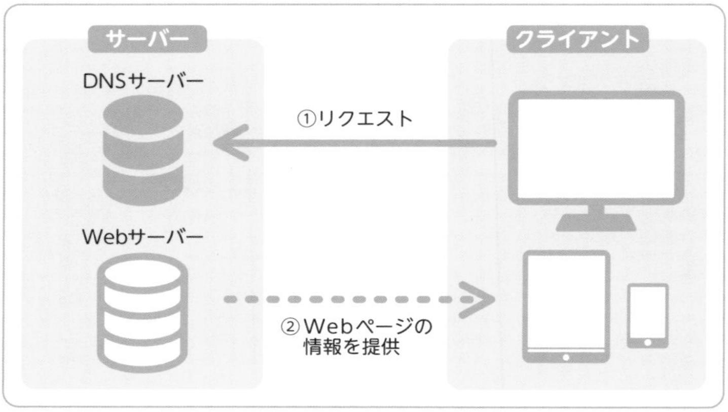

POINT

Webという言葉は「くもの巣」や「くもの巣状のもの」と訳せることから、インターネットの世界そのものを指しているように思うかもしれません。実際、一般的な会話では「Web」と「インターネット」という言葉が混同して使われることがよくあります。ただ、正確な言葉の定義としては、インターネットとWebは異なるものとなります。

memo

「サーバーとサーバ」や「WebブラウザーとWebブラウザ」のように「ー（長音）」はつけるのが正しいのか？ つけないのが正しいのか？ ということに疑問を持たれる方がいます。これは「Server」「Browser」といった英語の発音をどう表現するかの問題なので、正直どちらが正解ということはないのですが、みなさんが使用される際にはどちらかのルールで統一するとよいでしょう。

「サーバー」とは、サービスを提供するものを指します。そしてサーバーにサービスをリクエストし、そのサービスを受けるものを「クライアント」といいます。ユーザーがWebページを閲覧する際には、ユーザーのリクエストに応じてWebサーバーやDNSサーバーがWebページの情報を提供し、ユーザーはパソコンやスマートフォンなどのWebブラウザというクライアントで情報を受け取り、閲覧をしています。

この過程をもう少し細かく見ていきましょう 図2。ユーザーがサーバーにWebページの表示をリクエストする際には、Webブラウザのアドレスバーに「https://www.mdn.co.jp/」のようなURLを入力します。この「mdn.co.jp」の部分は「日本の株式会社エムディエヌコーポレーションのWebサイト」というように、人間にとってわかりやすい文字列になっています。これを「ドメイン」と呼びます。

ドメインは、人間にとってはわかりやすいものですが、コンピューターにとっては単なる文字の固まりにしか見えません。そこで、ドメインを例えば「35.74.58.61」というようなコンピューターにとって理解しやすい数字で表されたものである「IPアドレス」に置き換えて伝える必要があります。

この人間が入力したドメインをIPアドレスに変換する仕組みが「DNS（ドメイン・ネーム・システム）」であり、それを実行するのが「DNSサーバー」です。DNSサーバーはクライアントにIPアドレスを返し、クライアントはそのIPアドレスを使ってWebサーバーとWebページの情報をやり取りするというわけです。

WORD URL

「Uniform Resource Locator」の略で、インターネット上のWebページの情報のある場所を指す。ユーザーが使用する際には、人間に理解しやすい文字列であるドメインを使って入力する。

図2 サーバーとクライアントのやり取り

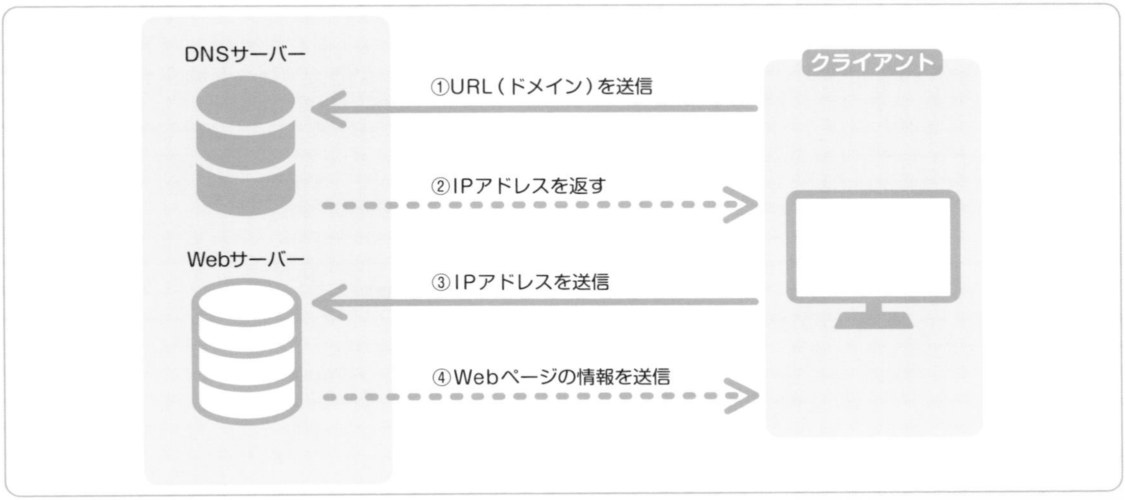

入力されたURLはDNSサーバーで処理され、Webサーバーへリクエストが届きます。

裏側で行われているやり取り

Webページの情報には、文書データであるHTMLファイルや画像や音声・動画などのファイル、ページのデザインやレイアウト指定に関するファイルなど複数のファイルがあり、サーバーとクライアントはこれらのファイルの転送を繰り返し行うことになります。私たちがWebページを閲覧する際には瞬時にページが表示されているように見えますが、裏側ではこのようなやり取りが繰り返し行われているということをしっかりと理解しておきましょう。

また、URLの先頭にある「http」は「HyperText Transfer Protocol」の略で、Webページの情報を転送するためのプロトコル（通信規約）です。「ハイパーテキストの仕組みを使って、私のWebブラウザに表示してください」という命令だと思ってください。最近は「鍵をしっかりかけて安全にハイパーテキストの仕組みを使って、私のWebブラウザに表示してください」という命令である「https」（HyperText Transfer Protocol Secure）を使用することが推奨されるようになっていることも覚えておきましょう。

WORD　HTML

「HyperText Markup Language」の略で、Webページを作成する際に用いる言語のこと。「ハイパーテキスト(HyperText)」という仕組みを使って複数の文書を相互に関連づけることで、相互参照を可能にしている。詳しくは99ページ〜、Lesson5参照。

POINT

自宅のパソコンでWebページにアクセスする際には高速な回線が使われることが多くなりましたが、モバイル端末でアクセスする場合など低速な回線が使われることも想定されます。ユーザーにWebページを快適に見てもらうためにはどうすべきなのか？ Webページの作りによってユーザーへトラブルを引き起こしていないだろうか？ そのようなことは常に意識しておきましょう。

Lesson 1 02 15 min

Webブラウザの役割と種類を知ろう

THEME テーマ 私たちはWebサイトを閲覧する際にWebブラウザを使用します。Webブラウザにはさまざまな種類があり、また現在では使用する端末の種類も増えています。ここでは、Webブラウザの種類や特徴について理解を深めましょう。

Webブラウザの役割

Webサイトを閲覧する際には「Webブラウザ」を使用します。Webサイトのデータは HTML ファイルや CSS ファイル、JavaScript ファイルなどの組み合わせで構成されていて、それらのファイルを視覚化するためには Web ブラウザが必要となるからです。

「視覚化」という言葉は、英語に直すと「レンダリング(rendering)」と言い表すことができます。Web ブラウザはさまざまな種類のものがリリースされていますが、それらを提供している各ベンダーは Web サイトのデータを視覚化するためのレンダリングエンジンを Web ブラウザそれぞれに搭載しています。レンダリングエンジンが異なれば、HTML や CSS の解釈も異なります。Web サイトを制作する上では、それぞれの Web ブラウザの表示にどのような違いがあるのかを理解しておく必要があるでしょう。

また、Web ブラウザにはさまざまなバージョンが存在します。リリース時期が古い Web ブラウザは、HTML や CSS の正しい解釈や表示ができないこともあります。Web サイトの作り手としては、どの種類の Web ブラウザで、どのバージョンまでの正しい表示を確保するのかを、しっかりと意識しておく必要があるでしょう。

WORD CSS

「Cascading Style Sheets」の略。CSSはWebページのスタイル(見た目のデザイン、装飾やレイアウト)を指定するための言語で、Webページに表示する情報の内容や構造を定義するための言語であるHTMLと組み合わせて使用される。詳しくは153ページ〜、Lesson6参照。

WORD JavaScript

Webブラウザ上で簡易なプログラムを実行するための言語。Webページに動きをつけたり、なんらかの処理を行わせるといった目的で使用される。なお、名称の似ているJava (ジャバ) はまったく別の言語。詳しくは55ページ、Lesson 2-10参照。

WORD ベンダー

製造元や販売供給元のことを指す。したがって、Webブラウザをリリースしているベンダーは、正確には「ブラウザベンダー」と表現する。

Webブラウザの種類とシェア

「StatCounter Global Stats」(https://gs.statcounter.com/) という Web サイトがあります。この Web サイトでは、Web ブラウザ・OS・端末の画面解像度など、Web サイトの閲覧環境に関するシェアの数値を参照することができます。ここでは日本のユーザーの Web ブラウザのシェアを見てみましょう 図1。

図1 日本のWebブラウザシェア（2023年5月現在）

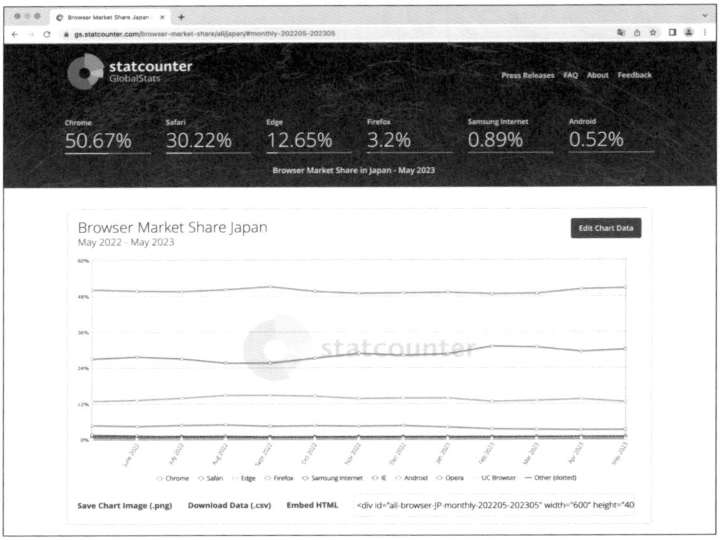

https://gs.statcounter.com/

「Chrome（約50%）」「Safari（約30%）」のシェアが1番目・2番目となっており、3番目に「Edge（約12.6%）」が続いています。これまでは長らくInternet Explorer（IE）がランクインしていましたが、2022年6月にサポートが終了し、変わってEdgeが利用されている状況です。これらのWebブラウザは、日本で公開するWebサイトを制作するのであれば、対象ブラウザとしてしっかり押さえておきましょう。

さらに日本のWebブラウザバージョン別シェアを見ると「Safari iPhone（24.34%）」「Chrome for Android（18.91%）」というように、シェアの4割ほどはモバイル用のWebブラウザで占められていることがわかります。これは世界的な傾向も同様であり、若い世代ほどモバイル環境でWebサイトを閲覧している割合が高いといわれています。Webサイトを制作する上では、モバイル環境・パソコン環境の両方を意識したWebサイト作りが求められることを理解しておかなければならないでしょう。

memo

世界のWebブラウザシェア（2023年5月現在）では、圧倒的に「Chrome（63.45%）」のシェアが高く、ついで「Safari（20.48%）」「Edge（4.97%）」と続いています。

memo

Webブラウザバージョン別シェアの4割ほどがモバイル用のWebブラウザで占められているのは世界的な傾向も同様なのですが、「Chrome for Android（37.2%）」「Safari iPhone（14.47%）」とAndorid端末による利用が多いのが特徴です。逆にいえば、日本はiPhoneの利用が多いのが特徴的といえるでしょう。

POINT

最近のWebブラウザは頻繁にバージョンアップを繰り返しています。また、自動アップデートの設定を「ON」にしているユーザーも多いので、バージョンの移り変わりも早くなっています。このようなバージョンアップでは、大きな表示の変化はないものの、細かな表示の変化が起こることはあります。バージョンアップの情報をつかみ、どのような変化が起こるのかを常にキャッチアップするようにしましょう。

Lesson 1 03

30 min

「Webデザイン」って何をすること？

THEME テーマ

Webサイトは、新聞や本、テレビなどと同じく「メディア」と呼ばれるもののひとつです。それぞれのメディアに特徴があるように、Webサイトならではの特性を意識すると、Webデザインについての理解が深まります。

Webとほかのメディアの違い

一般の人々が家庭でインターネットを利用しWebサイトを閲覧するようになったのは、1990年代半ば頃からです。個人向けに商用ISPの利用がはじまり、またInternet ExplorerやNetscape NavigatorといったWebブラウザが登場したのがこの頃で、それ以降、一般家庭でのインターネットの利用やWebサイトの閲覧が広まっていきました。そして、そのような状況からWebサイトを制作する「Webデザイン」という仕事が生まれました。そう考えると、Web業界は30年弱の歴史を持つ業界といえるでしょう。

さて、そんなWebが登場する以前にもテレビやラジオ、新聞や書籍などのメディアがあり、今も広く利用されています。では、Web登場以前のメディアとWebにはどのような違いがあるでしょうか？ 利用の仕方という意味では「インタラクティブ性がある」「オンデマンドである」「検索性が高い」「さまざまな国から利用できる」「個人で気軽に発信ができる」などの違いがあります。

では、構造的な面ではどうでしょうか？ Webデザインを行う上で押さえておきたいところは「情報を表示する部分と操作をする部分が混在している」ことです。テレビやラジオといったメディアは、情報を表示する部分（テレビであれば画面、ラジオであれば音声）と操作をする部分（本体にあるボタンやリモコンなど）がハッキリと切り分けられています。では、Webページはどうでしょうか？ 情報を表示する部分はコンピューターやスマートフォンなどのディスプレイです。どこを操作するかといえばディスプレイの中にあるナビゲーション（メニュー）であり、リンクが設定された画像やテキスト（文字）です。これらは「表示された情報でもあり、操作をするもの」でもあるわけです 図1。

WORD ISP

「Internet Service Provider」の略で、いわゆる「プロバイダ」と呼ばれるインターネット接続事業者を指す。

WORD インタラクティブ

「双方向」に情報をやり取りすることを指す。送り手からの一方的な情報送信ではなく、その内容に対して受け手が応答できることで、Webサイトの大きな特徴のひとつ。

WORD オンデマンド

「on demand」の日本語表記で、利用者の要求に応じてサービスが提供されることを指す。Webサイトでいえば、ユーザーが見たいタイミングでいつでも閲覧できることを意味する。

図1 テレビとWebでの情報の受け方の違い

左：テレビは、表示される情報と操作系がハッキリと区別されています。
右：Webページは、表示される情報と操作系が混在しています。

このように情報を表示する部分と操作する部分が混在しているからこそ、Webデザインを行う上でユーザビリティやアクセシビリティがことさらに重視されるのです。「見た目がカッコイイけど、どこを操作していいのかわからない」、「文字中心だから何が書いてあるのかわかるし操作はしやすいけれど、見た目が味気なくて退屈だ」といったことが起こりやすいメディアがWebだといえます。Webデザインを行う上では、そのようなWebの構造的な特性をしっかり意識して、バランスのよい制作を行っていくようにしましょう。

Webデザインを探求する好奇心

これまで述べてきたような、見た目にも使い勝手的にも素晴らしいWebサイトがまとめられた「Webギャラリーサイト」や「まとめサイト」と呼ばれるものが、近年たくさん公開されています 図2。これらのサイトを斜め読みしていくことで、デザイン的に質の高い、見た目に美しいサイトを参照することは、比較的容易に行うことができるようになりました。ただ、一方でサイトの使い勝手を知るためには、実際にWebサイトを閲覧し操作をしてみる「体験」が必要です。Webデザイナーとして活動をしていく上では、たくさんの「体験」をしてもらい、よいWebデザインについての理解を深めてもらいたいと思います。

1990年代半ばから2000年代半ばまでは、WindowsやMacといったコンピューターでWebサイトを閲覧することが大半でした。ただ、2000年代後半のスマートフォンをはじめとしたモバイル端末の普及を経て、現在ではWebサイトの閲覧環境も多岐にわたっています。それらをどれだけ意識したWebデザインができるかも重

WORD ユーザビリティ

usability。使いやすさ、使い勝手のことを指す。Webのユーザビリティについて、詳しくは35ページ、Lesson2-02参照。

WORD アクセシビリティ

accessibility。アクセスのしやすさ（製品やサービス、情報の利用しやすさ）を指す。「障がいを持った方や高齢者にとっても使いやすいように」ということのほか、特にWebにおいては「使用する端末やWebブラウザの差異に関係なくアクセスできるように」という意味でも使用される。詳しくは35ページ、Lesson2-02参照。

要です。キャッチアップすべきことはたくさんありますが、「へ～！ こんなレイアウト手法があるんだ！」、「このWebサイトの動きはおもしろい！」、「同じWebページでも、パソコンとスマホそれぞれに合わせたデザインになってるんだ！」という好奇心を持って、Webデザインを探求していきましょう。

図2　おすすめのギャラリーサイト

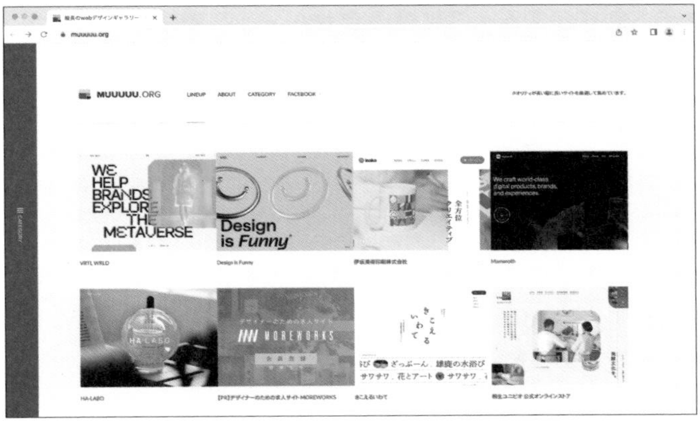

「MUUUUU.ORG」
近年よく見かける「縦に長いサイト」を中心に、クオリティが高いWebサイトを紹介しています。
https://muuuuu.org/

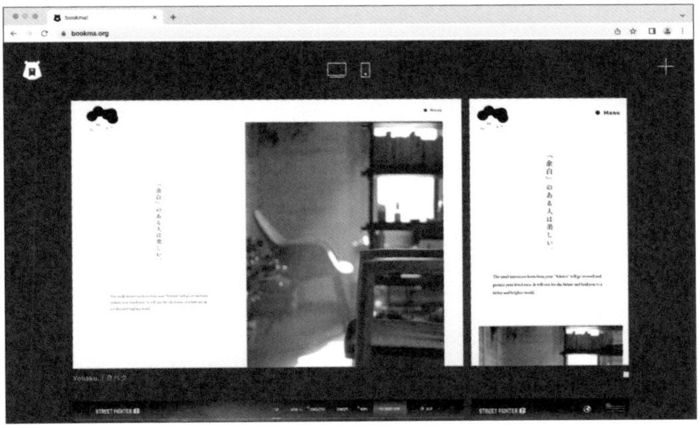

「bookma!」
パソコンとスマホのプレビューがわかりやすく並んで表示されており、また「パソコンのプレビューのみの表示」「スマホのプレビューのみの表示」と、プレビュー表示を切り替えられるのが特徴です。
https://bookma.org/

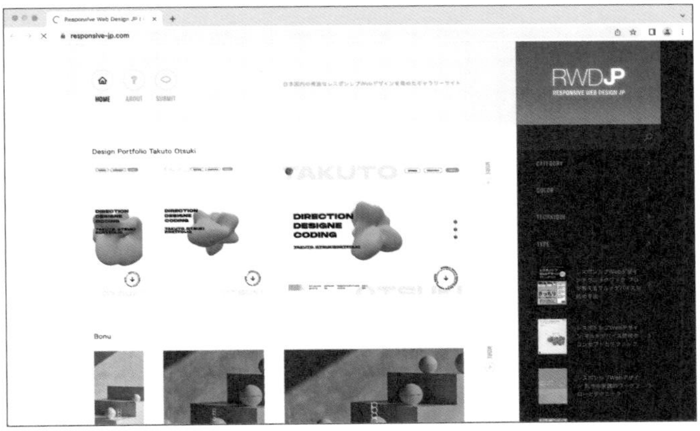

「Responsive Web Design JP」
レスポンシブWebデザイン（閲覧端末の画面サイズに合わせて最適なレイアウトで表示するデザイン手法）で作られた国内のWebサイトを紹介しています。
https://responsive-jp.com/

Lesson 1

04

30 min

Webサイト制作のワークフローを知ろう

THEME テーマ

Webサイトの制作工程には大まかな流れがあり、その順番を間違ってしまうと作業の手戻りが発生するなど、サイト制作がスムーズに進みません。ここでは、Webサイト制作のワークフローについて理解しましょう。

Webサイト制作の4つのフェーズ

Web サイト制作のワークフローには唯一無二の答えがあるわけではありません。ただ、大まかな流れはありますし、先に行っておくべき作業工程を踏まずにあとの工程に進んでしまうと、必ず手戻りが発生してしまいます。最初に何をはっきりさせて、どう形にしていくのか？　はたまた形にするだけでよいのか？　それらを知っておく必要があります。

Web サイト制作のワークフローには、一般的に「戦略」「設計」「制作」「保守・運用」の4つのフェーズがあるといわれています。また、それらのフェーズはいくつかの工程で構成されています 図1。

図1 Web制作のワークフロー

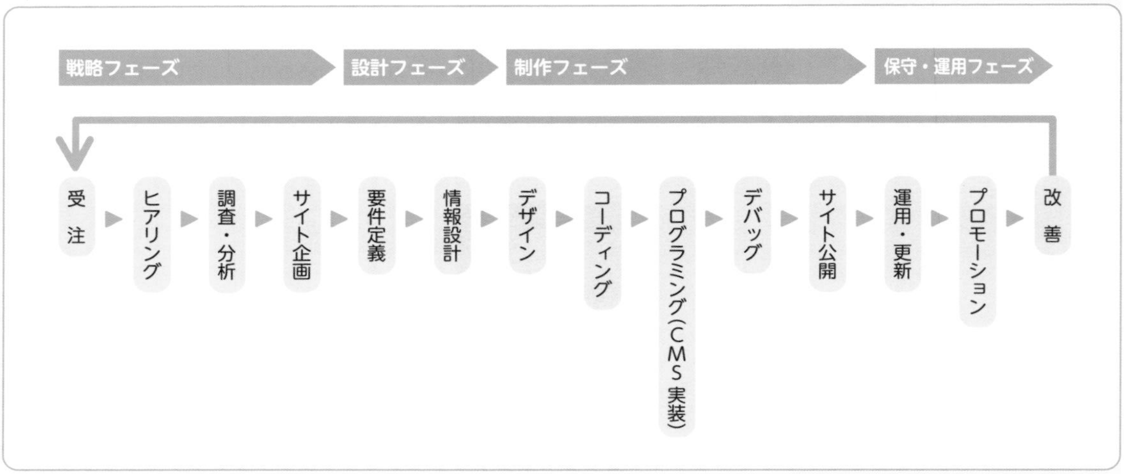

サイトの「目的」を決める戦略フェーズ

Webサイトを制作する際に最初に行うことは、Webサイトの目的や目標を決定することです。自身でWebサイトを立ち上げるのであれば、自分の頭の中にある目的や目標を整理する必要がありますし、クライアントからWebサイト制作を請け負うのであれば、しっかりとしたヒアリングを行い、それらを調査分析することで、制作するWebサイトの目的や目標を明確化します。そして、その目的や目標を実現するための企画という形に落とし込んでいきます。

全体の設計図を作る設計フェーズ

次に、企画をもとにしてWebサイト全体の設計を行っていきます。ここで行う工程は「要件定義」と「情報設計」の大きく2つです。

Webサイトの仕様はどのようにするのか？ どのくらいの予算で、どんなメンバーで制作を行っていくのか？ また、どのようなスケジュールで進めていくのか？ 要件定義では、それらを策定していきます。

一方で「情報設計」として、Webサイトで掲載（発信）する情報を整理し、それらをどのように配置するのかを画面設計していきます。ここでは、ユーザーがどのような順序でWebサイトを閲覧していくのかを考えながら、その情報配置をワイヤーフレームに落とし込んでいきます 図2 。また、最近のWebサイトは動的な表現が多いことから、ワイヤーフレームのような平面図では設計しづらい面があります。そこで、大まかな画面遷移などをつけることもできるプロトタイピングツールを使い、ディスプレイ上で操作を行えるプロトタイプを作成することも多くなっています。

図2 手描きのワイヤーフレームの例

WORD ワイヤーフレーム

Webサイトの設計図。Webサイトの大まかな構成を簡単な線画で表したものを指す。

52ページ、**Lesson2-09**参照。

デザインやコーディングを行う制作フェーズ

制作フェーズでは、ワイヤーフレームやプロトタイプをもとに、詳細な各部デザインを含むインターフェースデザインを行います。音楽や動画などのコンテンツを掲載するのであれば、それらのコンテンツ制作を行う必要もありますし、文章のライティングも行わなければなりません。

そして、Webページがデザインした形でWebブラウザ上に表示されるようにHTMLやCSSをコーディングしていきます。さらにJavaScriptやPHPなどのプログラミング言語を使って、Webページに動的な表現をつけたり、Webサーバー側でデータベースと連動した処理をするなどのプログラミングを行います。プログラミングは実装したい動きをイチから構築することもあれば、フレームワークやCMSを使用することもあります。

さらに、完成したWebサイトのデータをテスト用のWebサーバーにアップロード（コピー）し、動作不良などがないかどうかを検証します。問題のないことがすべて確認できたら、本番サーバーにデータ移行をし、Webサイトを公開するところまでが制作フェーズです。

WORD コーディング
Webブラウザに Webページを表示させるために必要なHTMLやCSSのソースコードを書くことを「コーディング」と呼ぶ。

WORD フレームワーク
汎用的で再利用可能なクラスやライブラリ、モジュール、APIなどと、ソフトウェアの主要部分の雛形（テンプレート）としてそのまま利用できるものを指す。JavaScriptのフレームワークとして「React」「vue.js」などが挙げられる。

WORD CMS
「Content Management System」の略で、「ブログを運用する」「ECサイトを運用する」などのコンテンツ運用を完結できるものを指す。「WordPress」「Movable Type」「EC-CUBE」などが挙げられる。

303ページ〜、**Lesson9**参照。

更新や集客を行う保守・運用フェーズ

公開したWebサイトは、コンテンツの追加や修正などの「運用・更新」を行っていかなければなりません。また、サイトに訪れてもらうための施策としてSEOやリスティング広告などといったプロモーションや、アクセス解析などを通して今後どのようにWebサイトを改善すべきなのかといった「戦略立案」を行っていきます。そして、改善すべき点が多く見られるようになったときには、ワークフローの最初に戻ってサイト・リニューアルを行っていくことになります。

WORD SEO
「Search Engine Optimization」の略で、検索エンジン最適化を指す。検索結果でWebサイトが検索結果の上位に表示されるような施策を行うことを「SEO対策」と呼ぶ。

WORD リスティング広告
GoogleやYahoo!などの検索結果に、ユーザーが使った検索キーワードに連動した広告を掲載する手法。

Lesson 1
05
30 min

Webサイト制作に携わるさまざまな職種

THEME テーマ

制作するWebサイトの規模にもよりますが、そのすべてを1人で行うことはあまりありません。Webサイト制作にはどのような人たちが関わり、どんな役割分担が行われるのかについて理解しましょう。

Webサイト制作を広く見渡す職種

Webサイト制作には、さまざまな工程とその流れがあることを前節で説明しました。そして、それらの工程はさまざまな職種の人々がそれぞれの役割を持って行っています。ただ、それぞれが自分の思いだけで自身の作業を行ってしまうと、Webサイトが本来の目的からズレてしまったり、サイトの構造が統一性のないものになってしまいます。そこで、Webサイト制作を広く見渡す役割を「プロデューサー」が担います。プロデューサーは、サイト制作のプロジェクトに関わる予算管理などの金銭的なマネージメントから全体のスケジュール管理、クライアントに対しての企画提案にはじまり、制作現場への橋渡し的な役割まで、プロジェクト全体を統括する役割を担います。

そして、プロデューサーから下りてきた案件を現場でどう回していくのか、制作物の品質管理や制作進行の管理、制作スタッフへの指示出しなど、制作現場を統括する役割を「ディレクター」が担うことになります 図1 図2。

図1 Webサイト制作のミニマムな役割分担

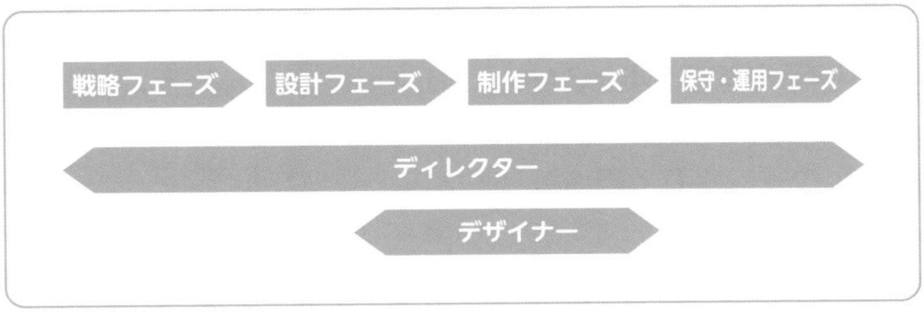

少人数の制作現場では、インターフェースデザインからHTML/CSSコーディングなど、実制作のすべてをデザイナーが担当し、クライアントとのやり取りや保守・運用といったところまでをディレクターが担当することもあります。

図2 Webサイト制作のさまざまな職種

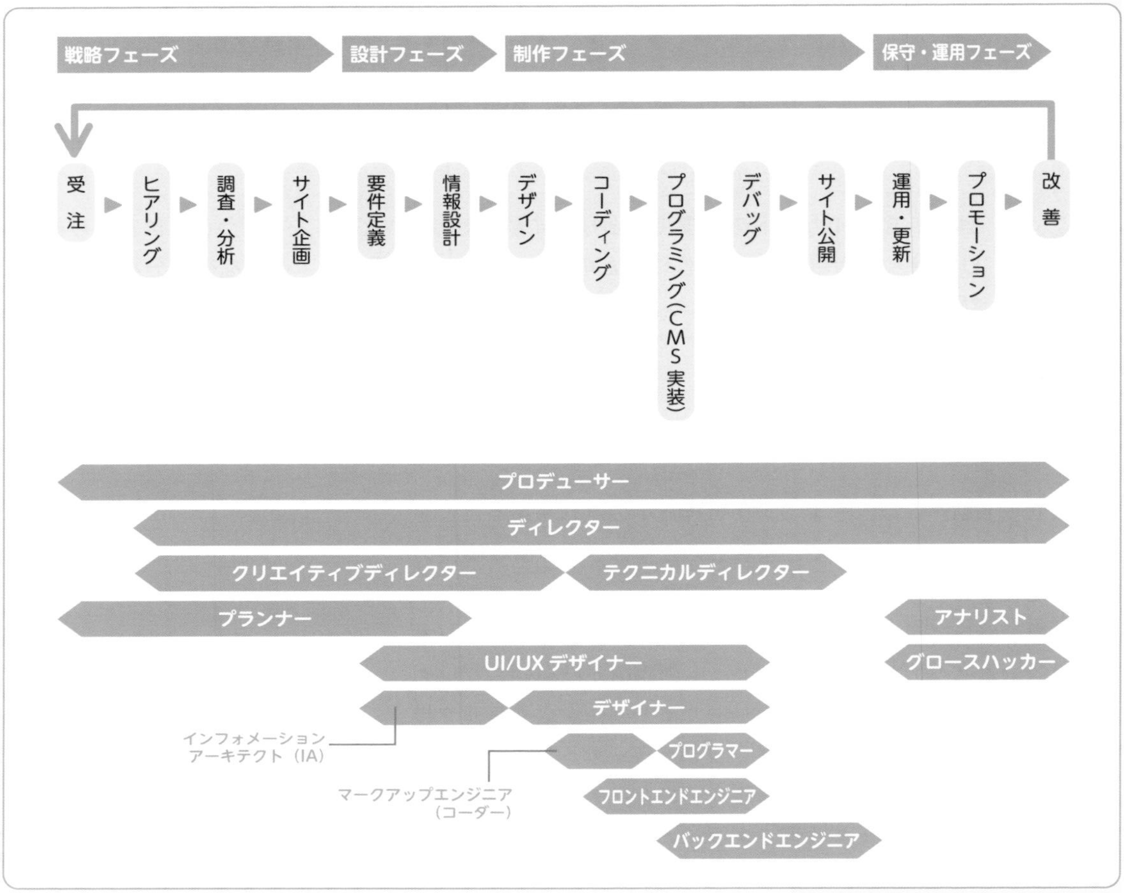

制作現場におけるさまざまな職種

制作現場を統括するディレクターですが、大きな制作現場やプロジェクトの場合には、クリエイティブな面を専門に見る「クリエイティブディレクター」や、技術的な面を専門に見る「テクニカルディレクター」などがおり、役割を細かく分けることもあります。

戦略フェーズにおいて専門性を発揮する「プランナー」は、プロデューサーから下りてきたコンセプトに対して具体的なコンテンツ案を企画する職種です。この役割はディレクターが行う現場も多いでしょう。

設計フェーズにおいて専門性を発揮する「インフォメーションアーキテクト（IA）」は、Webサイトに訪れたユーザーが情報を得やすく（使いやすく）するための情報設計を行う職種です。IAの役割もディレクターが担う現場も多くありますが、さまざまな情報の種類や伝え方がある現在において、IAは重要な職種です。

そして制作フェーズでは、制作工程のそれぞれに専門性を持った職種が存在します。ディレクターやプランナーが企画したサイト設計に沿って、グラフィックツールでWebサイトの見た目に落とし込んでいく「デザイナー」、デザイナーが作ったデザインでWebブラウザ上にWebサイトを表示させるためのHTMLやCSSをコーディングする「マークアップエンジニア（コーダー）」、Webサイトの動的な表現を担うPHPなどのプログラムを構築する「プログラマー」などの職種です。さらに、近年はIAの役割とデザイナーの役割を包括してWebサイトデザインを行う「UI/UXデザイナー」といった職種や、Webブラウザ側で動作するコードやプログラムを専門に扱う「フロントエンドエンジニア」、Webサーバー側での処理を専門に扱う「バックエンドエンジニア」という職種などもあります。

保守・運用フェーズにおいて専門性を発揮する職種には「アナリスト」「グロースハッカー」といったものがあります。アナリストは、Googleアナリティクスなどの解析ツールを使い、サイトの成果を洗い出し、改善を行う役割を担います。また、アクセス解析などの結果をもとに細かなサイト改善を繰り返し、サイトの成果を上げていくのがグロースハッカーです。

このようにWebサイト制作にはさまざまな職種があるのですが、説明してきた通り、現在はある職種の人が複数の役割を担うこともあれば、そもそも役割に重なりのある職種も存在しています。会社などによって職種の呼称は微妙に異なることも覚えておきましょう。

WORD UI/UX

UIとは「User Interface」の略で、ユーザーの目に見える部分すべて（ボタンなどユーザーが操作をする部分に加え、フォントやデザインも含む）を指す。また、UXとは「User Experience」の略で、ユーザーがWebサイトから得られる体験のことを指す。

memo

この2つの言葉は並んで表記されることが多いですが、前述のように違った意味を持っています。ただし、Webサイトの表示の仕組みが悪いことで、使い勝手が悪いサイトになっていれば（つまりUIの質が低い）、ユーザーがWebサイトから得られる満足度は下がってしまいます（つまりUXの質が低い）。このようにUI/UXは互いに関連し合う言葉ともいえます。

WORD Googleアナリティクス

Googleが提供するWebサイトのアクセス解析サービス。Webサイトの訪問者数やどのサイトから来たかなど、さまざまなデータを収集することができる。無料で利用できるが、さらに高度な機能が利用できる有料版もある。328ページ、Lesson10-02参照。

Lesson 1

06

15 min

Webサイトを作るために必要な技術

THEME テーマ

Webブラウザで1つの完成されたデザインとして表示されるWebページは、一見するとグラフィックツールのみで作成できるように思えますが、そこにはさまざまな技術的要素が含まれています。そんな技術的要素を確認していきましょう。

ベースの技術であるHTMLとCSS

Webサイト制作のワークフローやさまざまな職種について見てくる中で、Webページはさまざまな技術的要素によって成り立っていることが、すでにわかってきたはずです。ここで、それらの技術的要素を改めて確認してみましょう。

Webブラウザに情報を表示するためには情報構造や意味を伝えるための文書である「HTML（HyperText Markup Language）」が必要であり、それをもとに情報を表示しています。また、HTMLの文書情報としてテキストで表示する部分と画像として表示する部分は切り分けを行い、画像として表示する部分についてはそれぞれ個別の画像ファイルを準備し、HTMLで組み込みます（どのようなファイル形式があるのかなどについては、Lesson4で解説）。これは、画像のみならず映像や音楽を組み込む場合も同様となります。

ただし、HTMLのみで作られたWebページはブラウザで表示した際にデザイン的な要素のない「静的なWebページ」として表示されます。当初グラフィックツールでデザインしたようなレイアウトで情報を配置し、配色や文字に関する見た目の指定などを行い、デザインされた状態でWebページを表示するためには「CSS（Cascading Style Sheets）」を使用することになります。

memo

Webブラウザは、Webページを構成している技術的要素を表示してくれる機能を備えています。例えば、Chromeでは画面を右クリックすることで表示されるコンテキストメニューから「ページのソースを表示」や「検証」を選択することで、Webページの技術的要素（HTML、CSSのソースコードや画像）を表示することができます。

フロントエンドとバックエンドの動的要素

昨今のWebサイトでは、例えば「ページ内スクロール」「Webブラウザの画面内での画像拡大」、「メインビジュアルのスライドショー」といった、さまざまな動的表現が行われています。このようなブラウザ側で動作するようなものを実装するために用いられるのがJavaScriptです。実装したい動きを表現するためにイチからスクリプトを書いていくこともあれば、jQueryなどのJavaScriptライブラリやフレームワークを用いて効率よく実装することもあります。

また、「新着記事をピックアップして表示する」、「アクセスの多いページへのリンクをランキングにして表示する」、「検索窓に入力されたキーワードに合ったWebページを表示する」といったものは、Webサーバー側で動的な処理を行います 図1 。

図1 フロントエンドとバックエンドの動的要素

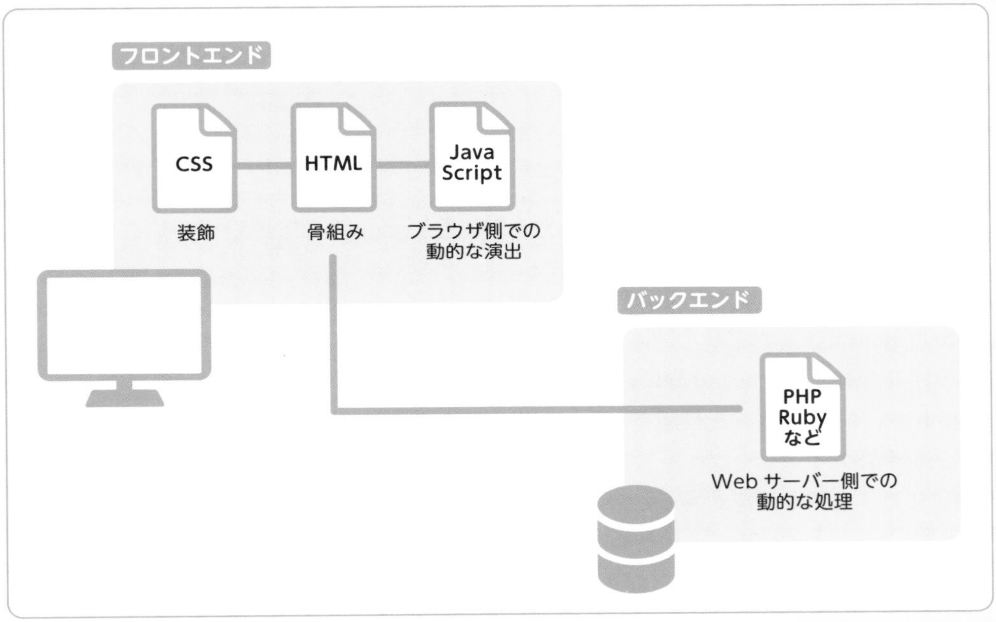

このようなバックエンドで行う動的な処理には、PHPやRubyなどのプログラミング言語が用いられます。処理の実装はフルスクラッチで構築することもあれば、それぞれのプログラム言語のライブラリやフレームワークを用いて構築することもあります。

このようなさまざまな技術的要素が折り重なりながら、Webサイトは形作られています。Lesson1-05（→23ページ）で説明したさまざまな職種とのひもづきも、改めて確認してみましょう。

WORD フルスクラッチ

プログラミング言語を使って処理を実装する際に、フレームワークやライブラリを用いることなく新規にコードを書いて実装することを指す。

Lesson 1

07

15 min

Webサイトを作るために必要なツール

THEME テーマ

Lesson1-04でWebサイト制作のワークフローには4つのフェーズがあることを説明しましたが、その中の「制作フェーズ」の各工程では用途に合わせてさまざまなツールを使用します。それらのツールについて見ていきましょう。

デザインを行うグラフィックツール

Webサイト制作のワークフローの制作フェーズには「デザイン」「コーディング／プログラミング」「サイト公開」などの工程がありますが、各工程で用途に適したさまざまなツールを使用します。まずデザイン工程で使用するグラフィックツールがアドビ（Adobe）社の「Photoshop」「Illustrator」です。本デザインに入る前のワイヤーフレームやプロトタイプのデザインを行う際にはアドビ社の「XD」やFigma社の「Figma」といったツールを使用することも増えてきましたが、Webページ全体のインターフェースデザインや写真の補正加工を行う場合には、豊富な機能を持ったPhotoshopが使用されます。また、Webページ内で使用するロゴやアイコン、イラストの作成などは、精度や機能性の高さからIllustratorを使用することが多いでしょう。

memo

Photoshop、Illustratorはいずれもサブスクリプション形式の有料アプリケーションのため、月額、あるいは年額の利用料が必要になります。それぞれ単体で利用するプランのほか、Adobe Creative Cloud（クリエイティブ・クラウド）と呼ばれる、アドビ社の複数アプリケーションを利用できるプランなどがあります。

・Photoshop
https://www.adobe.com/jp/products/photoshop.html
・Illustrator
https://www.adobe.com/jp/products/illustrator.html

memo

Adobe XDとFigmaは、共にデザイン機能やプロトタイプ機能を備えたUI／UXデザインツールです。XDはWindowsやmacで動作するデスクトップアプリで、アドビ社のツールということでPhotoshopやIllustratorと操作感が近いことや連携がしやすいといった特徴があります。ただし、2023年5月現在、単体での新規利用ができない状態になっています。一方、Figmaはデスクトップアプリもありますが、基本的にはWebブラウザで動作をさせる形で使用するため、Webブラウザとインターネットの接続環境があれば気軽に使用できます。また、複数人での安定した共同編集機能を持つのが特徴です。利用についても、無料のスタータープランから用意があります。

コーディング／プログラミングを行うテキストエディター

HTMLやCSSのコーディングやJavaScriptやPHPなどのプログラミングは、テキストを入力できるツールがあれば行えます。ただ、WindowsやmacOSに標準で用意されている「メモ帳」や「テキストエディット」はメモ書きをするための用途を主としたツールであるため、機能がシンプルすぎてコーディングを行う際には使いづらい面があります。そこで、コード入力の補助やコードの色分け表示といった、コーディングやプログラミングを効率よく行うさまざまな機能を持ったテキストエディターを使用します。

テキストエディターはさまざまなベンダーから有償・無償のものがリリースされていますが、近年よく利用されているものとしてはMicrosoft社の「Visual Studio Code」が挙げられます。Visual

Studio Codeは、前述したコーディングなどを効率よく行うさまざまな機能を備えています。テキストエディターはこのほかにもあり、見た目や使用感などで好みのものを使用するとよいでしょう。

> **memo**
> ほとんどのテキストエディターは、拡張機能プログラムを別途追加することで、標準の状態では備えていない機能を追加することができます。有償・無償のさまざまな拡張機能が公開されているので、使い勝手のよい形に拡張してみるとよいでしょう。

サイト公開を行うFTPクライアント

制作したWebサイトを公開するためには、Webサーバーへデータをコピー（アップロード）しなければなりません。その際には、FTP（File Transfer Protocol）という、ネットワークでファイルの転送を行うためのプロトコル（通信規約）を使用する必要があります。その機能を持ったソフトを「FTPクライアント」といい、それを使用してサイト公開を行います。FTPクライアントにも有償・無償のものがさまざまリリースされていますが、代表的なものとしては「FileZilla」（Mac/Windows/Linux）、「FFFTP」（Windows）、「Cyberduck」（Mac/Windows）が挙げられます。使用するOSに合わせて、自身が使い勝手のよいものを使用するとよいでしょう。

313ページ〜、Lesson9-04参照。

また、前述のテキストエディターが持つ機能やFTP機能、はたまたWebサイトのデータを管理する機能なども備えたアドビ社の「Dreamweaver」のようなオーサリングツールもあります。このような統合的なツールを使用するのか、または特定の用途に特化したツールを使用するのかについては、自身の使い勝手はもちろん、いっしょにWebサイト制作を行うメンバーとの環境統一という観点で選択するとよいでしょう 図1。

図1 制作フェーズの各工程で使用するツール

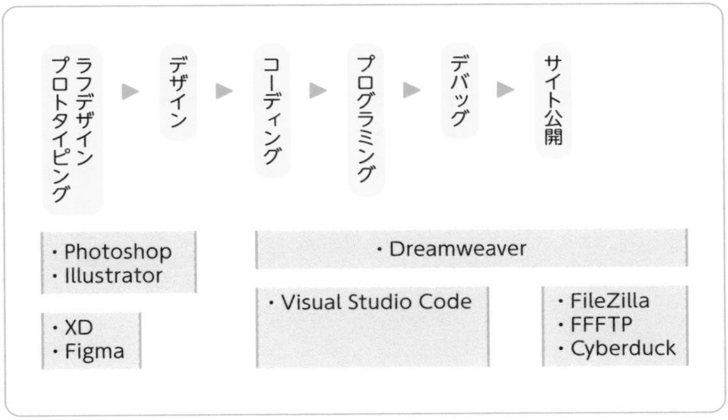

Column

インターネットとWWWの歴史

インターネットとWWWの違いについては、本書のLesson1-01（→12ページ）で説明しましたが、WWWよりもその土台となっているインターネットのほうが古い歴史を持ちます。

インターネットの誕生

インターネットの起源は、アメリカ国防総省の高等研究計画局（ARPA）が資金提供し、いくつかの大学と研究機関からなるプロジェクトによって設置された「ARPANET」です。ARPANET上で最初に送信されたメッセージは、カリフォルニア大学ロサンゼルス校（UCLA）の学生プログラマーであるチャーリー・クライン氏が送ったものとされています。

クライン氏は、スタンフォード研究所へ向けて最初のメッセージである「login:」を送ろうとしますが、送信途中にシステムがクラッシュしてしまい「lo」で終わってしまいます。そして、約1時間後にクラッシュから復旧したあとで、すべてのテキストを送信したということです。そんな出来事があったのは、1969年10月29日。2019年でインターネットは生誕50周年を迎え、現在も幅広い場面で利用されています。

WWWのはじまり

さて、一方でWWWを考案し、ハイパーテキストシステムを実装・開発したのは欧州原子核研究機構（CERN）に在籍していたティム・バーナーズ＝リー氏です。CERN内で研究を重ね、提案書を書き、1991年8月6日に「World Wide Webプロジェクトに関する簡単な要約」をニュースグループに投稿しました。この日、WWWはインターネット上で利用可能なサービスとしてデビューしたことになります 図1。

彼がWWWを生み出してくれたおかげで、私たちは現在さまざまな端末を使い、インターネットを介して場所や時間を超えて情報を受け取り、これまでになかった体験をし続けています。

「lo」のテキスト送信からはじまったインターネットの世界ですが、現在のWebサイトは情報を「見るもの」から「使うもの」へと変貌を遂げています。これからのインターネットの半世紀はどんな世界になっていくのか、とても楽しみです。

図1 世界最初のWebサイト

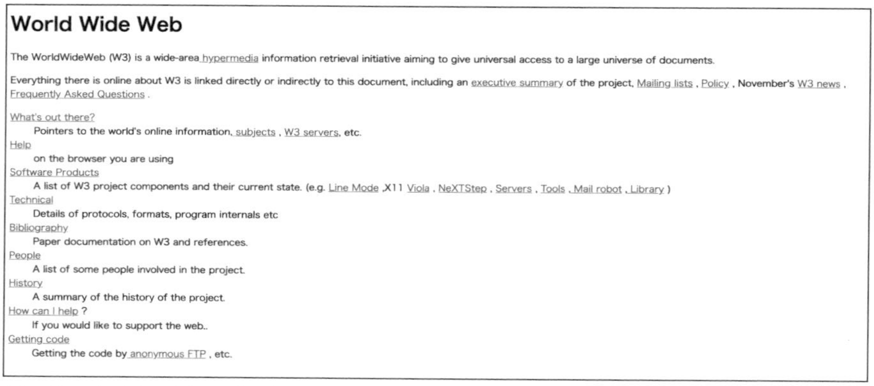

World Wide Web

The WorldWideWeb (W3) is a wide-area hypermedia information retrieval initiative aiming to give universal access to a large universe of documents.

Everything there is online about W3 is linked directly or indirectly to this document, including an executive summary of the project, Mailing lists , Policy , November's W3 news , Frequently Asked Questions .

What's out there?
Pointers to the world's online information, subjects , W3 servers, etc.
Help
on the browser you are using
Software Products
A list of W3 project components and their current state. (e.g. Line Mode ,X11 Viola , NeXTStep , Servers , Tools , Mail robot , Library)
Technical
Details of protocols, formats, program internals etc
Bibliography
Paper documentation on W3 and references.
People
A list of some people involved in the project.
History
A summary of the history of the project.
How can I help ?
If you would like to support the web..
Getting code
Getting the code by anonymous FTP , etc.

「The World Wide Web project」
(http://info.cern.ch/hypertext/WWW/TheProject.html)

Lesson 2

Webサイトの
枠組みを知る

Webサイトの「型」や枠組みについて理解を深めましょう。数多あるサイトをよく見ていくと、大半が一定の型に沿っていることがわかります。Webサイトは何かしらの目的にもとづき、型に則って作られているのです。

読む　練習　制作　公開　運用

Lesson 2

01

30 min

Webサイトはどんな目的で作るのか？

THEME テーマ

ひとくちにWebサイトといっても、個々のサイトにはその目的に合わせて実にさまざまなタイプがあります。ここでは「誰に対して」「どのような目的の」「どんなWebサイトがあるのか？」について見ていきましょう。

Webサイトの2種類のお客さま

仕事でWebサイトを制作する際には、2種類の「お客さま」がいます。第一のお客さまは、仕事を発注してくれた「クライアント（依頼主）」です。クライアントは、Webサイトを公開することで成し遂げたい目的を持っています。Webサイトの作り手である私たちは、クライアントの目的が何であるのかをしっかりと把握した上で、Webサイト制作を行う必要があります。

そして、第二のお客さまは公開したWebサイトを閲覧する「ユーザー」です。せっかくWebサイトを公開しても、ユーザーが訪れてくれなければ意味のないものになってしまいます。ユーザーがWebサイトに求めるものを意識してサイトを作ることもまた、作り手である私たちにとってはとても大切なことです。

POINT

Webサイトは目的に応じてさまざまな形で公開されていますが、クライアント（依頼主）の視点だけに偏りすぎると、ユーザーにとっての「心地よさ」からかけ離れてしまうことがあります。依頼主とユーザー、それぞれの目的の「ちょうどいいバランスを保つこと」が、作る側には求められるのです。

組織の認知やイメージ向上のためのサイト

それでは、目的に応じたWebサイトのタイプを見ていきましょう 図1。まずは、組織の認知やイメージの向上を目的としたWebサイトです。最初に挙げられるのは「コーポレートサイト」でしょう。コーポレートサイトは、企業に関する情報を掲載するWebサイトで、企業の認知や理解を深めてもらうことを目的にしています。また、企業が扱うサービスや商品の認知や理解を深めてもらうことを目的としたWebサイトを「サービスサイト」といいます。さらに、企業そのものやサービス・商品のイメージ向上を目的に制作するものを「ブランディングサイト」といいます。そして、求職者に組織のことを深く知ってもらうことを目的としたWebサイトを「リクルートサイト」といいます。これらのWebサイトはどれも大きな意味では組織の認知やイメージ向上を目的としていますが、どこに重きを置くかで見せ方も変わってきます。

図1 **Webサイトの種類とその目的**

Webサイトの目的	Webサイトの種類
組織の認知	コーポレートサイト 店舗のサイト
サービスや商品の認知	サービスサイト 店舗のサイト
イメージの向上	ブランディングサイト
短期間での認知や集客	キャンペーンサイト ランディングページ
ネットでの販路拡大	ECサイト
ファン作りによる 長期的認知や集客	オウンドメディア SNS

短期間での認知や集客を行うためのサイト

新しいサービスや商品をリリースした際に、その認知や販売促進のために制作するWebサイトが「キャンペーンサイト」です。期間限定で公開されることが多く、またSNSと絡めたプレゼント企画を行うなど、口コミ効果を狙うようなコンテンツを展開したりもします。また、ユーザーにサービスへの登録や商品の購入といった何かしらのアクションを起こしてもらうために制作する1ページ完結型のWebページを「ランディングページ」といいます。

これらのWebサイトは短期間での認知拡大や集客を目的としていますが、それぞれの重きを置く点によって「1ページ完結型」や「複数ページを持ったボリュームのあるWebサイト」のように構造が変わってきます。

WORD ランディングページ

ユーザーにサービスへの登録や商品の購入を促すための、1ページ完結型のWebページ。検索サイトやネット広告から誘導する（ランディング＝着地させる）ことから、ランディングページと呼ぶ。本書ではこの意味で使っているが、広い意味では、ユーザーがWebサイトにアクセスしてきたときに最初に訪れるページのこともランディングページと呼ぶ。

店舗に関するサイト

店舗が公開するWebサイトで思い浮かぶものとしては、「ECサイト」が挙げられます。ECとは「Electronic Commerce」の略で、電子商取引のことを指します。つまり、インターネット上で商品を販売するサイトのことです。店舗の収益を上げるために新しい販路としてネット通販を行うことは、店舗がWebサイトを公開する大きな目的の1つです。ただ、このことが「店舗がWebサイトを公開する際には必ずECサイトにしなければならない」ことにつながるわけではありません。実店舗へのさらなる集客を行うために、ネット販売のない「店舗のサイト」を公開することもあります。この場合のサイトの作りは、コーポレートサイトやサービスサイトと同じような見せ方になってきます。Webサイトの作り手としては「店舗が公開するサイト＝ECサイト」という思い込みがないようにしたいところです。

ファンを作るためのサイト

長期的な視点で組織の認知やイメージ向上を図ることで、ユーザーにファンになってもらうことを目的として近年運用されることが多いWebページが「オウンドメディア」です 図2。オウンドメディアという言葉自体は「自分たちで持つメディア」を意味します。ですから、Webサイト自体がオウンドメディアではあるのですが、ここでいうオウンドメディアは自社が培ってきた情報やノウハウを魅力的なコンテンツとして発信していく形のWebページです。ブログ形式で展開したり動画や資料を発信したりもします。ユーザーにWebサイトで何かしらのアクションを起こしてもらう動機づけとして「ファンになってもらう」ことは、企業やブランドにとってとても大切なことです。

図2 オウンドメディアの事例

上野にあるWeb制作会社「LIG」のブログページ（https://liginc.co.jp/blog）。Web制作に関するテック系記事やおもしろ記事を掲載するオウンドメディアとして運営されています。

memo

Webマーケティングの分野では「オウンドメディア（Owned Media）」に「ペイドメディア（Paid Media）」「アーンドメディア（Earned Media）」を合わせて、「トリプルメディア」と呼びます。ペイドメディアは、バナー広告のようなお金を支払って使用するメディアを指します。アーンドメディアは、FacebookやTwitterなどのSNSを利用して、そこに集う人たちの認知や信頼を得ることを指します。Webマーケティングの観点では、このトリプルメディアをいかにうまく活用するかが重要だとされているのです。

Lesson 2

02

15 min

Webユーザビリティと Webアクセシビリティ

THEME テーマ

Webサイトはすべての人に使いやすく、等しく情報を伝える必要があります。ここでは、それらを実現するWebユーザビリティやWebアクセシビリティについて理解していきましょう。

Webユーザビリティについて

Webページは情報を伝えるための道具です。見た目が美しいのは望ましいことですが、伝えるべき情報が伝わらなければ意味がありません。そこで、Webサイトを制作する際には「Webユーザビリティ」や「Webアクセシビリティ」に配慮する必要があります。

Webユーザビリティとは「Webサイトの使いやすさ」のことを指します。Webサイトを見やすくするためにレイアウトや配色に配慮したり、操作する場所をわかりやすくするなどの配慮をすることで、ユーザーがWebページを使いやすいようにします。また、掲載する文章に専門用語や業界用語などを使用しすぎるとユーザーにとってわかりづらいので、言葉選びなどにも配慮する必要があるでしょう。さらに、ユーザーがWebサイト内で迷わないようなコンテンツ配置が行われているかも重要な要素です。

ユーザビリティについては、「ニールセン博士のAlertbox」というコラムが参考になります 図1 。

memo

「ニールセン博士のAlertbox」は、Webユーザビリティ研究の第一人者であるヤコブ・ニールセン氏ら、米国Nielsen Norman Groupのメンバーによるコラムで、日本語版も公開されています。ヤコブ・ニールセン氏は、ユーザビリティのゴールとして「学習しやすさ」「効率性」「記憶しやすさ」「エラー」「主観的満足度」の5つの指標を提示しています。

図1 Webユーザビリティに関する参考サイト

「ニールセン博士のAlertbox — U-Site」(https://u-site.jp/alertbox/)

Webアクセシビリティについて

Webアクセシビリティとは、「どのような閲覧環境にあるユーザーも等しく情報が得られるアクセスのしやすさ」のことを指します。Webアクセシビリティというと障がいのある方や高齢者の方に向けた配慮を思い浮かべますが、さまざまな言語への対応やさまざまな回線速度への対応を行うことも、アクセスのしやすさにつながります。広い意味での「アクセスのしやすさ」に配慮することがWebアクセシビリティの向上につながるといえるでしょう。

また、Webサイトへの訪問者は人間だけではありません。検索エンジンのクローラーなどもアクセスしてきます。人間のみならずコンピューターにとってもアクセスしやすいWebサイトにすることが、Webアクセシビリティの向上につながることを覚えておきましょう。

WORD クローラー

Webサイトのリンクをたどりながら、世界中のWebサイトの情報を検索エンジンのデータベースに収集しているロボットを指す。

日本におけるWebアクセシビリティの公的規格である「JIS X 8341-3」の理解と普及を促進する「ウェブアクセシビリティ基盤委員会」のWebサイトには、Webアクセシビリティの基礎知識やガイドラインなどの豊富な情報が掲載されているので、ぜひ参照してみてください図2。

図2 Webアクセシビリティに関する参考サイト

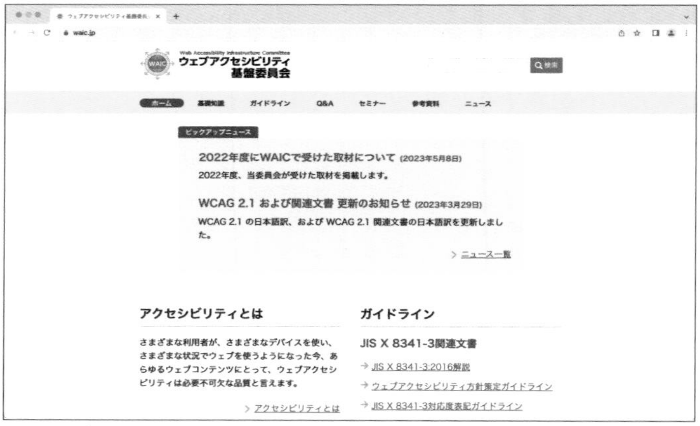

「ウェブアクセシビリティ基盤委員会(WAIC)」(https://waic.jp/)

WebユーザビリティとWebアクセシビリティを同義語のように思っていた方も多いかもしれませんが、ここまで説明してきたように2つの言葉は別の意味を持っています。ただし「情報が見やすいように文字を大きめにする」などといったことは、Webサイトを使いやすくもしますし、視力の弱いユーザーへの配慮ともいえます。このようにWebユーザビリティとWebアクセシビリティは重なっている部分が多くあることも理解しておきましょう。

Lesson 2

03 Webサイトの基本的な構造と要素

30 min

THEME テーマ

Webサイトのレイアウトにはさまざまなパターンがありますが、基本要素として多くのWebサイトで含まれているものを紹介します。まずはどのような基本要素があるのかをしっかりと把握しましょう。

Webサイトの基本構成

Webサイトは大きく3つのエリアで構成されています。ヘッダー、メインコンテンツ、フッターの3つです 図1 。以下で、それぞれのエリアに含まれる基本要素について見ていきましょう。

WORD コンテンツ

「中身」や「内容」と直訳することができる言葉。Webサイトにおけるコンテンツとは、主にWebページの内容のことを指す。

図1 Webサイトの構成と基本要素

Webサイト「MdN Design Interactive」
(https://www.MdN.co.jp/)

ヘッダーエリア

ページ上部のエリアを「ヘッダー」といいます。ヘッダーには①ロゴ、②グローバルナビゲーション、③サブナビゲーション、④ページ内検索などの、各ページ共通で置いておきたい要素が配置されます 図2。

図2 ヘッダーエリアの例

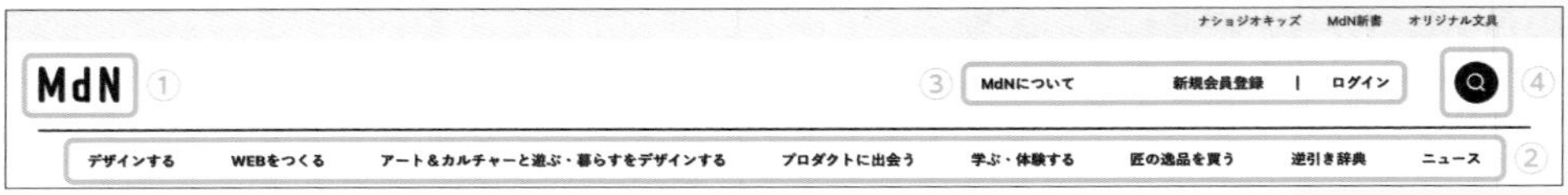

ロゴはそのサイトが何のサイトであるのかを示すものですので、ユーザーの視線が最初に行きやすい左上に配置されることが一般的ですが、最近では縦に長い1枚モノのWebページなどで上部中央に配置するケースも目にするようになりました。

ナビゲーションには、Webサイトのすべてのページに等しく配置される「グローバルナビゲーション」と、補足的な役割をする「サブナビゲーション」があります。グローバルナビゲーションは、ヘッダーに横並びに配置されるか、ページの左側に縦に配置されるのが一般的です。グローバルナビゲーションは、ユーザーがサイト内を移動するときに使うものであると同時に、サイト内で迷子にならないよう案内するものですから、目に入りやすい上部(ヘッダー)ないし左側に配置されるのは必然といえます。

PCの表示ではナビゲーションは最初から表示されているのが一般的ですが、スマートフォンの表示では、初期状態はナビゲーションのメニュー項目が閉じており、! メニューボタンだけが配置されているものも多くあります。

! POINT

「ハンバーガーメニュー」や「ハンバーガーボタン」という仕組みで、ボタンのタップ(またクリック)によって、ナビゲーションの表示/非表示を切り替える仕組みです。本書の271ページ〜、Lesson8で作成するサンプルサイトでも、ハンバーガーメニューを採用しています。

SNSのリンクやページ内検索などは、ヘッダーに配置されることもあれば、ページ下部のエリアに配置されることもあります。ヘッダー、フッターの両方に配置されるケースも珍しくありません。

メインビジュアル

メインビジュアルは、Webサイト全体の印象を左右するビジュアルで、サイトの意図をわかりやすく伝える役割を果たすものです 図3。キービジュアルとも呼ばれ、最近はヒーローイメージというような呼び方をする場合もあります。一枚の大きなイメージを使う以外に、複数のイメージをスライドさせて表現することもあります。このメインビジュアルですが、ヘッダーに含まれる要素とも表現できますし、メインコンテンツに含まれる要素ともいえます。どちらと捉えるかは作り手の考え方次第ですね。

図3 メインビジュアルの例

メインコンテンツエリア

ページ中央の広いエリアを「メインコンテンツ」といいます。図4のように広くスペースを取ることもあれば、エリアの左側や右側、または左右両側に「サイドバー」と呼ばれる縦長のエリアを取ることもあります。メインコンテンツには、画像やテキストを広く配置する場合や、情報を記事ごとにボックスに分けてタイル状に表示することもあります。

メインコンテンツのエリアにサイドバーがある場合には、バナー広告やアクセスランキングや新着情報などのリンクが配置されることが多いです。

図4 メインコンテンツエリアの例

フッターエリア

ページ下部のエリアを「フッター」といいます。

フッターには⑤プライバシーポリシー、⑥コピーライト、などの各ページ共通で置いておきたい要素が配置されます 図5。SNSリンクやページ内検索についてはヘッダーに配置される場合も、ヘッダーとフッターの両方に配置される場合もあります。⑦サイトマップについては、以前は独立した1つのページとして表示するのが一般的でしたが、ユーザーのサイト内の移動を行いやすくするために最近ではフッターに配置するサイトが多くなりました 図6。

図5 フッターエリアの例・その1

エムディエヌコーポレーションのWebサイト(https://www.MdN.co.jp/)内フッターの例。

図6 フッターエリアの例・その2

エムディエヌコーポレーションのコーポレートサイト(https://books.MdN.co.jp/)内のフッター

Webサイトに必要な情報はサイトの目的や内容によって変化するため、ここまで挙げたような要素が決まった位置に必ず配置されるとは限りません。ただし、おおよその目安となる基本構成として覚えておきましょう。

WORD コピーライト

コピーライトとは著作権表記のことを指し、著作権保持者を明確にするために記載する。日本はベルヌ条約に加盟しているため、この条約が「無方式主義」(著作物を創作した時点で自動的に著作権が付与される方式)を採用していることから、実は必ずしもコピーライトを記載する必要はない。ただしコピーライトが記載されていることによって、ユーザーに対して無断コピーや無断転載をしないように意識づけできる面もあり、記載しているWebサイトが多い。コピーライトを記載する場合は「©の記号」「著作権保持者の名前」「著作物の発行年」の3つが必要となる。

Lesson 2

04 Webページに必要な情報と文書構造

30 min

THEME テーマ

Webページを作成するために必要な情報を確認し、それらをWebページとして表示させるために、どのようにして文書構造にまとめていくとよいのかを理解していきましょう。

Webページに必要な情報

Webサイトをページとして成り立たせるには、HTMLファイルやCSSファイル以外に、そこに載せるテキスト情報や画像、場合によっては音声や動画といった素材が必要になります 図1 図2。そして、それらの素材をWebブラウザに表示できるようにしなければなりません。

ページに表示する情報がどんなまとまりで、それぞれどんな意味を持っているのか、コンピューターに伝えるのがHTMLファイルの役割です。HTMLファイルをブラウザ表示する際に、見た目を装飾したり配置を整えたりするのがCSSの役割になります。

画像や動画などをふんだんに使った情報量の豊富なWebページであれ、比較的情報量の少ないシンプルなWebページであれ、こうした基本的な構造は同じです。

POINT

次ページ 図2 のWebページであれば、テキスト情報のほかにメインビジュアルとコンテンツエリア内の画像の2点が必要になります。画像や音声、動画などの情報は、Webページに組み込むことが可能なファイル形式にして表示させます(詳しくは75ページ~、Lesson4で解説)。

POINT

コンピューターにも理解できるよう、HTMLで情報に「意味づけ」を行うことを、HTMLで「文書構造化する」というような言い方をします。

図1 Webページの表示に必要なファイル

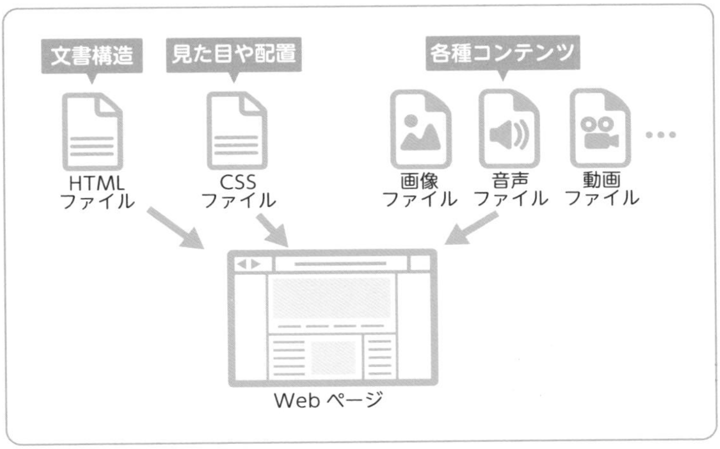

図2 Webページと情報のまとまり

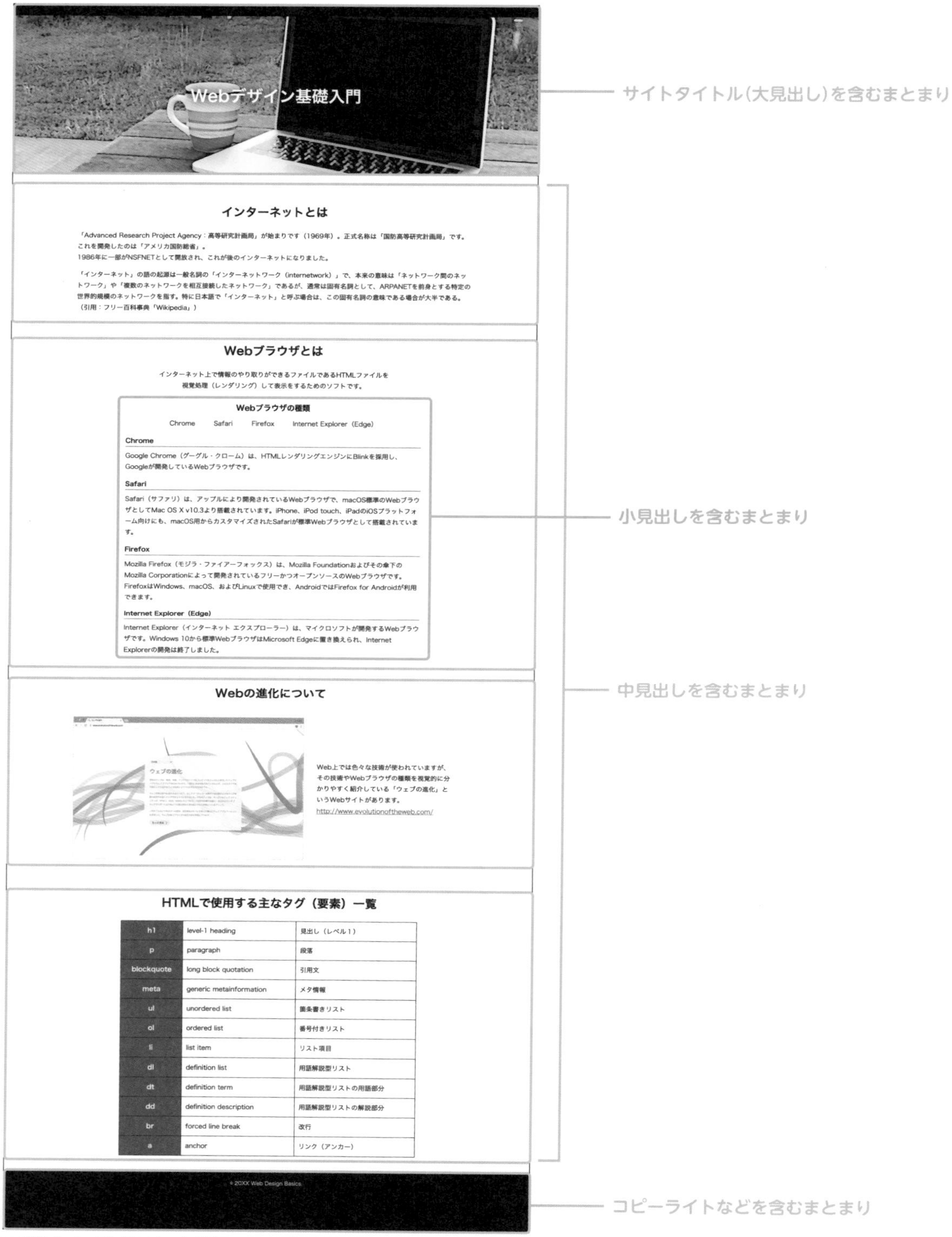

このWebページにはテキスト情報と2つの画像が掲載され、それらの情報は「サイトタイトル（大見出し）」「中見出し」「小見出し」「コピーライトなど」を含むまとまりになっています。

HTMLのベースになる文書構造について

では、次に 図2 のWebページの情報を文章のみで表したものを見てみましょう 図3。Webページの装飾を取り除き、文章のみで情報の構造を見ると、とてもシンプルな構造になっていることがわかります。

Webページ内の情報は、同じ役割を持つ情報のまとまりによって構成されていて、そのほとんどが見出しの情報を持っています。情報量の大小にかかわらず、Webページの文書構造はこのようにわかりやすい構造である必要があり、ここから それぞれの情報に意味づけをしていくのがHTMLファイルです。そのことを意識した上で、Webページの情報を準備するようにしましょう。

POINT

テキストを文書構造化するということは「ここからここまでが見出し」、「ここからここまでが文章」といったように、HTMLを使って個々のテキスト情報に適切な意味を与えていく作業です。文書構造化したHTMLファイルにすることで、コンピューターにもテキストの意味が伝わるようになります。

図3 Webページの文書構造

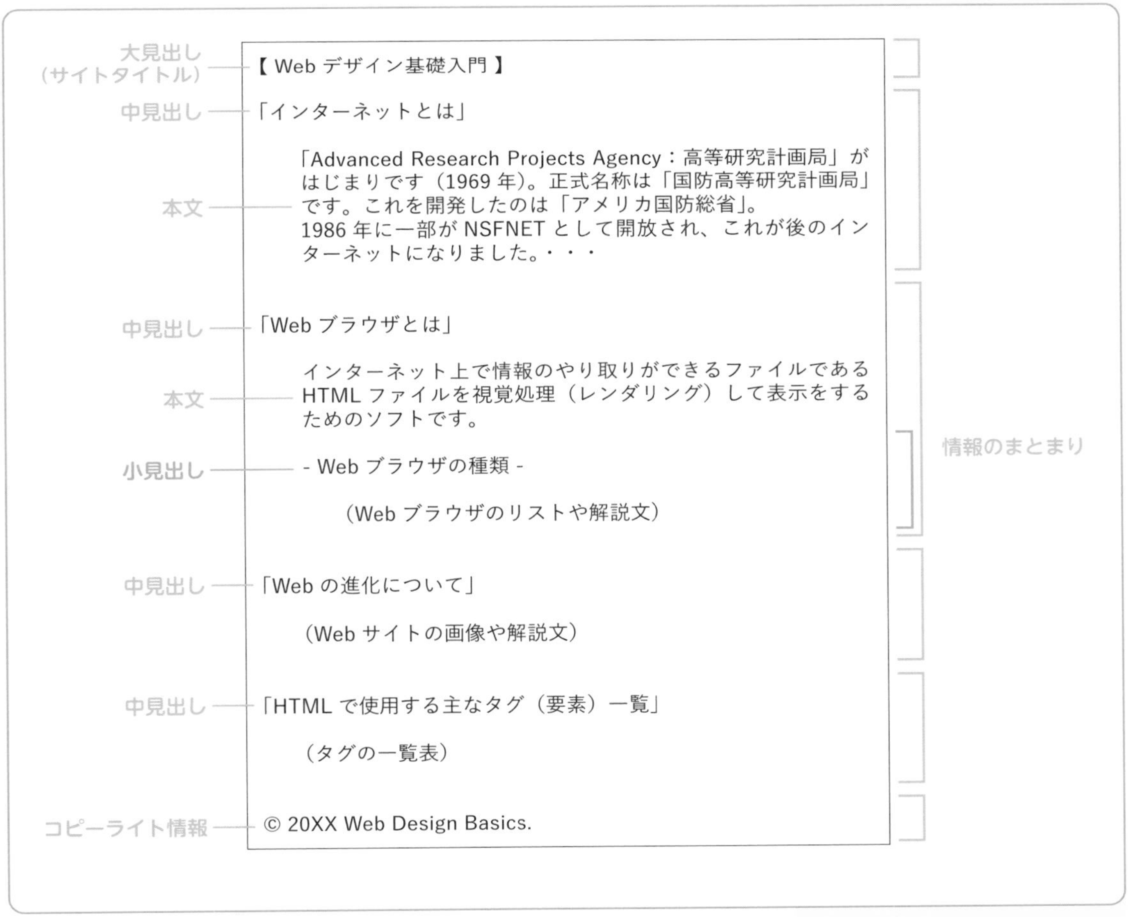

Lesson 2

05

30 min

文書構造を アウトライン化してみる

THEME テーマ

Webページの情報のまとまり同士の関係性をわかりやすくするために階層構造にして表すものを「アウトライン」といいます。情報の区切りを明確にするアウトラインについて理解していきましょう。

Webページの情報をアウトライン化する

前節では、Webページの情報を大まかな情報のまとまりにして文書構造をわかりやすくしました。さらに、これらの情報のまとまりが「同列の扱いか」、「上下の扱いか」、「ある情報のまとまりの中に、さらに情報のまとまりがあるのか」、「中の情報はどのような意味のものなのか」を明確にすることで、お互いの関係性をわかりやすくすることができます。これを「情報のアウトライン化」といいます。

図1 は、前節で大まかなまとまりに分けた情報を、それぞれの情報がどのような関係性にあるのかを箱に収めるような形で表しました。これを見ると、まずWebブラウザで表示する「Webページの情報」という大きなまとまりの情報があることがわかります。そこには「Webデザイン基礎入門」という大見出しがついています。続けて、中見出しを持った4つの情報のまとまりがあります。これらの情報は同列に並んでいます。さらに最後にコピーライト情報を持ったまとまり(フッター)があり、これも中見出しを持った情報と同列に並んでいることがわかります。

また、「Webブラウザとは」という中見出しを持った情報のまとまりの中には、「Webブラウザの種類」という小見出しを持った情報のまとまりがあります。これらの情報は階層的に上下関係があることがわかります。

さらに 図1 にあるように、中の情報が「段落」なのか「リスト」なのか「引用文」なのかというように、どのような意味を持ったものなのかを明確化することで文書構造はよりわかりやすくなります。そしてWebブラウザに対して、情報のアウトラインを伝えたり、それぞれの情報の意味がどういうものなのかを伝えるために行うのが、タグを使ったHTMLコーディングです。

WORD タグとマークアップ

HTMLでは、<p>のように山括弧で表される「タグ」と呼ばれるものを使い、文書に意味づけをしていく。タグを使用し「ここからここまでの情報は段落です」というように印をつけるように意味づけしていくので、それを指して「マークアップ」と呼ぶ。HTMLタグに関しては、99ページ〜、Lesson5で詳しく解説している。

情報のまとまりを表すタグや情報の意味を表すタグでマークアップを行い、私たち人間のように図を見ることができないWebブラウザにも文書構造を理解できるようにします。では、どのように文書をHTML化していくのでしょうか？ それについては、Lesson2-06（→46ページ）で見ていきましょう。

図1 文書のアウトライン

[Web ページの情報]

[大見出し（サイトタイトル）]Web デザイン基礎入門

[中見出し] インターネットとは

[段落]
「Advanced Research Projects Agency：高等研究計画局」がはじまりです（1969 年）。正式名称は「国防高等研究計画局」です。これを開発したのは「アメリカ国防総省」。1986 年に一部が NSFNET として開放され、これが後のインターネットになりました。

[引用文]
「インターネット」の語の起源は一般名詞の「インターネットワーク（internetwork）」で、本来の意味は「ネットワーク間のネットワーク」や「複数のネットワークを相互接続したネットワーク」であるが、通常は固有名詞として、ARPANET を前身とする特定の世界的規模のネットワークを指す。特に日本語で「インターネット」と呼ぶ場合は、この固有名詞の意味である場合が大半である。（引用：フリー百科事典「Wikipedia」）

[中見出し]Web ブラウザとは

[段落]
インターネット上で情報のやり取りができるファイルである HTML ファイルを視覚処理（レンダリング）して表示をするためのソフトです。

[小見出し]Web ブラウザの種類

[箇条書きリスト]
～ Web ブラウザのリスト～

[用語定義型リスト]
～各 Web ブラウザの解説文～

[中見出し]Web の進化について

[段落]
～ Web サイトのイメージ画像～

[段落]
～ Web サイトの紹介文～

[中見出し]HTML で使用する主なタグ（要素）一覧

[表組み]
～タグの一覧表～

[フッター]
© 20XX Web Design Basics.

情報のまとまり同士の関係性などをわかりやすくするために、階層構造にして表したものが「アウトライン」です。

Lesson 2

06

15 min

文書に「意味づけ」を行うHTML

THEME テーマ

Webページの情報に意味づけを行うのが、HTMLのタグによるマークアップです。文書をHTML化することにより、人間だけでなくコンピューターも文書構造が理解できるようになります。HTMLによる文書の「意味づけ」について見ていきましょう。

HTMLのタグによるマークアップ

Lesson2-05（→44ページ）で説明したアウトライン化した文書の中の情報に意味づけを行うのが、HTMLのタグによるマークアップです。HTML（HyperText Markup Language）は、その名の通りWebページの文書に意味づけを行うマークアップ言語です。文書の見出しの文字を大きくしたり、段落の前後に改行を加えたとしても、視覚的に情報を見ることができないコンピューターには文書の意味を理解することはできません。! 文書をHTML化することで、Webブラウザでもアウトラインや情報の意味などの文書構造を理解できるようになるわけです。

HTMLにはさまざまな意味を持つ「タグ」と呼ばれるものがあり、そのタグで情報を囲んでいきます。例えば 図1 を見ると、大見出しの部分は「<h1> ～ </h1>」で囲まれています。ほかにも段落は<p>タグ、箇条書きリストは<ul>タグ、表組みは<table>タグで囲まれています。

このようにWebページのすべての情報を、さまざまな意味を持ったタグでもれなくマークアップすることで、HTMLファイルは人間だけでなくコンピューターにも理解できる文書になるのです。HTMLに関しては、Lesson5（→99ページ～）で詳しく解説します。

POINT

視覚に頼らない情報への意味づけは、視覚障がい者にとっても必要なものとなります。視覚障がい者は視覚的にWebサイトを閲覧することができないため、スクリーンリーダー（コンピューターの画面に表示された情報を音声で読み上げてくれるソフトウェアのこと）などを使用してWebサイトの情報を読み上げてもらいます。文書がHTMLのタグでマークアップされていれば、スクリーンリーダーも文書の意味を理解して読み上げてくれるわけです。

memo

HyperText（ハイパーテキスト）という言葉を直訳すると「テキストを超える」となります。これまでの文書を超えるテキスト、つまり複数の文書を相互に関連づけ、結びつけることができる仕組みを持った文書であると言い表すことができます。まさに、これらの仕組みを持つ文書同士が構築する世界がインターネットの世界といえるでしょう。

図1 情報に意味づけがされたHTML文書

```
<body>

<header>
    <h1>Web デザイン基礎入門 </h1>
</header>

<main>
    <section id="internet">
        <h2> インターネットとは </h2>

         <p>「Advanced Research Projects Agency：高等研究計画局」がはじまりです（1969 年）。正式名称は「国防高等研究計画局」です。これを開発したのは「アメリカ国防総省」。<br>
        1986 年に一部が NSFNET として開放され、これが後のインターネットになりました。</p>

         <blockquote><p>「インターネット」の語の起源は一般名詞の「インターネットワーク（internetwork)」で、本来の意味は「ネットワーク間のネットワーク」や「複数のネットワークを相互接続したネットワーク」であるが、通常は固有名詞として、ARPANET を前身とする特定の世界的規模のネットワークを指す。特に日本語で「インターネット」と呼ぶ場合は、この固有名詞の意味である場合が大半である。(引用：フリー百科事典「Wikipedia」）</p></blockquote>
    </section>

    <section id="brows">
        <h2>Web ブラウザとは </h2>
        <p id="browsText"> インターネット上で情報のやり取りができるファイルである HTML ファイルを <br>
        視覚処理（レンダリング）して表示をするためのソフトです。</p>

        <section id="borwsList">
            <h3>Web ブラウザの種類 </h3>
            <ul>
                <li>Chrome</li>
                <li>Safari</li>
                <li>Firefox</li>
                <li>Internet Explorer（Edge）</li>
            </ul>

            <dl>
                <dt>Chrome</dt>
                 <dd>Google Chrome（グーグル・クローム）は、HTML レンダリングエンジンに Blink を採用し、Google が開発している Web ブラウザです。</dd>

                ～（中略）～

            </dl>
        </section>
    </section>

    <section id="webEvo">
        <h2>Web の進化について </h2>
        <div id="webEvoWrap">
             <p id="webEvoImg"><a href="http://www.evolutionoftheweb.com/" target="_blank"><img src="img/web_evo.jpg" width="560" height="350" alt=" サイトイメージ画像 "></a></p>

            ～（中略）～

        </div>
    </section>

    <section id="tags">
        <h2>HTML で使用する主なタグ（要素）一覧 </h2>

        <table>
            <tr>
                <th>h1</th>
                <td>level-1 heading</td>
                <td> 見出し（レベル 1）</td>
            </tr>

            ～（中略）～

        </table>
    </section>
</main>

<footer>
    <p><small>&#169; 20XX Web Design Basics.</small></p>
</footer>

</body>
</html>
```

Lesson2-05でアウトライン化した文書の中の情報を、HTMLのタグでマークアップした（印をつけた、意味づけをした）HTML文書です。

Lesson 2
07
15 min

Webページの見た目や配置を指定するCSS

THEME テーマ

正しいHTMLコーディングができていれば、わかりやすい見た目や配置が設定されたWebページとして表示してあげることが望ましいです。ここでは、その役割を担うCSSについて理解していきましょう。

Webページのデザインやレイアウトを行うCSS

HTMLファイルのみをWebブラウザで表示した場合は、どのように表示されるのでしょうか？ HTMLには見た目や配置に関する設定は記述されていませんから、多くのWebブラウザでは白い背景に黒い文字の味気ないデザインで表示されてしまいます。Webユーザビリティの観点から見ても、ユーザーにわかりやすく情報を伝えるためにデザインやレイアウトを施したWebページとして表示させるべきでしょう。現在のWebサイト制作ではWebページの見た目や配置に関する設定は、CSS（Cascading Style Sheets）で指定をします。

CSSは「HTMLファイルに直接記述する方法」と「CSSのみが記述されたファイルを作成してHTMLに読み込む方法」の大きく2つで指定することができます。ただし、実務でWebサイト制作を行う場合には後者の方法を用いることが一般的です。それは、外部のCSSファイルを読み込む方法のほうがメリットが多いからです。まず、HTMLファイルとCSSファイルをそれぞれに作成することで、Webページの文書構造とデザインやレイアウトに関する記述を完全に分離できるというメリットがあります。文書構造に関してはHTMLファイル、デザインやレイアウトに関してはCSSファイルを見ればよいことになるので、ファイル管理が容易になります。

また、複数のページを持ったWebサイトを作成する際に、Webページの見た目やレイアウトがページごとに大きく違うケースはまれです。それなのに、各ページにそれぞれ同じようなCSSの記述を行うことは非効率です。更新作業を行う場合にも、HTMLに直接CSSを記述してしまうと、更新したい箇所を含んだすべてのHTMLファイルの更新作業を行わなければなりません。ところが、外部CSSファイルを読み込むような設定にしておけば、CSSファイルの該当箇所のみを更新すれば、CSSファイルを読み込んでいるWebページのす

POINT

これは多くのWebブラウザの初期設定が「背景色：白、文字色：黒」となっているからです。ただし、視力の弱いユーザーはテキストの視認性を高めるために背景色と文字色を反転させた設定にしている場合もありますし、また Webブラウザの環境設定で任意の色を設定しているユーザーがいることも覚えておきましょう。

163ページ、**Lesson6-05**参照。

べてに更新が反映されます。このようなメリットがあるため、外部CSSファイルを読み込む方法が一般的なのです 図1 。CSSに関しては、Lesson6（→153ページ〜）で詳しく解説します。

図1 外部CSSファイルをHTMLに読み込むメリット

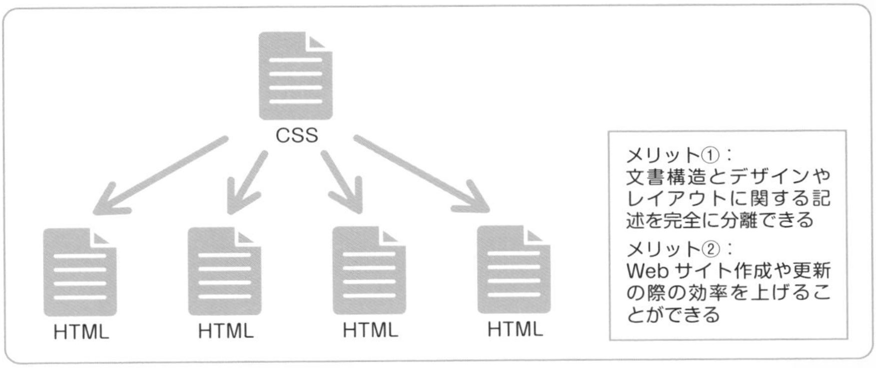

CSSで行うことができる新しい表現

これまでCSSは、Webページの見た目や配置を指定するために使用されてきました。それらは今も変わらないのですが、CSSの最新の仕様であるCSS3（CSS Level 3）ではWebページ内のコンテンツをアニメーションさせることもできるようになっています。ただし、CSSの解釈はWebブラウザの種類やバージョンによって異なります。使用したいCSSの記述がどのWebブラウザでサポートされているのかについて調べることができるWebサイトもあるので、しっかりとチェックした上で使用するようにしましょう 図2 。

図2 Webブラウザによる CSSのサポート状況をチェックできるWebサイト

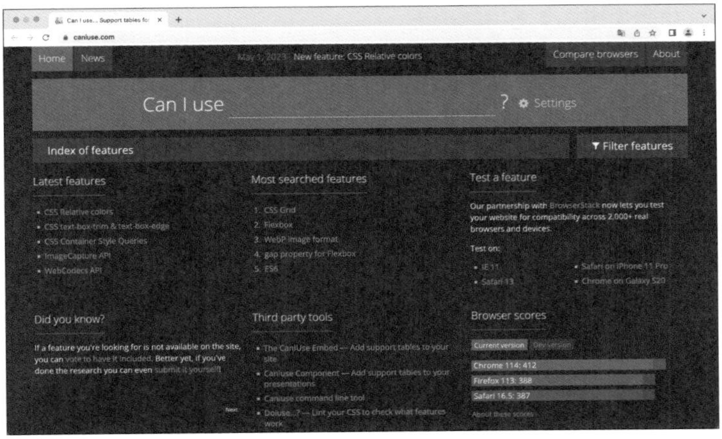

「Can I use... Support tables for HTML5, CSS3, etc」（https://caniuse.com/）
CSSのみならず、WebブラウザによるHTMLのサポート状況もチェックできるWebサイトです。

Lesson 2

08

15 min

レスポンシブWebデザインを理解する

THEME テーマ

Webページを閲覧している端末に合わせて、レイアウトを変更したり、コンテンツの表示／非表示を切り替えたりするなどの適応を行う技術を「レスポンシブWebデザイン」といいます。その概念や手法について理解していきましょう。

Webサイトを閲覧する環境の変化

Webサイトは当初、デスクトップPCなどのパソコンで閲覧するものでした。ところが、2000年代後半から2010年代初頭にかけてスマートフォンやタブレットなどのモバイル端末が登場すると、Webサイト閲覧の主流は一気にスマートフォンを中心としたモバイル端末へと移っていきました。そのような状況の中で、Webサイト制作の方法も変わっていきます。以前はパソコンで閲覧するサイトと携帯電話で閲覧するサイトを個別に制作し、公開していましたが、この方法はサイトの情報更新も個別に行わなければならず、また発信する情報に差異が生まれやすいなど、効率がよくありませんでした。そんな中で生まれてきたWebサイト制作の考え方が「レスポンシブWebデザイン」です。

レスポンシブWebデザインでは、1つのHTMLファイルをCSSファイルで制御することで、端末の画面サイズに合わせたデザインで表示します（「1ソースマルチユース」と呼びます）図1。

1つのHTMLファイルの情報をベースに端末適応する方法のため、個別に更新する必要はなく、情報の差異が生まれにくくなります。またCSSで対応する方法であることから、「レイアウトを切り替える」ばかりでなく「情報の表示／非表示を切り替える」「見た目の変更を行う」などの適応を比較的容易に行えます。「1ソースなので管理がしやすい」「新しい端末への追加対応がしやすい」「WebサイトのURLが分散しないため、SEO効果も分散しない」といったメリットもあります。一方で、1ソースであるがゆえに「モバイル端末へもパソコンと同じ重さのデータを読み込ませてしまう」、「端末ごとの細かな調整ができない」といったデメリットもあります。メリットとデメリットをしっかりと理解した上で、使用の可否を検討しましょう。

WORD　SEO

「Search Engine Optimization」の略で、検索サイトの検索結果に自身のWebサイトがより多く露出するように行う一連の取り組みのこと（検索エンジン最適化）を指す。

図1 1ソースマルチユースであるレスポンシブWebデザイン

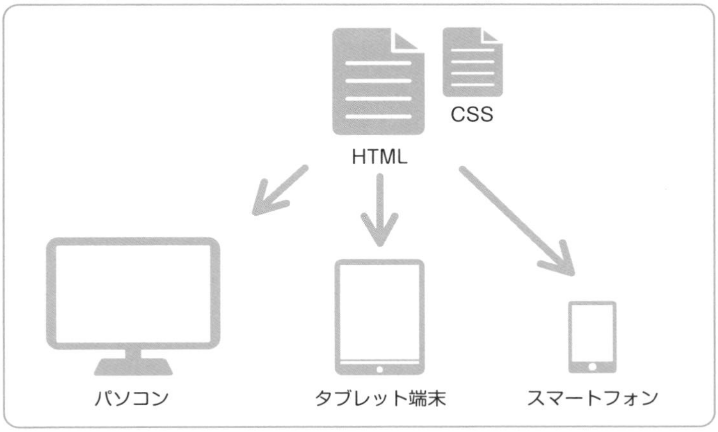

1つのHTMLファイルをCSSファイルで制御することで、さまざまな端末に適応したWebデザインを表示するのがレスポンシブWebデザインです。

時代はモバイルファーストへ

現在Webサイトの閲覧の主流はスマートフォンになっており、それに応じて、Webデザインの制作も従来のパソコンでの閲覧を中心にした方法から、スマートフォンユーザーの使い勝手を考慮したWebデザインを主眼に置きながら制作をしていく「モバイルファースト」の時代になっています。レスポンシブWebデザインに適応したWebサイトのギャラリーサイトもあるので、どのような表現方法があるのか参考にするとよいでしょう 図2。

WORD モバイルファースト

ユーザーがスマートフォンやタブレットなどのモバイルデバイスから閲覧・利用することを前提にして、Webサイトを設計・デザインしていく考え方。

図2 レスポンシブWebデザインに特化したギャラリーサイト

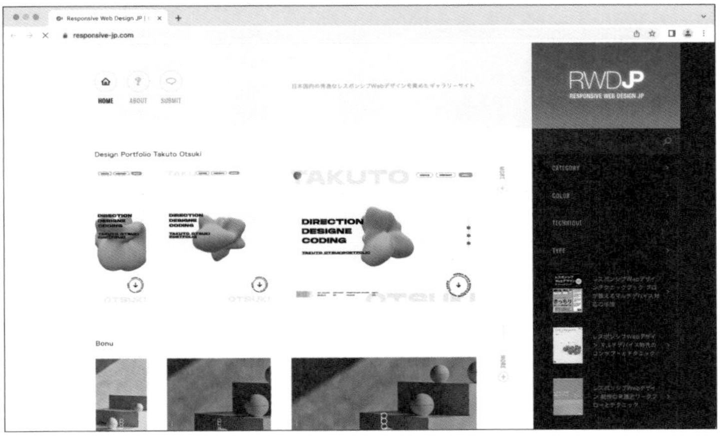

「Responsive Web Design JP」(https://responsive-jp.com/)

Lesson 2

09

30 min

ワイヤーフレームとプロトタイプ

THEME テーマ Webページの情報配置を設計する際にはワイヤーフレームを作成し、動的表現を備えたWebサイトを設計する際にはプロトタイプを作成します。ここでは、Webサイトの情報設計について理解していきましょう。

情報の優先順位や配置を決めるワイヤーフレーム

Webページの情報は、視覚的にわかりやすくデザイン・配置されることによって、より伝わりやすくなります。Webサイトのコンセプトや目的に合わせて、情報の優先順位を念頭に置きながら情報を配置する枠組みを描くものを「ワイヤーフレーム」といいます。

情報を視覚的にわかりやすくするためのものという言い方をすると、配色やデザインイメージなども含めたラフデザインのようなものを描くものだと思ってしまいがちですが、一般的にはデザイン的な要素は極力排除して！「情報設計を行う」ことに注力して作成するものとなります。したがって、ノートに手描きで描いてもかまいませんし、PowerPointなどのプレゼンツールで描いてもかまいません。IllustratorやPhotoshopなどのグラフィックツールに慣れ親しんでいるのであれば、それらのツールを利用してもよいですし、またワイヤーフレームを作成する機能を持ったWebサービスもあるので、それらを使用してもよいでしょう 図1。

POINT

ワイヤーフレームはデザイン的要素を極力排除して作成することが一般的ですが、作成していくWebデザインのイメージをしやすくするために色をつけたり、写真を入れて作成することもあります。「情報設計に重きを置く」、「デザインイメージを議論する土台にする」など目的に応じて、その方法も使い分けてみてもよいでしょう。

WORD 情報設計

情報設計（Information Architecture/IA）とは、Webサイト上に掲載する情報を誰でも理解できるようにするために、どんな内容にしてどのように配置するかを決めることを指す。

図1 サイト上でワイヤーフレームを描くことができるWebサービス

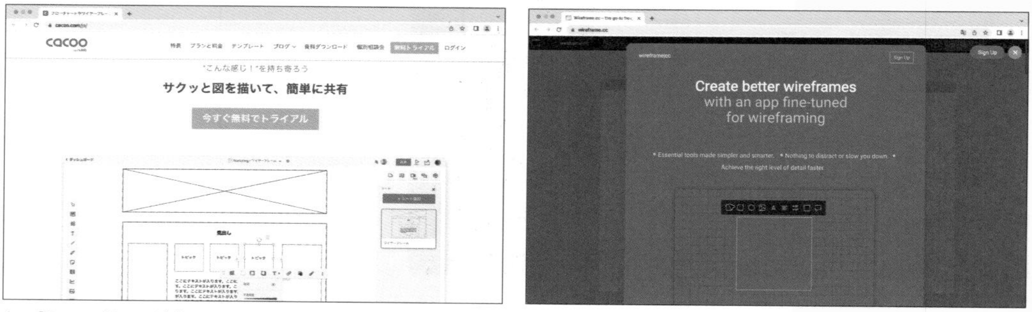

左：「Cacoo(カクー)」(https://cacoo.com/ja/)
日本のWebサービスで、チームでの共同作業を行うこともできます。
右：「Wireframe.cc」(https://wireframe.cc/)
海外のWebサービスですが、直感的に使えるインターフェースで英語がわからなくても使用できます。

複数のワイヤーフレームの作成

Lesson2-08（→50ページ）で説明した通り、現在はレスポンシブWebデザインによってさまざまな端末へ適応するWebデザインにすることが主流となっています。その場合には、さまざまな端末の画面サイズを想定した複数のワイヤーフレームを作成する必要があります。IllustratorやPhotoshopなどのグラフィックツールには、1つのファイルの中に複数のアートボードを作成することができるので、複数のワイヤーフレームをスムーズに作成することができます。

ワイヤーフレームに特化したギャラリーサイトやまとめサイトもあるので、さまざまなワイヤーフレームの参考にするとよいでしょう 図2。

WORD アートボード

さまざまなデバイスや画面サイズ用にデザインをレイアウトできるキャンバスのようなもので、複数のアートボードを作成することで複数のキャンバスを切り替えるイメージで効率的に作業することができる。

図2 ワイヤーフレームの参考になるWebサイト

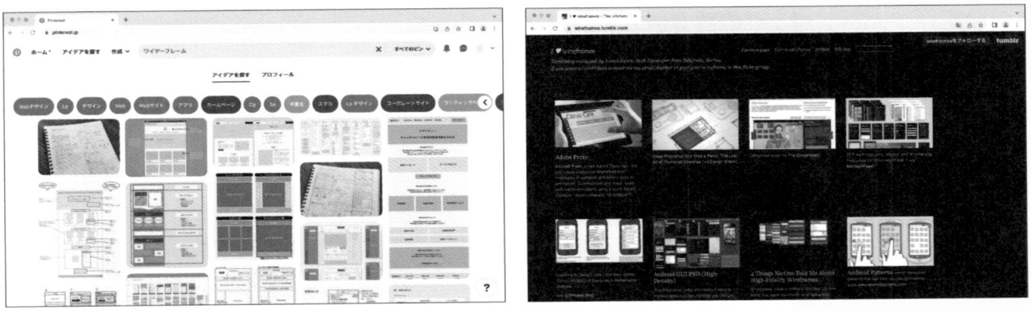

左：「Pinterest | ワイヤーフレーム」(https://www.pinterest.jp/)
画像のブックマークサイトである「Pinterest」で「ワイヤーフレーム」のキーワードで検索をすると、さまざまなワイヤーフレームを参照できます。
右：「I ♥ wireframes」(https://wireframes.tumblr.com/)
海外のギャラリーサイトで、手描きやアプリで作成された800種類を超えるワイヤーフレームがまとめられています。

試作品を試しながら開発するプロトタイピング

近年の動的な表現を備えたWebサイトを制作する機会が増える中で、平面なワイヤーフレームでその設計を行うのは難しい場面も増えてきました。そこでワイヤーフレームに動的な要素を加え、画面遷移やアニメーションなどの動き・流れを確認できるプロトタイプ（試作品）を作成して、フィードバックを受けながらそれに対する改善を続けることで完成に向かう手法が取られるようになりました。

試作品という意味合いを考えれば「手間をかけず」「手軽に作れる」ことが望ましい。ということで、紙とペンでプロトタイプを作成し、使い勝手などを確認する「ペーパー・プロトタイピング」が行われるようになりました。

紙とペンを使ったプロトタイピングですから、専門的なスキルが必要なく、コストも低く、実効性も高いことがメリットでしたが、フィードバックを集めるのが難しいことや、直接会った人としか検証できない、また最終的にデジタルに変換する作業が発生するなどのデメリットもありました。そこで登場したのが「プロトタイピングツール」です。

パソコンやモバイル端末などで動作するプロトタイピングツールは、ネットを介して遠隔地にいる仲間からのフィードバックを受けたり、制作したプロトタイプをそのまま端末上で動作検証できるなど、ペーパー・プロトタイピングが持っていたデメリットを解消したことから、広く利用されるようになりました。

代表的なプロトタイピングツールとしては、「Figma」「Prott」などが挙げられます 図3。それぞれに特徴的な機能も備えていますが、どのプロトタイピングツールも「ワイヤーフレーム作成機能」「画面遷移の設定」「フィードバックの共有機能」などは備えています。フリープランが設定されているものもあるので、一度その使用感を試してみるのもよいのではないでしょうか。

memo

プロトタイピングツールには「トランジション型」「インタラクション型」「複合型」の3つの種類があります。トランジション型は、画面遷移や操作のフローに重きを置いたものです。インタラクション型は、画面内の細かな動きなどに重きを置いたものです。そして複合型は、トランジション型とインタラクション型の両方の機能を備えたものになります。ちなみに、本文中で紹介しているプロトタイピングツールは、いずれもトランジション型となっています。

図3 代表的なプロトタイピングツール

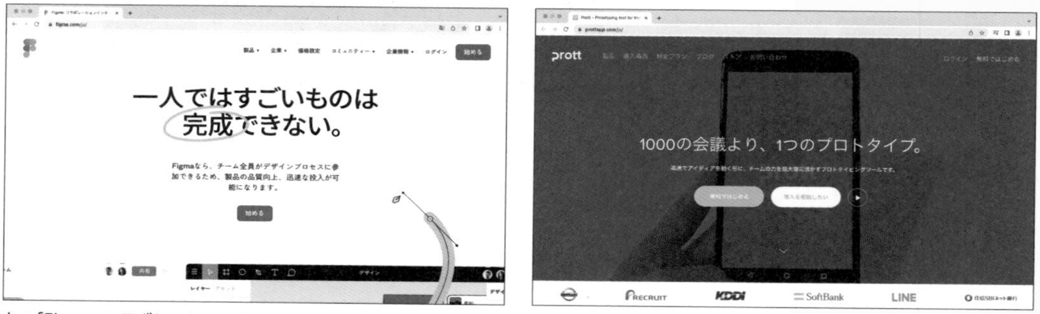

左：「Figma: コラボレーションインターフェースデザインツール」(https://www.figma.com/ja/)
デスクトップアプリ版の他にWebブラウザ版もあり、無料で使用できるスタータープランもあるので、気軽に始められます。
右：「Prott - Prototyping tool for Web iOS Android apps」(https://prottapp.com/ja/)
日本製のツールで操作しやすく、またサポートなども手厚いという利点があります。

Lesson 2
10
15 min

JavaScriptを使った動的な表現の実装

THEME テーマ

CSSの最新仕様ではアニメーションを設定することもできるようになりましたが、Webサイトでの動的な表現の多くはまだまだJavaScriptで実装されています。ここではJavaScriptの概要などについて理解していきましょう。

フロントエンドで動作するプログラムの定番

何かしらの動的表現が実装されていないWebサイトは存在しないのではないか？と思えるくらい、最近のWebサイトには動きのある表現が組み込まれています。CSSの最新仕様ではアニメーションの設定ができるようになりましたが、Webブラウザの種類やバージョンによりうまく動作するかどうかはまちまちで、安定した動作をさせたいのであれば歴史のあるJavaScriptで実装することになるでしょう。例えば「モーダルウィンドウで拡大写真を表示する」、「メインビジュアルをスライドショーで表示する」、「ページ下部にあるボタンをクリックすることで、ページ上部へアニメーションしながら移動する」「ハンバーガーメニューの表示／非表示」といった、Webサイトで頻繁に見られる動的表現のほとんどがJavaScriptで実装されています 図1。

memo

JavaScriptと名前の似たプログラミング言語にJavaがありますが、まったく異なるプログラミング言語なので、言い間違いのないように注意しましょう。

WORD モーダルウィンドウ

ウィンドウの内側に開く子ウィンドウで、子ウィンドウの動作を終了させなければ親ウィンドウの操作に戻れないようなものを指す。最近のWebサイトではサムネイル写真をクリックすると、背景が半透明の黒で覆われて、拡大写真のウィンドウが画面中央に表示されるような表現をよく使っている。

図1 JavaScriptを用いた動的表現例

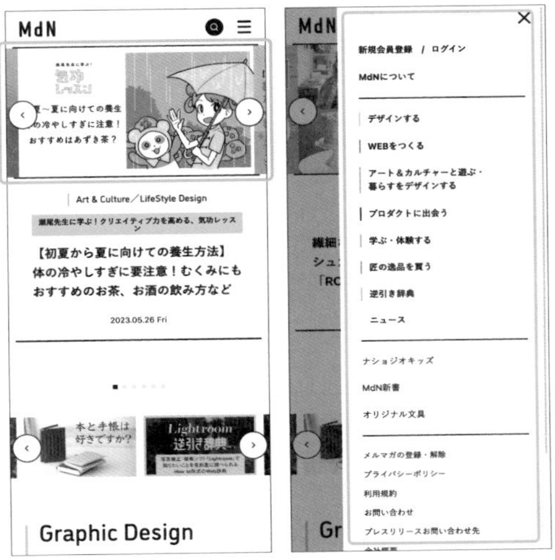

左：メインビジュアルのスライドショー
右：ハンバーガーメニューの表示/非表示
(https://www.MdN.co.jp/)

JavaScriptは、当時のNetscape Communications社のブレンダン・アイク氏によって開発され、1996年にWebブラウザ「Netscape Navigator 2.0」に実装されました。2000年代初頭にはMacromedia社のWebアニメーションソフト「Flash」（現アドビ社の「Animate」）の動的表現に押され気味な時期もありましたが、2000年代後半にWebブラウザの種類やバージョンによるJavaScriptの動作の差異を吸収してくれるライブラリやフレームワークが登場したことや、同時期にモバイル端末にプラグインが搭載されなくなった影響によるFlashの失速もあって、Webページに動的表現を実装する手段として盤石の地位を築きました。

JavaScriptは、フロントエンド（Webブラウザ側）で動作するものとして広く認識されていますが、実はWebサーバーでも動作するスクリプト言語です。HTMLやCSSのような比較的容易な言語と比べると、少し難易度の高い言語だといえるでしょう。

ただし長く使用されている言語であるため、初心者向けの書籍やチュートリアルサイトなども多くあり、学びやすい言語であるともいえます。「jQuery」「React」「Vue.js」「Angular」などのライブラリやフレームワークを使用することもできるので、実装したい動きがあればぜひ苦手意識を持たずにチャレンジしてみるとよいでしょう 図2。

WORD ライブラリ

汎用性の高い複数のプログラムを再利用可能な形でひとまとまりにしたもので、それ単体ではプログラムとして作動させることはできないが、ほかのプログラムに何らかの機能を提供することができるコードの集まりを指す。280ページ、Lesson8-02で使用するjQueryはJavaScriptのライブラリ。

WORD フレームワーク

汎用的で再利用可能なクラスやライブラリ、モジュール、APIなどと、ソフトウェアの主要部分の雛形（テンプレート）として、そのまま利用できるものを指す。

図2 代表的なJavaScriptライブラリやフレームワーク4選

左上：JavaScriptライブラリ「jQuery」(https://jquery.com/)
右上：JavaScriptライブラリ「React」(https://react.dev/)
左下：JavaScriptフレームワーク「Vue.js」(https://ja.vuejs.org/)
右下：JavaScriptフレームワーク「Angular」(https://angular.jp/)

Lesson 3

Webデザインの特性を知る

Webサイトをデザインする上で前提として知っておきたい「Web」というメディアの特性を、印刷物と比較しながら紹介します。色やフォント（書体）の基本知識と、それらを決める際の考え方やポイントについても解説します。

読む　練習　制作　公開　運用

Lesson 3
01
30 min

印刷物とWebの違い

THEME テーマ

本やパンフレット、フライヤーなどの印刷物とWebでは、どのような違いがあるのでしょうか？ それぞれの媒体の特性を理解して、利点を活かした効果的なデザインができるようにしましょう。

固定的な印刷物と流動的なWeb

紙の印刷物とWebで一番大きな違いのひとつはサイズの考え方です。

書籍や雑誌、あるいはパンプレットやフライヤー、ポスターなどの印刷物は用紙によって縦・横のサイズが決まります。用紙サイズにはA4判、B5判など、共通の規格が設けられており、あらかじめ決められた用紙サイズの中で自由にレイアウトできますが、印刷物として完成した状態ではレイアウトや文字の大きさ、写真のサイズなどは固定されています。完成品としての印刷物を読者やユーザーが目にするとき、環境が違っていても仕上がりの見た目はほぼ同じです 図1 。

一方、Webサイトはあらゆる環境で同じ見た目（表示状態）にはなりません。

17ページ、Lesson1-03参照。

図1 印刷物の例

雑誌や書籍以外にも図のようなカタログ、パンフレット、ショップカードの類も印刷物に該当します。

スマートフォン、タブレット、ノートPC、デスクトップPCなど、閲覧する側のデバイスによって画面サイズはバラバラです。通信環境が違えば、表示までにかかる時間も異なります。また、レスポンシブにデザインされたWebサイトであれば、スマートフォンとPCで表示されるコンテンツも変化します 図2。

サイズやレイアウトに関しては、紙は固定的、Webは流動的といえます。

図2 レスポンシブWebデザインの例

ノートPCの表示(左)とスマートフォン表示(右)ではレイアウトなどが変化しています。

Webの縦・横サイズ

紙の印刷物が用紙のサイズによって物理的に制限されるのに対し、Webの場合は縦幅、あるいは横幅が表示画面に収まらなくても、上下・左右にスクロールすれば閲覧することが可能です。そのため、縦に長く制作し、Webサイトの1ページに必要な情報をすべて載せることもできます。とはいえ、1ページに多くの文字や画像を詰め込みすぎると見づらくなり、情報が伝わりづらくなるのは印刷物もWebも同じです。

Webサイトでは、極端に縦長のページはユーザーが途中で離脱してしまう可能性が高まりますし、左右のスクロールはユーザーが特に操作しづらいため、十分に留意する必要があります。また、用紙サイズのように明確な規格はありませんが、各デバイスでディスプレイの標準的なサイズはいくつかに絞られます。その基準を大きく超えると、見た目もよくなく、ユーザーに読みづらい、使いづらいといった不便を強いることになります。

Webサイトをデザインするときは、制作する側が見ている環境と実際に閲覧・使用する側の環境は異なり、閲覧環境は多種多様であること、同時に各デバイスのディスプレイには標準的なサイズがあることを意識しましょう。

POINT

Webサイトを設計する上で万人に共通する画面サイズはないため、どのサイズで作成するか、明確な決まりはありません。例えば、閲覧デバイス自体が複数にありますし、スマートフォンの画面サイズだけでも多種多様です。機種がアップデートすると画面サイズも変わります。その時々でシェアが大きい代表的なデバイスの画面サイズや、ユーザー層などに応じて制作する側がサイズを決定します。

50ページ、**Lesson2-08**参照。

memo

下記のWebサービスを使うと、デスクトップPCのディスプレイサイズについて、日本や世界の国別におおよそのシェアを調べられます。

- Statcounter GlobalStats
  https://gs.statcounter.com/
- Desktop Screen Resolution Stats Worldwide
  https://gs.statcounter.com/screen-resolution-stats/desktop/worldwide

POINT

PCの場合、横1920×縦1080ピクセル、縦横比16：9のディスプレイサイズが1つの基準になります。スマートフォンは多様なデバイスサイズがありますが、iPhone 14はWebサイトの設計上は横390×縦844ピクセル、XPERIA 6.0は同じくWebサイトの設計上は横360×縦640ピクセルが大まかな基準になります。

リンク機能とユーザーの行動分析

印刷物にはなく、Webだけにある仕組みが「リンク」です。

100ページ、**Lesson5-01**参照。

例えば、リンク機能を使ってGoogleマップに代表される地図アプリのソースコードを埋め込むことで、ページ内の地図を表示できます 図3 。印刷物であれば、地図に直接リンクすることはできないため、この点はWebならではの利点です。

また、印刷物の場合は見る側の細かな行動を知ることは難しいですが、Webであれば、サイトを訪問してきたユーザーの行動をアクセス解析によって分析できます。サイト内の閲覧数が多いページ・少ないページや、ユーザーがページやサイトに滞在した時間の長さ、どの外部サイトを経由して流入してきたか、などを知ることが可能です。

328ページ、**Lesson10-02**参照。

図3 WebサイトにGoogleマップのリンクを埋め込んだ例

それぞれの特性を活かす

ここまで述べた内容では、Webのメリットが多く感じるかもしれませんが、ユーザー層や環境によっては印刷物のメリットが多い場合もあります。

例えば、不慣れな土地で車を運転する場合、地図はスマートフォンで閲覧するより大きな紙の閲覧をするほうがわかりやすいでしょう。紙の地図であれば、充電や電源の心配もありません。またユーザーの年齢層が高い場合は、Web上の広告より新聞広告やチラシを配布するほうが効果的な場合も想定できます。紙であれば物理的に保管できるため、クーポンなどの割引情報を印刷物で配布した方が再来店につながりやすいケースもあるでしょう。

Webと印刷物、それぞれの特性を理解した上で、ユーザーの業種や年齢層、目的などに応じて使い分けましょう。

POINT

紙媒体は印刷した後の変更や修正が容易ではありません。一方Webであれば、データをWeb上にアップロードして書き換えることが基本になるため、印刷物に比べると修正は容易です。情報の変更があっても素早く柔軟に対応できます。ただこの利点が裏目に出ると、Webでは無駄な変更作業が繰り返し発生する悪循環につながりかねません。

memo

Googleマップのサービスは、ソースコードを埋め込んでWebページ上に地図を表示することは問題ありませんが、表示された地図を広告や出版物などに商用利用することはできません。このほかにも、利用にあたってのガイドラインが設けられています。

・Permissions - Google
(Googleマップ & Google Earthの利用規約に言及しているページ)
https://www.google.com/intl/ja_ALL/permissions/geoguidelines/

Lesson 3

02 ページ構成の考え方と情報の見せ方

30 min

THEME テーマ

Webサイトを縦長にすれば、1ページに載せられる情報量は増えますが、一方で1ページに適切なコンテンツ量も存在します。ページの分け方や情報の区切り方について考えてみます。

まず「目的」から考える

Webサイトのページ構成やコンテンツを考えるとき、いきなりページ分けから着手するのではなく、まずWebサイトの目的（サイトを通じて何を伝えたいか、何を達成したいか）を考えてみてください。サイトの目的に応じて、載せるべきコンテンツ（内容）が決まります。また、コンテンツを考える際は、サイトを運営する側が何を伝えたいかと同時に、サイトを見る側が何を知りたいかも同時に考えなければいけません。

一般的なコーポレートサイトであれば、その会社の事業内容やプロフィールを知ってもらうことが目的のひとつになります。利用する側の視点で考えると、はじめて来社する際に相手のコーポレートサイト上で所在地やアクセス情報などを調べるはずです。多くのコーポレートサイトに共通してトップページ、事業内容、企業概要、問い合わせのページは存在します。このほかにも、製品を作っている会社であれば、サイトを訪れるユーザーには製品情報を知りたい人は多いでしょう。物品を販売する実店舗であれば、営業日・営業時間、定休日の案内も必要です。

載せたいコンテンツを洗い出したら、階層やページの分け方を考えます 図1。Webサイトの場合、第一階層はトップページ、第二階層以下は「下層ページ」と呼ばれます。階層の分け方と連動してナビゲーションが決まることもあります。例えば、正式社名や代表取締役の名前、所在地は企業概要のページにまとめるなど、関連性の高い情報を同一ページに掲載します。地図などのアクセス情報を企業概要に載せるかはケースバイケースで、支社や支店の数が多い場合は、企業概要とは別に店舗一覧などのページを作るほうがわかりやすいでしょう。

POINT

コンテンツの洗い出しをする際は、付箋などを利用して、載せたいコンテンツを書き出してみるといいでしょう。一人で行うより、サイトを制作するメンバー全員で行うのが効果的です。書き出したあと、どの情報を1ページにまとめるか・ページを分けるかなど、情報をグルーピングをしてページ分けを考えます。付箋以外にもExcelやGoogleスプレッドシートなどを使っても便利です。

POINT

階層の数はサイトの規模によって変わります。小規模なサイトはトップページとその直下の第二階層までですが、大規模なサイトになると、トップページ→商品分類→個別の商品ページのように、第三・第四階層まで存在します。

37ページ、**Lesson2-03**参照。

図1 Webサイトの階層例

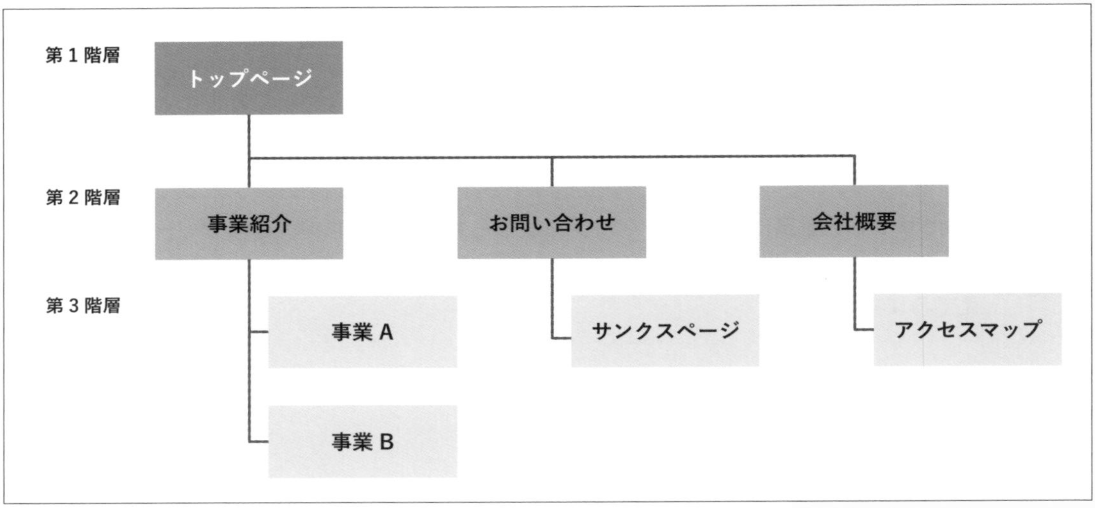

ユーザーはトップページから見るとは限らない

コンテンツやページ構成を考えるとき、もう1つ重要なのは、Webサイトを訪れた人は必ずしもトップページから閲覧するとは限らない点です。Googleなどの検索結果からサイトを訪れた場合、第二・第三階層のページから見はじめることもよくあります。同時に、ページを見た人が次にどういった行動を取りたいかを予測し、ナビゲーションやリンクなどの導線として設計することが重要になります 図2。

POINT

デバイスを問わず、ユーザーは基本的にページを上から下にスクロールして閲覧します。重要な情報ほどページの冒頭に載せ、情報が目に入る順番を考慮したり、ページの下部には次に見てほしいコンテンツへのリンクを加えたりといった、ユーザーの動きを止めないための工夫を施しましょう。

図2 エムディエヌコーポレーションの商品情報ページ

検索結果から最初にたどり着いても、「紙の本を買う」「電子版を買う」のリンクから書籍を購入できます。最後までページを見たあとは、下部に関連書籍の案内が配置してあり、導線が途切れないようになっています。

仮に、ユーザーが「会社名　企業概要」というキーワードで検索し、企業概要のページに最初にアクセスしたとします。ページを下にスクロールして、ひと通りの企業概要を知ったあと、ページ下に次に見たいコンテンツに移動できるリンクがなければ、サイト内を回遊せずにそのままページを閉じてしまうでしょう。

また、ユーザーは全ページのすべてのコンテンツを細かく見るわけではありません。1ページに載せるテキスト量が多い場合は、ページの冒頭にコンテンツの要約をつけたり、見出しを使って文章に区切りをつけるなど、ページのすべてを読まずとも内容が伝わるようにしましょう。ページのタイトルを上手く要約して、最初にどのようなページかを上手く案内するのもひとつの手法です。デザインする際も、英語だけのナビゲーションでは短い時間でどのようなページか判断できません 図3。英語を使う場合は日本語も合わせて載せるなど、デザイン上も直感的にわかりやすい表現をしてください。

POINT

サイトにアクセスしてきたユーザーの大半は、直感的にわかりづらいと思えばすぐに見るのを止めてしまいます。ページを隅から隅まで読むようなことはせず、必要な情報がすぐに見つからないと、他のサイトに移動したりブラウザを閉じたりするのです。

図3 ナビゲーションの表記例

上は英字だけのため、パッと見てどのようなリンクかわかりにくい状態。下は英字と日本語を併記し、日本語を少し大きくして目立たせています。

Lesson 3
03
30 min

2つのカラーモード「RGB」と「CMYK」

THEME テーマ
Webサイトで色を表現したり、画像を扱ったりする前に「カラーモード」について理解しておきましょう。RGBとCMYK、2つのカラーモードの違いと、それぞれの色を表現する仕組みを学びましょう。

RGBとCMYK

カラーモードというのは、色を表現する方式のことです。本やチラシなどの紙の印刷物とコンピューターでは色を表現する方法が違います。印刷物は色をインクを使って表現しますが、コンピューターでは光で表現します。紙の印刷物では「CMYK」、コンピューターでは「RGB」というカラーモードで色を表現します。Webサイトはディスプレイを通して表示するため、RGBのカラーモードを使用します。

RGBとはR（Red：赤）、G（Green：緑）、B（Blue：青）の3原色の頭文字を表記したものです。スマートフォンやテレビのディスプレイなども「RGB」で色を表現しています。

一方、CMYKはC（Cyan：シアン）、M（Magenta：マゼンタ）、Y（Yellow：イエロー）、K（Key plate：黒）の、3原色に黒を加えた頭文字をとったものです。CMYKは紙の印刷物で使用されるカラーモードですから、Webサイトで使われることはありません。サイトで使う写真、ロゴなどの画像データはすべてRGBで作成するようにしましょう。

色を表現する仕組み

RGBはディスプレイなどの光で色を表現する発色方式です 図1 図2。R、G、Bそれぞれの光の加減を最小値0から最大値255まで表現し、混ぜ合わせることで色を作ります。それぞれの値を大きくするほど色の発光が高くなり、RGBすべての値を最大値255でかけ合わせると白になります。逆にすべてを最小値0でかけ合わせると黒になります。この方式を「加法混色」といいます。

CMYKでは、それぞれのインクを組み合わせて色を表現してい

ます 図3 図4。最小値は0、最大値は100で、CMYの3色をすべて最大値100にすると理論上は黒になります。ただ、実際には黒にはなりません。印刷をきれいに見せるためインクに不純物が混ぜられているためです。そのため、Kを加えて黒を表現します。この方式を「減法混色」といいます。

コンピューターやスマートフォンの画面は、個々の性能や設定などによって再現できる色の範囲が異なります。異なる表示環境でもできるだけ色のズレを小さくするよう、デジタル画像にカラープロファイルを埋め込むことができます。代表的なものは「AdobeRGB」と「sRGB」という色空間（色の再現範囲）に対応したカラープロファイルです。sRGBよりAdobeRGBのほうが広い色域を表現できますが、現在主要なWebブラウザが対応しているのはsRGBです。Webサイト用の画像にカラープロファイルを埋め込むのであればsRGBにするとよいでしょう。

POINT

色を統一させるカラーマネジメントという方法もありますので、色の統一についてさらに深く調べる場合はこちらも調べるとよいでしょう。
ただし、そのような方法を行っても、どのような環境でも完全に色が統一されているわけではありません。設定の変更、部屋の照明の違い、ディスプレイの経年変化など、さまざまな要素で色の見え方が決まるためです。特にWebの場合は印刷物と違い、いろいろなデバイスで見られるため、色を完全に合わせるのは非常に難しいでしょう。

図1 RGB

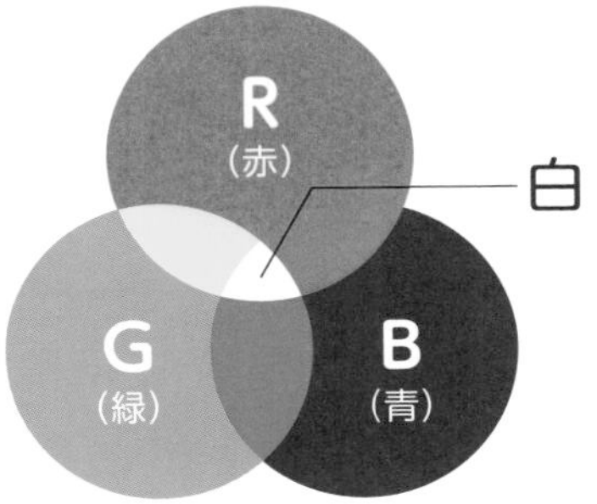

図2 RGBのカラースライダー（Illustratorの画面）

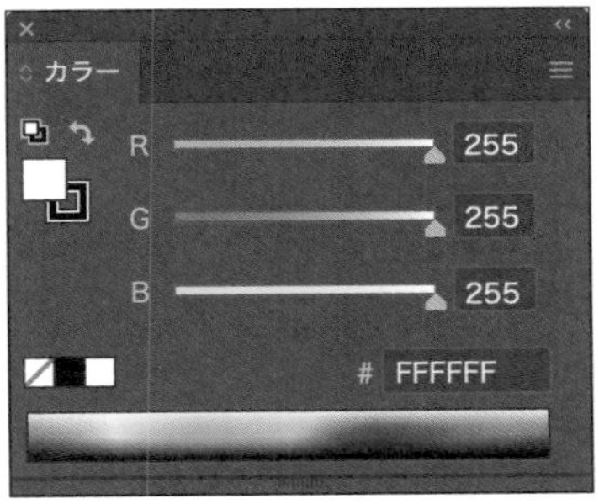

RGBそれぞれを、最小値0〜最大値255で組み合わせて色を表現します。すべての値が0だと黒に、すべての値が255だと白になります。

図3 CMYK

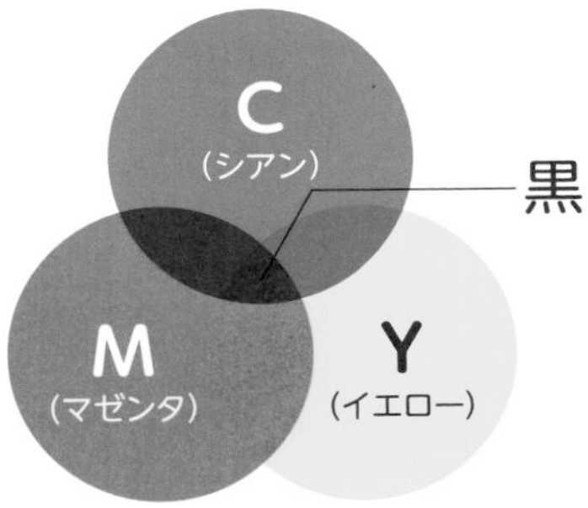

図4 CMYKのカラースライダー（Illustratorの画面）

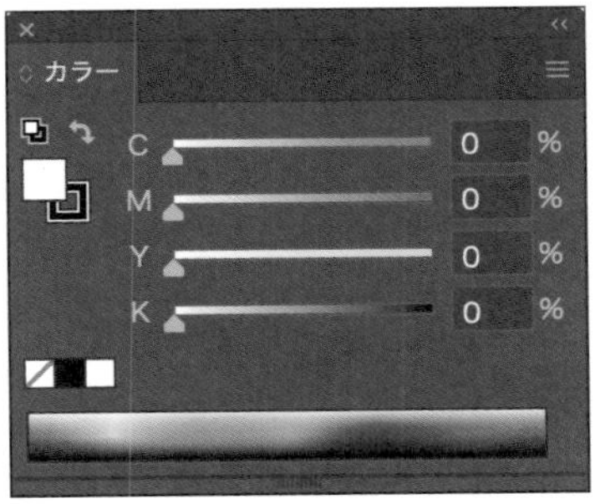

CMYKそれぞれを、最小値0〜最大値100で組み合わせて色を表現します。すべての値が0だと白になります。

Lesson 3

04

30 min

色の三属性を理解する

THEME テーマ

色には「色相」「彩度」「明度」という3つの性質があり、「色の三属性」と呼ばれています。Webサイトの配色を考える際には、色の三属性を理解して上手に取り入れると、まとまりのある配色パターンを作成できるでしょう。

色の三属性とはどんな性質？

色の三属性、「色相」「彩度」「明度」とは何かを見ていきましょう。

「色相(Hue)」は、赤、黄、青のような色味の違いのことです。色相を円環状に配置して体系的に表したものが「色相環」です。色相環では赤などの基準となる色を0度に配置し、360度を12等分や24等分にして、橙、黄、黄緑、緑……と角度をずらしながら、色相を円環状に配置しています 図1。

「彩度(Saturation)」は、色の強さ・鮮やかさの度合いを表すものです。彩度が高いほど色味の強い鮮やかな色になり、彩度が低いほど色味の弱いくすんだ色になります。

「明度(Value・Brightness)」は色の明るさの度合いのことです。彩度と明度は0～100%の間の数値で示されます。

memo

色相、彩度、明度からなる色空間をそれぞれの頭文字を取り「HSV(HSB)色空間」と呼びます。

図1 色相環を使って配色が行える「Adobe Color」

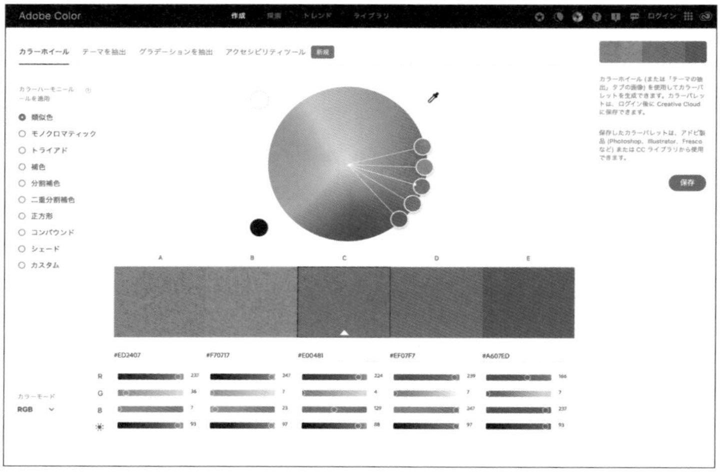

カラーモードをRGB、HSB、LABに切り替えて、配色が行えます。
https://color.adobe.com/ja/create/color-wheel

memo

「Adobe Color」のほかに、以下のサイトも役に立ちます。このサイトでは、RGB値とHSL値の相互変換が行えます。

- RGBとHSLの相互変換ツールと変換計算式(PEKO STEP)
  https://www.peko-step.com/tool/hslrgb.html

無彩色である「黒」と「白」を使った配色

色の三属性のうち、「色相」と「彩度」を抜いた「明度」のみ表現される色を、無彩色と呼びます。無彩色として扱われるのは白、黒、その中間の灰色で、これらの色には色相と彩度がありません 図2 。色相のない灰色は濃淡にかかわらず、すべて無彩色になります。

Webサイトの配色を作る際、白と黒の2色の組み合わせを無意識に行いがちですが、白と黒だけの組み合わせはコントラスト（対比、明暗差）が強すぎて、目が疲れたり不自然に見えたりすることがあります。黒い背景に白い文字色の組み合わせが全面に使われていると目が疲れてしまいます。

無彩色を使って配色を考えるときは、白と黒の2色だけでなく、黒と白の明度の変化させたさまざまな濃淡の灰色を配色に取り入れてみるといいでしょう。例えば、薄い灰色の背景に白い背景の枠を載せる 図3 、黒から少し薄い黒（濃いグレー）に変化するグラデーションを取り入れる、見出しの文字が目立つよう本文のテキストをやや薄めの黒にする 図4 、などです。白・黒だけの組み合わせより、コントラストの強さが緩和され、印象もやさしくなります。

memo
白、黒、灰色の無彩色に対して、それ以外の色を有彩色と呼びます。

図2 無彩色（白、黒、灰色）

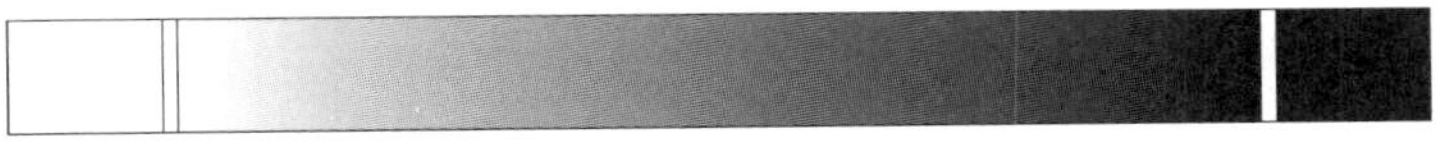

灰色は濃淡をかかわらず、無彩色になります。

図3 無彩色の配色例・その1

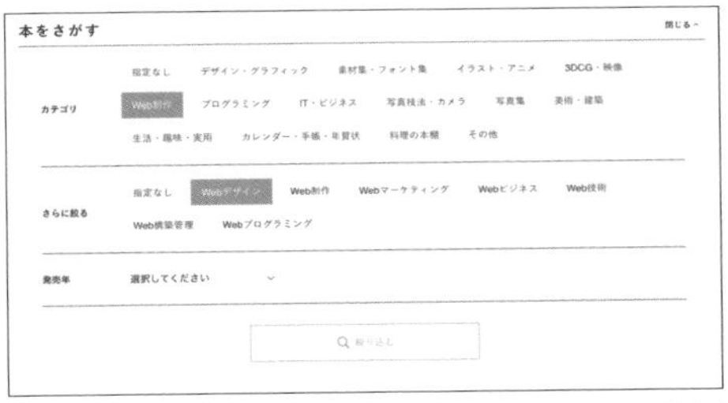

背景色に薄いグレー、通常表示のボタンに白を使用。無彩色をうまく配色することで、有彩色（マウスオーバー時のボタン）も際立ちます。

図4 無彩色の配色例・その2

説明文の文字色が完全な黒ではなく、やや薄い黒になっているので、見出しやリンクなどの要素を目立たせることができます。

Lesson 3

05

15 min

配色のポイントとWebアクセシビリティ

THEME テーマ 実制作でWebサイトの配色を行うときには、好みの色を主観で組み合わせて配色パターンを作るわけではありません。ここでは必ず気をつけたい配色とWebアクセシビリティについて理解を深めましょう。

Webサイトの配色の決め方

Webサイトの配色を決めていく際、色相を基準に考えていく方法や、特定の色を基準に明度や彩度を変えて色を考えていく方法など、さまざまな配色技法があります。

ただ、実務で制作するサイトでは、素材がまったく何もない状態から作るケースはめったにないでしょう。ほとんどの場合、会社のロゴやコーポレートカラーなど、何かしらの素材を基準に配色を決めていくことが多くなります。コーポレートカラーや商品などのイメージカラーが存在するのであれば、その色をベースに色相や明度や彩度を変えて、Webサイトに使用することも多々あります。

配色を考える上で注意したい基本的なルールは、色の種類を使いすぎないこと、類似した色を重ねないこと、強い色同士を隣接させないこと、などです。使用色が多すぎると散漫な印象になり、見る側はどこに注目すればいいのかわからなくなりますし、背景色と文字色を似た色にすると文字は読みづらくなります。

配色にはどの方法が正しいという決まりはありません。基本的なルールを理解したら、さまざまなデザインやサイトを参考にして、自分なりの配色方法を探ってみるとよいでしょう。

WORD コーポレートカラー

企業や団体を象徴する色のこと。コーポレートアイデンティティー（CI）の一環として、ロゴマークにもコーポレートカラーを取り入れることが多い。

色とアクセシビリティ

色を考える上で、もう1つ考慮したいのが、色のアクセシビリティです。例えば、高齢者や色覚に障がいのあるユーザーがWebサイトを見たとき、特に読みづらい色や区別のつきにくい色の組み合わせが存在します。また、一般的なユーザーでも文字と背景のコントラスト（明暗差）が低ければ、文字が読みづらいと感じます 図1。

35ページ、Lesson2-02参照。

POINT

一般的に、背景色と文字の色はコントラスト（明暗差）が高いほど、文字が読みやすくなります。逆にコントラストが低いほど、文字が読みづらくなります。背景色が白、文字の色が黒は読みやすい組み合わせのひとつです。

アクセシビリティを踏まえた色の確認は、PhotoshopやIllustratorでも行うこともできますし、Web上には色のアクセシビリティをチェックするツールも提供されています。配色を考える際など、事前に確認するようにしましょう 図2 図3 。

公開後のサイトでも、もし見づらいことがわかったら色を変える、内容を補完するような説明文を加えるなどの対応が必要になります。例えば、問い合わせフォームで「○○色の項目は必須です。」と記載しても、その色が見えにくいユーザーが存在する可能性があります。見やすい色に変更したり、項目に※印をつけて「※印の項目は必須です。」などの文言を加えたりなどの対応を行うとよいでしょう。

図1 コントラストと文字の読みやすさ

背景色と文字色のコントラストが高く、文字が読みやすい例

背景色と文字色のコントラストが低く、文字が読みにくい例

図2 Illustratorの「校正設定」機能

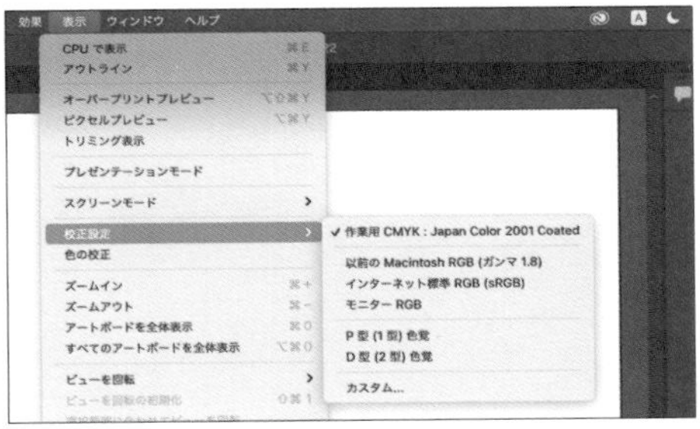

Illustratorの「表示」メニュー→「校正設定」では、色覚に障がいのあるユーザーの色の見え方をシミュレーションできます。

図3 Illustratorの「カラーガイド」機能

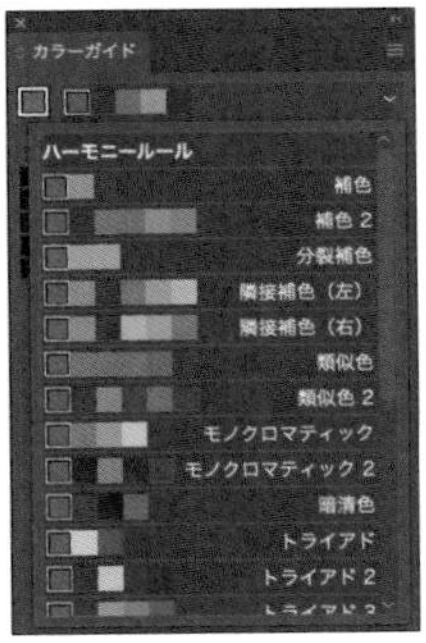

Illustratorの「カラーガイド」機能を使って配色パターンを作ることも可能ですが、配色の基本を一通り理解してから使用しないと、ソフトウェアが選んだ配色自体は優れていても、元々の意図から離れてしまうことがあります。

Lesson 3

06

30 min

Webサイトで色を表現するには？

THEME テーマ

Webサイトの色に関する指定はCSSで行っていきます。CSSで色を記述する方法は複数ありますが、基本的にはRGBのカラーモードがベースになります。仕組みを理解すると配色が楽しくなるはずです。

RGB値、RGBA値を使った指定

ヘッダーの背景を水色に、見出しは背景を青にして文字は白になど、Webサイトの色の指定はCSSで行っていきます。CSSの色の記述の仕方は、主なものに「RGB（10進数）」「16進数（カラーコード）」「カラーネーム」の3つがあります。実制作ではRGBか16進数を使うことが多くなります。

RGBを使った色の指定は「rgb(255,0,0)」のように、括弧内にR（赤）・G（緑）・B（青）の順で、それぞれの数値を最小値0から最大値255までの間で指定します 図1。「rgb(255,0,0)」だと、Rが最大値255、G・Bは0で、赤を示します。

RGBのカラーモードでは透明が表現できます。透明や半透明の色にするには、「rgba(255,0,0,0.5)」のようにRGBAを使います。A（透明度）は0（完全な透明）～1（完全な不透明）の間で指定します。「rgba(255,0,0,0.5)」だと、「透明度が0.5＝50%の透明」を示しますので、「透明度50%の赤」になります。

POINT

色の指定は、RGBの数値と16進数のどちらで表記をしても正しく表示されますので、使いやすいほうで指定をするとよいでしょう。もし、透明を表現したいのであれば、RGBAを使いましょう。

図1 RGBの数値で色を指定

黒 rgb(0,0,0)（R G B）

白 rgb(255,255,255)

赤 rgb(255,0,0)

緑 rgb(0,255,0)

青 rgb(0,0,255)

16進数とカラーネームを使った指定

16進数はカラーコードとも呼ばれ、0から9までの数字とaからfまでのアルファベットを組み合わせて、6桁の数値で色を表現するものです。CSSで使う場合は、先頭に半角シャープをつけて「#000000」のように表記します。

6桁の数値は最初の2桁がR（赤）、次の2桁がG（緑）、最後の2桁がB（青）を示しており、最小値は00、最大値はffとなります。ですから、RGBのすべてが最小値の場合は「#000000（黒）」、すべてが最大値の場合は「#ffffff（白）」という指定になります 図2。

RGB値と16進数では、どちらも16,777,216色を表現できます。

カラーネームで指定する方法は、赤であれば「red」と表記します。カラーネームは指定できる色数が限られるため、細かい色の違いは表現できません。

> **memo**
> 16進数から対応する色を表示してくれるサービスとして、「Adobe Color」があります。
> https://color.adobe.com/ja/create/color-wheel

> **memo**
> RGB値、それぞれを0〜255の数値で指定できるため、256の3乗分の色数を表現できます。また、16進数では6桁の数値を指定するため、16の6乗で同様の色数になります。

このほかにも、RGBを%で指定することもできます。赤であれば「rgb(0%,100%,100%)」のように記述します。

また、色相、彩度、輝度を用いたHSLでの指定も可能です。「hsl(0,100%,50%)」とすると赤になります。HSLで透明や半透明を表現するには、「hsla(0,100%,50%,0.5)」（透明度50%の赤）のようにHSLAで指定します。HSLの指定では基準となる色を1つ決めたら、その色をベースにほかの色を作りやすいので、RGBより直感的に配色できる反面、色相、彩度、輝度の原理をよく理解しておく必要があります。

色の指定にもいろいろな方法があるため、自分に合うやり方を考えると同時に、複数のメンバーでWebサイトを作るときには、指定方法を事前に統一するとよいでしょう。

> **memo**
> RGBでは光が加わるほど明るくなります。光がない状態が黒（#000000）で、すべての色を最大で加えると白（#ffffff）になります。慣れないうちは、RGBの場合は色が加わるほど白くなると覚えるとよいでしょう。

図2 16進数で色を指定

Lesson 3

07

30 min

Webサイトのフォント（書体）

THEME テーマ

ひと口にフォントといっても数限りない種類があり、基準を決めずにフォントを探すと、使用するフォントは決まりません。フォントを選ぶ際に必要となる基本的な知識を押さえておきましょう。

フォントの大きな分類と特徴

フォント（書体）とは簡単にいえば「文字の形」です。和文の「あ」や「ア」、「阿」、あるいは欧文の「a」や「A」にも、さまざまなデザインが存在します。多種多様な文字のデザインの中で、一貫したデザインで作られた文字の集まり（セット）をフォントといいます。

数限りなく存在するフォントの種類には、日本語のフォント（和文書体）であれば明朝体、ゴシック体、行書体など、欧文のフォント（欧文書体）であればセリフ体、サンセリフ体など、大きなグループのような分類があります。

明朝体の文字は縦線より横線が細く、横線の右に「ウロコ」と呼ばれる三角形がついています。線の太さに動きがあり、優雅で洗練された印象を与えます。ゴシック体の文字は、縦線と横線がほぼ同じ太さです 図1。線の太さが均一なため、力強く安定的な印象を与えます。

セリフ体は、明朝体でいう「ウロコ」のような飾りがついています。サンセリフ体はセリフ体のような飾りがありません 図2。

こうした大きな分類の中に、明朝体には游明朝（ゆうみんちょう）、ヒラギノ明朝、MS明朝……、ゴシック体であればヒラギノ角ゴシック、メイリオ、MSゴシック……など、数多くのフォントの種類が存在します。

和文フォントの場合、線に細い部分のある明朝体はサイズの小さな文字や長い文章に使われると、PCやスマートフォンなどのディスプレイで表示した際に、読みづらさを感じさせます。Webサイトの、特に本文にはゴシック体が用いられるのが一般的です。見出しのようなサイズの大きな文字に明朝体が使われる場合もあります。

図1 明朝体とゴシック体の特徴

図2 セリフ体とサンセリフ体の特徴

Webサイトのフォントの指定

Webサイトのテキストをどのフォントで表示するかの指定はCSSで行います。ただ、原則として指定した種類のフォントが、表示する側のデバイスにインストールされていなければ、指定通りのフォントでは表示されず、デバイスのOSに標準でインストールされているフォントなどで代替して表示されます。また、macOSとWindowsではインストールされているフォントが異なるため、1種類のフォントだけ指定しても意図通り表示されることが少なく、通常は複数のフォントを指定しておきます。表示する側の環境にないフォントを指定しても、意図した通りには表示されません。

また、フォントデータは利用規約として、コピーして第三者に渡すことが禁じられているものもあり、見た目がよいからという理由だけで、安易にフォントを選ぶとさまざまな支障が出ます。

Webフォントと呼ばれる仕組みを利用すると、表示側の環境にフォントがインストールされていなくても、指定した種類のフォントで表示可能です 図3 。ただし、Webフォントのデータを読み込む分、ページの表示速度が遅くなる点を考慮しなければいけません。

177ページ、**Lesson6-10**参照。

POINT

スマートフォンやPCなど、デバイスのOSにデフォルトでインストールされているフォントを「システムフォント」といいます。システムフォント以外にも、購入するなどして追加すれば、使用可能なフォントの種類を増やせます。フォントの種類が増えるとデザインの幅が広がりますが、一方で制作者間でデザインデータをやり取りする際、相手の環境にないフォントを使っていると同じ状態で表示されません。

WORD Webフォント

Webサーバー上にアップロードされているフォントデータを利用して、Webサイトのフォントを表示する技術。フォントの指定はCSSで行うが、閲覧側のデバイスにインストールされていなくても、指定したフォントを表示できる仕組み。欧文のWebフォントは世界中で広く使用されている。和文のWebフォントは日本語の文字数の多さから、データ容量が大きくなってしまう難点があり、欧文フォントほどは広がっていない。

図3 Google FontsのWebページ

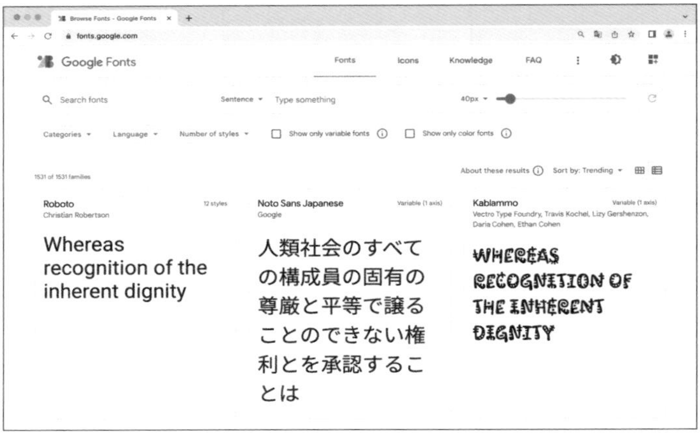

Webフォントのひとつ、Google FontsではWebサイトでも使用できるさまざまなフォントが提供されています。
https://fonts.google.com/

重要なのは、作る側の好き嫌いで場当たり的にフォントを選ぶのではなく、Webサイト全体のデザインテイストに合うものであったり、ユーザーの可読性を基準にすることです。1つのサイトにあまり多くのフォントを使用すると、デザインの統一感が失われるだけでなく、ページの読み込みに時間がかかり、表示スピードにも影響が出ます。結果、ユーザーが表示の途中で離れてしまうことも起こり得ます。Webサイト全体で2・3種類にとどめるなど、使用するフォントを絞り込みましょう。

Lesson 4

Webデザインに必要な素材

HTMLやCSSを書くパートに入る前に、テキスト、画像、動画、音声といったWebサイトを構成する「素材」について学びましょう。素材を最適な形式に整えるところから、Webデザインは始まっています。

読む　練習　制作　公開　運用

Lesson 4

01

15 min

Webサイトで使う素材はどんなもの？

THEME テーマ

Webサイトはテキスト（文章や文字情報）以外にも、写真やイラスト、場合によっては音声や動画など、さまざまな素材で構成されています。それぞれの素材について、Webサイトで使用できる種類や形式を紹介していきます。

HTMLやCSS以外の素材

Lesson2-04（→41ページ）でも触れましたが、現在のWebサイトではテキスト（文章や文字情報）以外にも、画像や音声、動画といった素材が利用されます。Lesson5（→99ページ）以降で詳しく解説していきますが、Webサイトの骨組みを作るHTMLや配置や装飾を行うCSSもその中身はテキストです。

では、そうした各素材をWebサイトで使用・表示するにはどうすればよいのでしょうか。Lesson2（→31ページ～）で見てきたように、WebブラウザがHTMLとCSSを読み込むことで、私たちが閲覧できるWebサイトとして表示されます。文章や文字情報は、HTMLファイルの中身に記述されているものが直接表示されます➡。

画像や音声、動画は、それぞれWebサイトに適したファイル形式で素材として、用意した上で、HTMLの中で「ここに画像が入る」「音声（あるいは動画）を読み込む」といった記述を行います。そして、WebブラウザがHTMLを読み込むことで、Webサイトに画像が表示される、あるいは音声や動画が再生されるといった仕組みになっています。

memo

このほかにも、あまり一般的な素材ではありませんが、3DCGや3次元を表現できるVR（バーチャル・リアリティ）を扱うこともできます。3DCGやVRについて、本書では詳しく触れませんので、興味がある方はニュース記事や書籍などを読んでみてください。

➡ 104ページ、**Lesson5-03**参照。

素材に応じたファイル形式で用意する

画像ファイルとして用意するものには、写真やイラスト、ロゴ、アイコンなどがあります。Webサイトで使用される画像ファイルの形式はJPEG（ジェイペグ）、PNG（ピング、ピーエヌジー）、GIF（ジフ）、SVG（エスブイジー）の4種類です。これら複数の形式を、画像の種類や特性によって使い分ける必要があります。画像ファイルの編集や加工に使われるツールとしては、アドビ社の

memo

JPEGは「JPG」と表記することもあります。

Photoshopや Illustratorが有名です。

音声素材は、WebサイトではMP3（エムピースリー）形式のファイルを使うのが一般的です。動画素材としてよく使われるのはMP4（エムピーフォー）形式のファイルです。動画素材はこのほかにも、YouTubeなどの動画共有サービスにアップロードした動画を、Webサイト上で利用する場合もあります。

また、HTML・CSSとここまで挙げていた素材だけでは表現が難しい、アニメーションやスライドショーなどの動的な効果もありますが、そういったものはJavaScriptを使用して表現をすることが可能です。

素材の種類とファイル形式について 図1 に、素材の作成・編集ツールについて 図2 にまとめました。

WORD YouTube

「ユーチューブ」と読む。動画を無料で配信・視聴できる動画共有サービス。
https://www.youtube.com/

図1 素材の種類と主なファイル形式

素材	ファイル形式（拡張子）
HTML	HTML（.html）
CSS	CSS（.css）
画像	JPEG（.jpegまたは.jpg）／PNG（.png）／GIF（.gif）／SVG（.svg）
音声	MP3（.mp3）／WAV（.wav）／MIDI（.midi）ほか
動画	MP4（.mp4）／MOV（.mov）／WebM（.webm）／AVI（.avi）／WMV（.wmv）／YouTube動画の埋め込みなど
動的な効果	JavaScript（.js）

図2 素材ごとの主な作成・編集ツール

素材	ツール
HTML・CSS・JavaScript	Dreamweaver（※）、Visual Studio Code、WebStorm（※）
写真	Photoshop（※）、Lightroom（※）、Figma
画像	Photoshop（※）、Illustrator（※）、Figma
動画	Premiere Pro（※）、Final Cut Pro（※、Macのみ）、iMovie（Macのみ）
音声	GarageBand（Macのみ）、Logic Pro（※、Macのみ）、Cubase（※）、Audition（※）

特に記載のないものは、Windows／Macの両方に対応しています。※印のものは有料です。

memo

Figma（フィグマ）は、WebサイトやアプリのUIデザインに用いられるインターフェースデザインツールです。Webブラウザの画面の中で利用できるブラウザベースのツールで、Webページのデザインのほか、写真や画像の書き出しやトリミング、拡大・縮小なども行えます。無料（スターター）のほかに、プロフェッショナル、ビジネスの2つの有料プランがあります。

Lesson 4

02

15 min

テキスト情報の文字コードと改行コード

THEME テーマ

HTMLファイルやCSSファイルを作成する際には、「文字コード」と「改行コード」に注意する必要があります。文字コード、改行コードとは何か、Webブラウザの表示にどう影響するのかを理解しましょう。

HTMLやCSSにも文字コードを指定する

私たちがコンピューター上で入力したり、Webサイトで閲覧したりしている文字は、「文字コード」と呼ばれるルールにもとづいて表示されています。文字コードとは、コンピューター上で文字を扱うために、「A」や「あ」や「1」など、一つひとつの文字に対して割り当てられた固有の番号のことです。

文字コードの種類（体系）は1つだけではなく、いろいろなものがあります。代表的な文字コードにはアルファベットや数字などを扱う「ASCII（アスキー）」、日本語を扱う文字コードでは「UTF-8」「Shift_JIS」「EUC-JP」などがあります。現在、日本語のWebサイトを作成するのであれば、文字コードはUTF-8を指定しておけば、ほぼ問題ありません。

文字コードが原因で起こる「文字化け」

Webサイトを構成するHTMLファイルやCSSファイルも中身はテキストですから、個々のファイルの中で文字コードを指定する必要があります。指定する方法は、HTMLでは<meta>タグを使って「<meta charset="UTF-8">」のように記述します。CSSでは冒頭に「@charset "UTF-8";」のように記述します。ファイルの中に文字コードを記述する以外に、ファイルの保存時にも同一の文字コードで保存する必要があります。

日本語が記述されたHTMLファイルを、Webブラウザ上で日本語に対応していない文字コードで表示すると「文字化け」という現象が起こります 図1。

memo

厳密には、各文字に割り当てられた番号を「文字コード」と呼び、文字と文字コードの対応関係を決めるルールは「文字コード体系」と呼ぶべきかもしれませんが、文字コード体系を単に「文字コード」と呼ぶことも多いです。本書でも同様の呼び方をします。

memo

コンピューターがテキスト情報を指定された文字コードに変換することを「エンコード」「エンコーディング」とも呼びます。

WORD <meta>タグ

HTMLファイルのファイル自体の情報を定義するタグを指す。<head></head>内に記述される。詳しくは111ページ、Lesson5-06参照。

POINT

ファイルの中で指定している文字コードと保存時に選んだ文字コードが不一致だと、Webブラウザで読み込んだ際に「文字化け」が発生することがあります。<meta>タグの文字コードの指定が正しいのに文字化けが起こったときは、ファイルがどの文字コードで保存されているかを確認してみましょう。

図1 「文字化け」が起こっているWebサイト

本来は文字コード「UTF-8」で指定され、正常に表示されているWebページを、意図的に異なる文字コード「Shift JIS」で表示した例（Webブラウザ：Safari）。

> **memo**
> 現在のWebブラウザは、HTMLの<meta>タグで指定されている文字コードを読み取り、自動的に判別して表示するものがほとんどです。図1 のように、本来正しく表示されているWebページも、実際に使われているものとは違う文字コードで表示すると文字化けが起こります。

3種類ある改行コード

文字コードと合わせて覚えたいのが「改行コード」です。改行コードは、テキスト情報の中で改行を示すもので、主なものに「LF」「CR」「CR+LF」の3種類があります。

LFはUnix系のOSとmacOSバージョン10以降、CRはMac OS 9以前、CR+LFはWindows系のOSで使用されています。

改行コードに関してはWebブラウザで表示するのであれば、どれを指定しても問題ありません。ただし、Webサイトを複数のメンバーで作るケースでは、使用OSがWindowsとmacOSに分かれていたり、各々が違うテキストエディターで作業していたりして、ファイルによって改行コードが異なる事態が起こり得ます。事前に制作者同士で作業環境を確認するとともに、改行コードも決めておくとよいでしょう 図2。

図2 テキストエディター上で文字コードと改行コードを指定

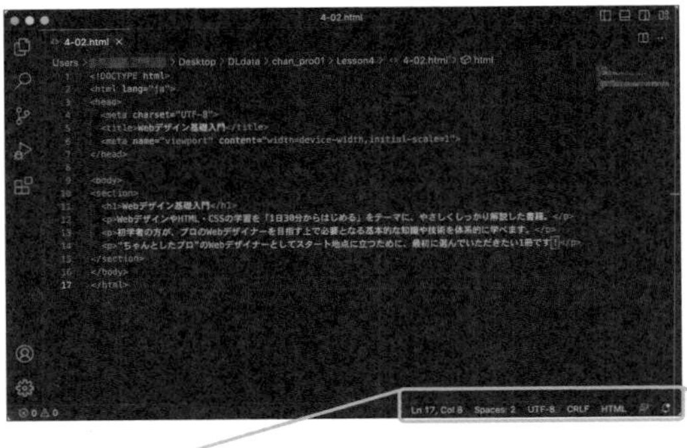

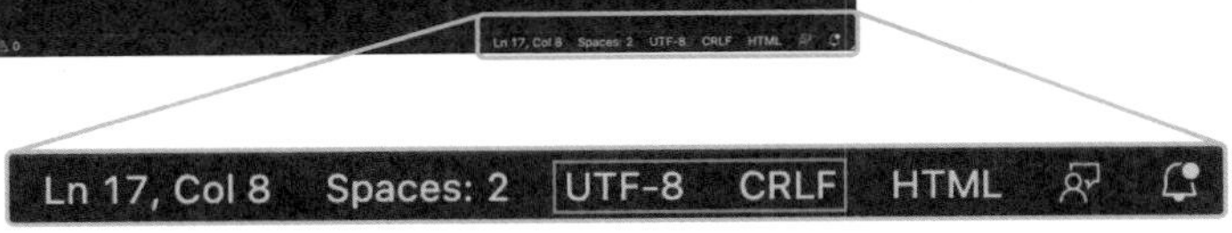

テキストエディター「Visual Studio Code」でHTMLのファイルを開いている様子。画面の右下に文字コードと改行コードが表示されます。

Lesson 4

03

15 min

コードエディターの選び方

THEME テーマ

HTMLやCSSのソースコードを書く際には、「コードエディター」と呼ばれる、コーディングに特化したテキストエディターを使用するとよいでしょう。代表的なコードエディターに「Visual Studio Code」があります。

コードエディターをおすすめする理由

HTMLファイルやCSSファイルの中身はテキストですので、テキストを入力・保存できるアプリケーションであれば、例えばWindowsの「メモ帳」やmacOSの「テキストエディット」でもHTML・CSSのファイルは作成できます。けれども、Webサイトの制作にプロとして従事する人の多くは、「コードエディター」と呼ばれる、コーディングやプログラミング専用のテキストエディターを使用します。

28ページ、**Lesson1-07**参照。

コードエディターには、コーディングやプログラミングを効率よく行えるさまざまな機能がついています。コードの入力を自動的にサポートしてくれる機能や、コードの内容に応じて自動的に色分けして表示する機能などです 図1。ほかにも、改行すると自動的に行頭のインデントを揃えたり、各種機能に**ショートカットキー**が割り当てられていたりなど、実に多彩な機能が搭載されています。

POINT

例えば、HTMLでは開始タグと終了タグをセットで用いるのが基本ルールですが、開始タグを入力すれば、コードエディターが自動的に終了タグを入力してくれます。CSSでは「ma」のように、使用したいプロパティの一部の文字を入力すれば、「margin」のように続く文字を予測して入力補完してくれます。大量のコードを書く場合、これらの機能があるとないでは、作業スピードが格段に違ってきます。

図1 通常のテキストエディターとコードエディター

macOSの「テキストエディット」。テキストがすべて同じ色で表示されるため、コードの中身や内容がわかりにくく見えます。

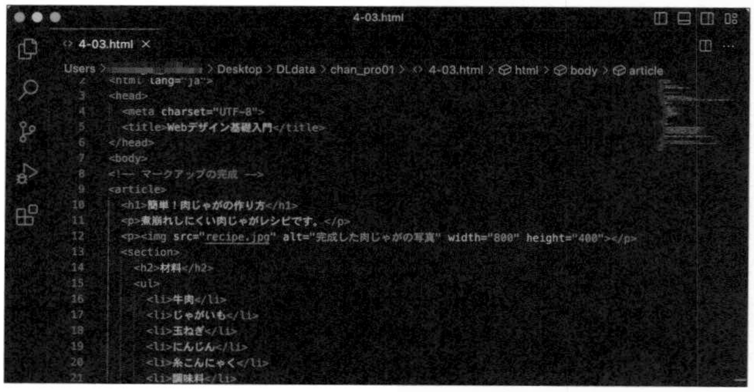

「Visual Studio Code」の画面。コードの中身に応じて、テキストが色分け表示されるため、内容を瞬時に把握しやすくなっています。

色分け表示やインデントの機能があると、画面上でコードを視認しやすくなり、コーディングのミスの軽減にもつながりますし、入力補完やショートカットキーによってコーディングのスピードも格段にアップします。

WORD ショートカットキー

キーボードの複数のキーを同時に押すことで、あらかじめ割り当てられた特定の機能を実行できる仕組み。代表的なのが、[Ctrl]（[⌘]）+[C]キー：コピー、[Ctrl]（[⌘]）+[V]キー：貼り付け。画面上のメニューをマウスを動かして操作することなく、キーボード操作だけで機能を実行できるため、作業を効率化できる。

制作現場で人気の「Visual Studio Code」

コードエディターにも有償・無償さまざまなものがあります。ここでは、近年の制作現場で使用されることの多いMicrosoft社の「Visual Studio Code」（以下、VSCode）を紹介します。VSCodeにはコーディングに必要となる標準的な機能が揃っており、無償でインストール・利用できます。ユーザーも多いため、細かな使い方についてWeb上で情報収集をしやすいというのも大きなメリットです。

Windows、macOSのほか、Linuxにも対応しており、システム開発においても幅広い開発環境で使用可能です。また、エディターによっては英語のみ、英語とドイツ語のみ対応のものがありますが、VSCodeは日本語を含む他言語に対応している点も使いやすい理由のひとつです。

WORD Linux（リナックス）

Webサーバーの構築などに使われるオープンソースのOS。オープンソースとは、プログラムのソースコードが無償で一般に公開されているソフトウェアのことで、誰でも改変や再配布が行える。

コードの内容に応じてテキストの色を変えて表示する機能を「シンタックスハイライト」と呼びますが、VS Codeにも搭載されており、コードの構造が視覚的に識別しやすくなっています 図2。入力中のコードの入力候補を自動的に表示してくれる機能は、プロにとっては作業の効率化に欠かせないものですし、まだコーディングに不慣れな初心者にも役立つはずです 図3。

ここでは、Webサイトのコーディングの観点から特に有用な機能を挙げましたが、VSCodeは初心者からプロまで使いやすい非常に高機能なコードエディターです。コードエディターはそのほかにも多数あり、操作画面や細かな機能に違いがありますので、いくつか試してみて、最終的には自身が使いやすいものを選ぶとよいでしょう。

図2 入力を自動補完してくれる機能

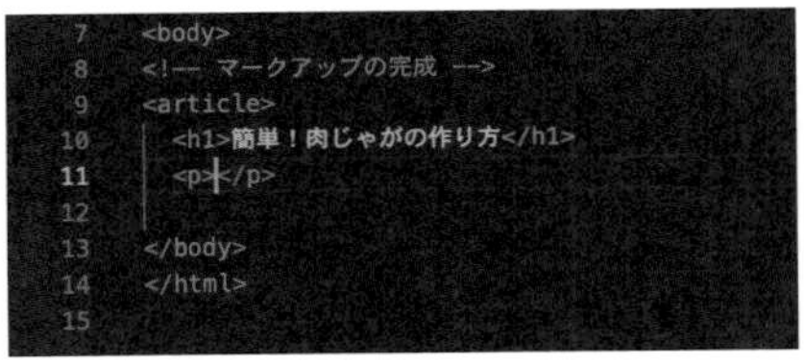

HTMLの開始タグ（<p>）を入力すると、自動的に終了タグ（</p>）も入力されます。

図3 入力候補の表示機能

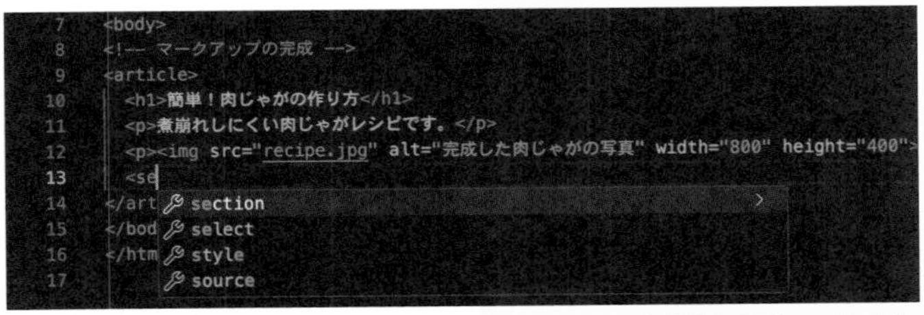

HTMLの<section>を入力する例。「<se」と入力した時点で、入力候補を表示してくれます。

Lesson 4

04

30 min

デジタル画像を構成する単位「ピクセル」

THEME テーマ

物のサイズを示す単位にメートルやセンチメートルがあるように、コンピューターやデジタル画像にも幅や高さを示す単位「ピクセル（pixel）」があります。ピクセル数が大きい、小さいとはどんな意味なのかを見ていきましょう。

ピクセルという単位の考え方

画像編集ソフトでデジタル画像を拡大表示すると、小さい正方形が縦横に並んで画像が構成されていることがわかります。この小さな正方形の1つが「ピクセル（pixel）」「画素」と呼ばれる単位です。コンピューターのディスプレイもこのピクセルの集合で構成されています。

ピクセルは「px」とも表記されます。例えば、横幅が30pxの画像であれば、横に30個のピクセルが並んでおり、高さ100pxであれば縦に100個のピクセルが並んでいることになります。

1インチに並ぶピクセルの数が「解像度」

ピクセルといっしょに理解したいのが「解像度」です。解像度は「ppi」あるいは「dpi」という単位で表し、1インチ（2.54cm）あたりにいくつのピクセル（またはドット）が並んでいるかを示します 図1 。例えば、解像度が「300dpi」の画像であれば、1インチの長さに300のピクセル（ドット）が並んでいることになります。「解像度が高い＝ピクセルの個数が多い」ため、通常は解像度が高くなるほど画像の画質は上がりますが、データの容量も増えます。Webサイトで使用する画像の一般的な解像度は「72dpi」になりますので、この数値はぜひ覚えておきましょう 図2 。

POINT

ppi（ピーピーアイ）は「pixels per inch」の略、dpi（ディーピーアイ）は「dots per inch」の略です。厳密にいえば、ppiはコンピューターで使われる単位、dpiは紙の印刷物で使われる単位ですが、どちらもほぼ同じ意味で捉えて問題ありません。

memo

retinaディスプレイ、4Kディスプレイなどは、dpiの表示範囲を実際の解像度より大きく解釈して表示するものです。これらのディスプレイの解像度は144dpiですが、それを72dpiと解釈して表示します。同じ範囲でもピクセルの密度が高いということですから、鮮明な表示を実現できます。こうした考え方を「論理ピクセル」と呼ぶこともあります。

図1 解像度は1インチあたりのピクセル(ドット)の数

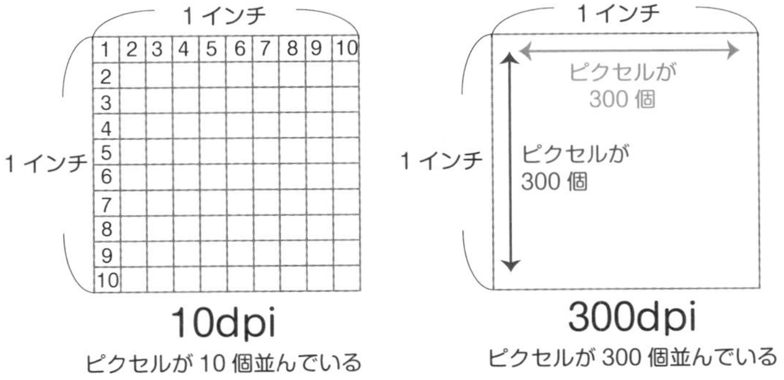

図2 解像度が高いほど、画像は鮮明になる

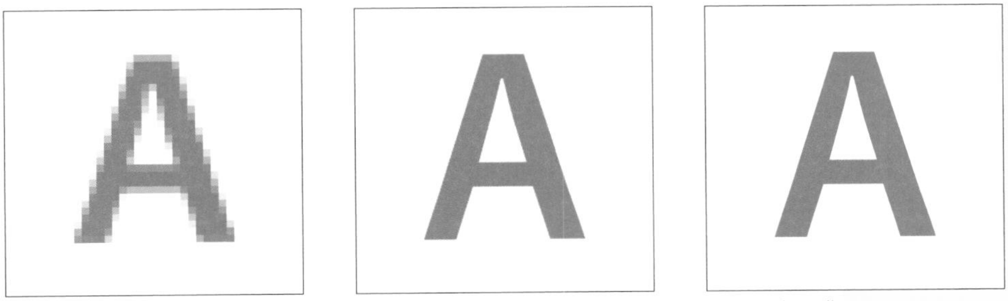

「10dpi」の画像　「72dpi」の画像　「350dpi」の画像

解像度と画像の寸法

Photoshopなどで画像の大きさを調整する際、Web用の画像であればピクセルを基準に考えるとよいでしょう。Photoshopの画像書き出し機能では、自動的に解像度72dpiの画像が書き出されますので、解像度を調整する必要はあまりありません。印刷に使用する画像は、実寸(実際に印刷する寸法)で解像度350dpi程度が基本になりますので、cmやmmを基準にするとよいでしょう図3。画像の容量は画素数(ピクセルの総量)で決まるため、基本的にはピクセルの総量に比例して、画像の容量は重くなります。

POINT

最近ではスマートフォンをはじめとするさまざまなデバイスで、72dpi以上の高解像度ディスプレイが増えています。このような場合は、画像を通常のピクセル数の倍程度の大きさで書き出すことで対応できます。ただし、サイズが大きくなるのに比例して容量も重くなりますので、サイトの表示スピードを考慮しながら、どの程度のサイズにするかを判断するとよいでしょう。

図3 Photoshopを使った画像解像度の調整

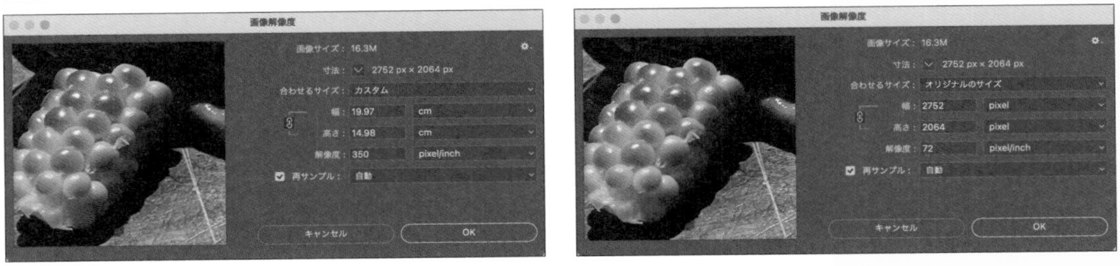

解像度を変更するとピクセルの密度が変わるため、同じ幅・高さでもピクセル数が変わります。

Lesson 4
05
45 min

Webサイトで使う画像の形式

THEME テーマ

Webサイトで使用される画像の形式にはJPEG、PNG、GIF、SVGがあり、画像の種類や特性によって、適切な形式を使い分ける必要があります。それぞれの特徴や使い分けのポイントを理解しましょう。

Webサイトで使用される画像フォーマット

Webサイトで使う画像にはJPEG（ジェイペグ）、PNG（ピング、ピーエヌジー）、GIF（ジフ）という、主に3種類のファイル形式が使用されます。現在のWebブラウザであれば、この3種類はどれも問題なく画像が表示されます 図1。

ただ、すべての画像を同じ形式（フォーマット）で保存すればよいわけではありません。それぞれの画像の特性に応じて、適切な形式にする必要があります。このほかにLesson4-06（→88ページ）で詳しく説明するSVG（エスブイジー）という画像形式もあります。先に挙げた3つの形式がビットマップ画像と呼ばれる画像であるのに対し、SVGはIllustratorなどのアプリケーションで扱えるベクター画像です。

WORD ビットマップ画像

画像を色のついたピクセル（小さな正方形）の集合で表現した画像データの形式。「ラスター画像」ともいわれる。ビットマップ画像の主な形式にJPEG、PNG、GIF、TIFFなどがある。

WORD ベクター画像

ビットマップ画像がピクセルの集合であるのに対し、ベクター画像は点や線を数値化し、座標を用いた計算によって画像を描画する。拡大縮小しても劣化しないという特徴を持つ。主なものにEPSやSVGがある。

図1 画像形式ごとの特徴

ファイル形式	圧縮方式	色数	透明	適した用途	デメリット
JPEG	非可逆圧縮	16,777,216色	扱えない	・写真 ・色数の豊富なもの	・元の画像に戻せない ・透過を扱えない
PNG-8	可逆圧縮	256色	扱える	・色数の少ないもの（ロゴ、アイコンなど） ・透過の必要な画像	・扱える色数が限られる
PNG-24	可逆圧縮	16,777,216色	扱える	・色数が豊富で透過の必要なもの（イラストなど） ・画質を落としたくないもの	・容量が重くなりがち
GIF	可逆圧縮	256色	背景透過	・色数の少ない画像 ・GIFアニメーション	・扱える色数が限られる ・カラープロファイルを埋め込めない

JPEGの特徴

JPEGは拡張子が「.jpg」または「.jpeg」とつく画像形式です。扱える色数が多く、写真や細かなグラデーションなど、豊富な色数で表現する画像に適しています。

使用できる色数は16,777,216色です。JPEG形式に書き出す際に圧縮率を任意の数値に設定でき、圧縮率を高くすると画像の容量を抑えることができます。そのため、幅や高さのある大きな画像も、ある程度少ない容量にすることが可能です。ただし、圧縮率を高くしすぎると画像にノイズが多く発生するため、書き出し後の状態を確認しながら、データ容量と圧縮率のバランスを取るとよいでしょう 図2 。

JPEGはデータを「非可逆圧縮」という方法で圧縮するため、保存するたびに画像が劣化するという特徴もあります。また、JPEGは透明を表現できないため、元の画像に透明な部分が含まれていても、透明部分は出力できません。そのため、イラストやロゴ、アイコンなどの透明な部分を含むことが多いものは、JPEGには向いていません。

図2 **圧縮率(画質)を変えて書き出したJPEG画像(サイズは幅1000×高さ750pixel)**

画質1%で書き出し。誌面ではわかりづらいですが、ノイズが見られます。

画質30%で書き出し。拡大表示してもひどいノイズは見られず、容量は153KBほどです。

画質100%で書き出し。画質はきれいですが、容量は635KBほどになります。

PNGの特徴

PNGは透明を表現できるため、イラストやイラストを使っている画像、アイコンなどに適しています。色自体に透明の情報を保持できるため「半透明」や段階的な透明も自然に表現できます。

PNGの拡張子は「.png」の1つですが、PNG-8とPNG-24の2種類があります。どちらも透明が扱えますが、PNG-8は使用できる色数が256色と限られており、PNG-24は使用できる色が16,777,216色です。色数が少なくても十分に表現できるものはPNG-8、使用する色数が多いものや半透明を美しく表現したいものはPNG-24というように使い分けるとよいでしょう 図3 図4 。

PNGはデータを「可逆圧縮」という方法で圧縮するので、JPEGと違い保存を繰り返しても画像が劣化しませんが、写真を保存した場合はJPEGに比べると容量が大きくなりがちです。ただし画像の内容によってはJPEGに変換するより容量が小さくなることもあります。

図3 PNG画像の例

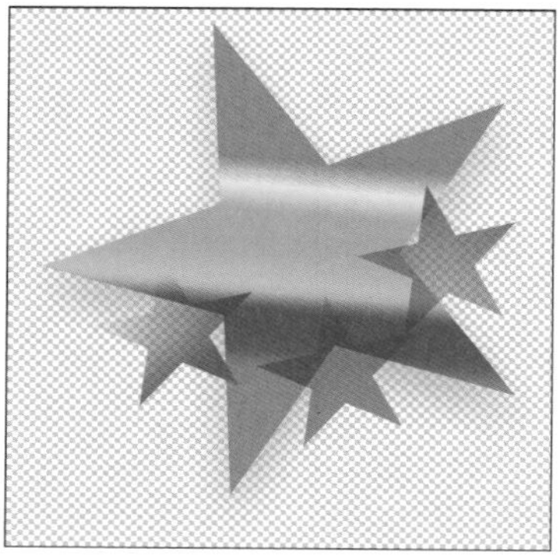

透明や半透明を表現できます。

図4 PNG-8（左）とPNG-24（右）

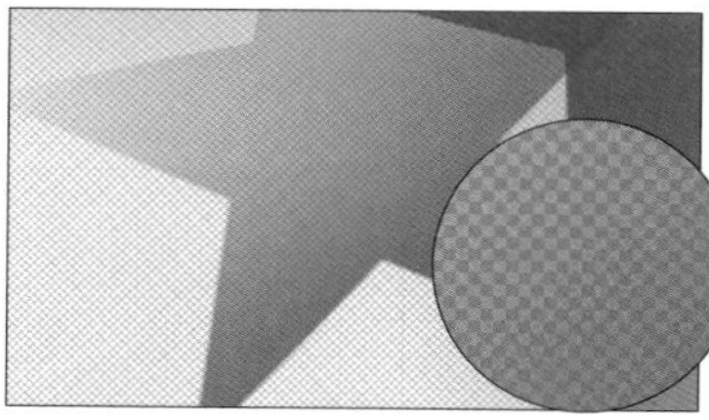

半透明部分を拡大表示してみると、ノイズが発生しています。

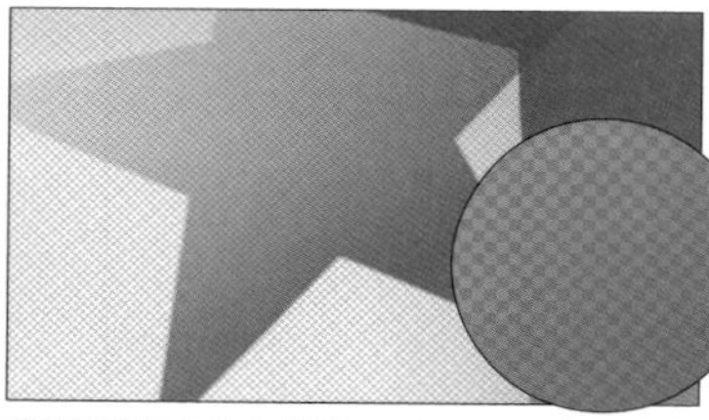

半透明部分を拡大表示しても、ノイズはそれほど出ていません。

GIFの特徴

GIFは拡張子が「.gif」とつく画像形式です。GIFが使用できる色数は256色です。PNGと同じく背景部分の透明を表現できるため、イラストなどを使用している画像やアイコンなどに向いています。ただし、GIFは半透明を表現できないため、PNGに比べると透明な部分が不自然に見えることもあります図5。GIFはPNGと同じく可逆圧縮という方法で圧縮されるため、保存を繰り返しても画像が劣化しません。また、GIFはカラープロファイルを埋め込むことができません。

また、GIFにはアニメーションを表現できるという特徴があります。GIF画像を使って簡易なアニメーション（動き）を表現したものは、GIFアニメーション、あるいはGIFアニメなどと呼ばれ

WORD カラープロファイル

デジタルカメラ、ディスプレイ、プリンタなどに備わる色の再現範囲の情報。異なる機材間で画像データをやり取りする際、色がズレてしまわないよう、画像データにカラープロファイルを埋め込むことで色を管理する。64ページ、Lesson3-03も参照。

POINT

GIFアニメを使うときに気をつけたいのがデータの容量です。手軽に動きを表現できる反面、使用する色数やアニメーションを表示する長さ、画像サイズを調整しないと容量は重くなってしまいます。容量は必ず確認するようにしましょう。

ます。多くのWebブラウザで標準的にサポートされており、バナー広告などにも利用されています。

図5 図3の画像をGIFで書き出した

GIFは半透明を表現できないため、PNGでは半透明で表現されていた部分が白で書き出されています。

画像フォーマットの使い分け

ここまで3つの画像形式を見てきましたが、制作現場ではどのように使い分けたらよいでしょうか。基本的には、通常の写真はJPEGに、イラストやロゴ、透明な部分が必要な画像はPNGまたはGIFにするとよいでしょう。

PNGとGIFの使い分けは判断が難しく一概にはいえません。GIFに比べてPNGのほうが使用できる色数が多く、画像をきれいに書き出せる反面、容量が重くなりがちです。またGIFはカラープロファイルを埋め込むことができないため、迷うのであれば、PNGを選択するという認識でも問題ありません。

書き出す画像の特徴や何を重視するかを考慮して、画像形式を決めるようにしましょう。

memo

GIFと同じようにアニメーションを表現できるPNGもあります。Mozillaが提案しているAPNG（エーピング）という画像形式です。GIFに比べて多くの色数を使用できるので、美しい画像でアニメーションを表現できます。LINEのアニメーションスタンプにはAPNGが使われています。

memo

SNSなどのプロモーション動画では、GIFアニメが使われているものを非常によく見かけます。自分でゼロからGIFアニメを作らなくても、動画ファイルをGIFアニメに変換するサービスなどもあります。載せるメディアによって画像と動画を使い分けるとよいでしょう。

memo

本節で取り上げた以外に、Googleが開発したWebP（ウェッピー）という画像形式が普及してきました。以前はWebPに対応していないブラウザもありましたが、現在は主要なブラウザで問題なく表示できます。PhotoshopやIllustratorでも開いたり書き出したりが可能です。圧縮率も高く、可逆圧縮と非可逆圧縮の両方に対応しており、ほかの画像形式にはないメリットを持つ新しい画像形式ですので、今後さらに普及する可能性があります。

Lesson 4

06

15 min

ビットマップ画像とベクター画像

THEME テーマ

Webサイトで使われる画像にはLesson4-05で学んだJPEG、PNG、GIFのほかに、SVGがあります。ほかの3つがビットマップ画像であるのに対し、SVGはベクター画像という形式です。SVGの特性を詳しく見ていきます。

ビットマップ画像とベクター画像の違い

SVG（エスブイジー：Scalable Vector Graphics）は、JPEGやPNGのようなビットマップ画像ではなく、Illustratorで扱えるベクター画像です。

ビットマップ画像は「ラスター形式」とも呼ばれ、ピクセルという小さな正方形の集合で画像が構成されています 図1。一方、ベクター画像は数値データの集合です。点と線の情報を数値化し、コンピューターが計算することで画像を描画しています。

64ページ、Lesson4-05参照。

POINT

ビットマップ画像は、グラデーションや階調（色の濃淡や明るさの段階的な変化）の表現を得意とするため、写真やイラストを表現するのに向いています。ピクセルの集合体であるため、拡大すると画質が劣化するなど、拡大・縮小や変形は得意ではありません。

図1 ビットマップ画像はピクセルの集合

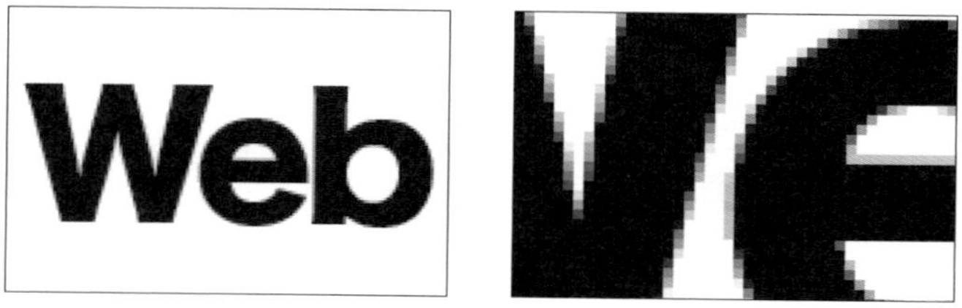

SVGのメリット

SVGの中身はXMLで数値情報の計算式を記述したテキストデータです。WebブラウザがSVGファイルを読み込むと、ブラウザ自身が計算式を理解して画像を描画・表示します。また、記述されている内容をテキストエディターで編集して、画像の色や形などを変更できます。

WORD XML

「エックスエムエル」と読む。HTMLと同じくデータを構造化するマークアップ言語のひとつ。

このようなメリットだけを考えると、すべてのイラストや図形をSVGで書き出したいものですが、複雑な形の場合は描画する回数が増え、ブラウザが計算処理をして表示するまで時間がかかってしまいます。例えば同じ画像をSVGとPNGで書き出しブラウザで表示した場合、SVGのほうがファイルの容量は軽くても表示速度が遅いことがあります。どの画像をSVGで表現するかは、SVGのメリットとデメリットを考えて適切に見極めましょう。

図2 はHTMLで記述されたSVGのソースです。ブラウザで読み込むと青い四角形が表示されます。テキストエディターなどで、色の値が書かれている「fill: #0000ff」の部分を「fill: #00ff00」と変更してブラウザで読み込んでみます。すると、四角形の色が青から黄緑に変わります 図3 。このようにSVGはテキストエディターで編集ができます。また、Illustrator等で画像ファイルを編集するように変更することもできます。難易度は上がりますが、値を動的に変えることで、動きのあるアニメーションを表現することもできます。

POINT

SVGなどのベクター画像はロゴ、アイコン、簡単な図形などに適していますが、複雑な画像には向いていません。サイズ変更しても画質が劣化しないため、基本的には拡大してもきれいに見せたい画像や、頻繁に拡大・縮小を必要とする画像に向いています。

memo

Illustratorで描画したベクター画像は、SVG形式のソースコードとして書き出すことができ、テキストエディターなどで開いて編集することも可能です。

図2 SVGのサンプルソース

```
<svg xmlns="http://www.w3.org/2000/svg" width="200" height="200" viewBox="0 0 200 200">

  <rect id="square" width="200" height="200" fill="#0000ff"/>

</svg>
```

——「fill="#00ff00"」と変更

図3 図2 をブラウザ表示

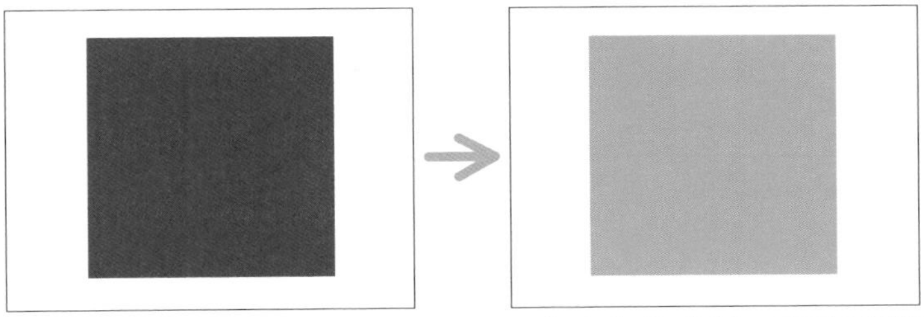

「fill="#0000ff"」の部分を「fill="00ff00"」と変更してブラウザで読み込むと、四角形の色が青から黄緑に変わります。また、コード内の「width（幅）」や「height（高さ）」の数値を変えると、四角形の大きさを変更できます。

memo

SVGの詳しい仕様について、Mozillaの公式Webサイト「MDN Web Docs」の、下記ページも参考にしてみてください。

・SVG: スケーラブルベクターグラフィック | MDN
https://developer.mozilla.org/ja/docs/Web/SVG

Lesson 4

07

15 min

動画素材や音声素材の使い方

THEME テーマ

動画や音声はWebサイトの表現を豊かにしますが、ファイル自体の容量が大きい、通信速度やOS・Webブラウザの種類など、再生環境の制約を受けるといった面もあります。特性や使い方を理解して上手に利用しましょう。

Webサイトで動画を表示するには

Webサイト上で動画を表示する方法は、主に次の2通りあります。1つはサイトのデータがあるのと同じサーバーに動画ファイルを置き、ブラウザに直接表示する方法。2つ目はYouTubeなどの動画共有サービスに動画ファイルをアップロードした上で、YouTubeの再生リンクをサイトに埋め込む方法です 図1 図2。

図1 YouTube上の動画を埋め込む

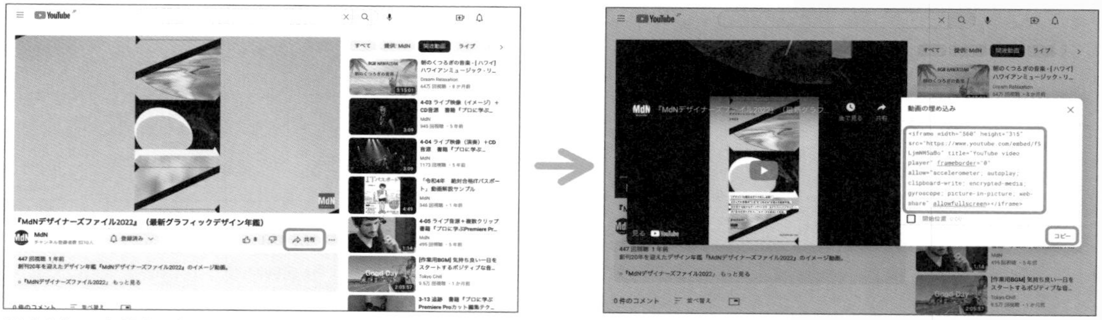

「共有」ボタンを押すと表示される埋め込み用のソースコードをコピーし、動画のリンクを表示したいWebページに埋め込みます。

図2 サイトにYouTube上の動画を埋め込んだ例

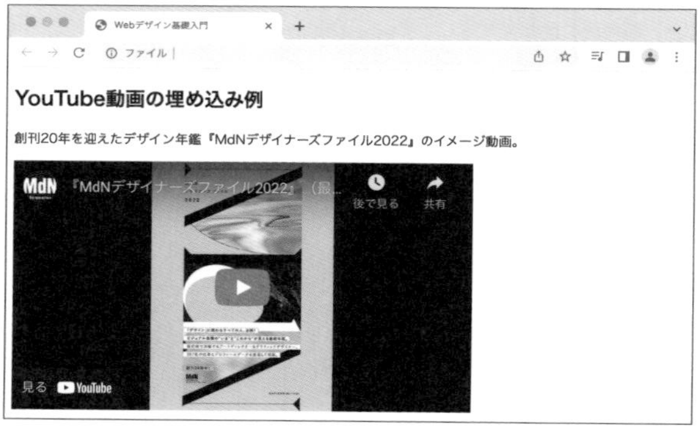

取得した埋め込み用のソースコードを、サイトのHTMLに貼り付けると、サイト上でYouTube動画を表示・再生できます。

動画共有サービスにアップロードする方法は、動画の読み込みをYouTubeなどの別サイトで行うため、Webサイトのサーバーの負担は少なくて済みます。

昨今はYouTubeが普及したこともあり、動画共有サービス経由で動画を表示しているサイトが多く見受けられますが、どちらの方法が優れているということはありません。動画を使用する目的や状況などから判断して、適切な方法を選びましょう。

動画のファイル形式と注意点

動画ファイルの主な形式はMP4（.mp4）、AVI（.avi）、WMV（.wmv）などです。本書の執筆時点でMP4であれば、ほとんどのブラウザが対応していますので、特別な理由がないのであればMP4で動画を出力するとよいでしょう。

出力時に気をつけたいのは、ファイルの容量と動画画質の兼ね合いです。容量はできるだけ小さく抑えたいところですが、容量と画質のバランスを常に考慮する必要があります。

音声のファイル形式と注意点

ブラウザで再生できる音声ファイルの主な形式には、MP3（.mp3）、WAV（.wav）、AIF（.aif）などがあります。本書の執筆時点でMP3であれば、ほとんどのブラウザで再生できるため、特別な理由がなければMP3を選ぶとよいでしょう。

音声ファイルは、例えば仕事中のオフィスなど、制作者側が意図しないタイミングで再生される場合が多々あります。サイト上で音声が鳴ることを、注意書きなどでユーザーに伝えてあげるとよいでしょう。

また、ユーザーの利用環境によっては、音を出せない、動画を再生できないケースもあり得ます。例えば、インタビューなどのように音声がないと成り立たないコンテンツであれば動画と字幕を追加する、文字起こしを行いインタビューの内容をテキストで表示するという配慮も必要です。なお、動画素材や音声素材は、自分自身で制作しない場合も多くなります。著作権がどのような状態なのかは必ず確認を行うようにしましょう。

memo

動画ファイルへの各種の対応が技術的に難しいのであれば、共有サイトにアップロードする方法でも問題ありません。例えばYouTubeでは2005年にアップロードされている動画でも問題なく再生できます。一方、自分のサイトに置いている場合は、ブラウザの仕様が変わったときに個別に対応する必要があります。

POINT

動画が長くファイルの容量が大きくなるほど、ブラウザ上で再生されるまでに時間がかかります。圧縮率を高くするほど容量は小さくなりますが、動画自体が粗くなってしまいます。出力後に実際の表示を確認して、問題がないかを判断しましょう。

memo

動画共有サービスでは、サービスごとにサポート、推奨している動画のファイル形式があります。YouTubeがサポートしているのはMP4、AVI、WMV、MOVなど、多岐に渡ります。

POINT

本格的な動画撮影や音声録音は、専門的な知識や技術が必要になります。クライアントワークであれば、求められるクオリティによって、専門に制作を請け負っている会社に依頼することも視野に入れましょう。

Lesson 4

08 Webサイトの素材と著作権

15 min

THEME テーマ

すべての制作物には作り出した人がいて、著作権が存在します。Webサイトだけにかかわらず「ものづくり」に携わるクリエイターであれば、著作権をおろそかにしてはいけません。ここでは著作権について学びます。

著作権は誰のもの？

Webサイトで使用する写真やイラスト、映像、プログラムのソースコードも例外ではなく、すべてに著作権が存在しています。Webサイトの素材すべてを自分で作成するのは難しく、第三者が制作した写真やイラストなどを使うことも多いでしょう。そうした場合、依頼者が制作費などの対価を支払い、使用させてもらうのが一般的です。

けれども、依頼する側が対価を支払ったからといって、著作権も譲り受けたことにはなりません。著作者（制作者）から著作権を譲り受ける場合には、別途そうした取り決めを交す必要があります。

著作権は著作者に残したまま、「利用の許諾」だけを得て使わせてもらうのか、あるいは著作権そのものも譲渡してもらうのか、著作権の所在をあいまいにしておくと、後々トラブルになりかねません。また、Webサイトだけに使う前提で利用許可を得ているのに、印刷物などほかの用途に無断で使用するのはルール違反になります。著作権の所在や利用範囲などは事前に著作者（制作者）と話し合い、取り決めるようにしましょう 図1。

memo

文化庁のWebサイトで提供されている「誰でもできる著作権契約」が参考になります。
https://pf.bunka.go.jp/chosaku/chosakuken/keiyaku_intro/

図1 文化庁のWebサイト内の「著作権」のページ

著作権や使用許諾契約に関する信頼できる情報が掲載されています。
https://www.bunka.go.jp/seisaku/chosakuken/

ストックフォトの利用時に注意したい点

素材の制作費や制作スケジュールが限られるときなど、非常に便利なのがフォトストックサービスのような素材を提供するサービスです。豊富な画像素材の中から好みのものを選び、比較的低価格で利用できますが、やはり注意しなければならない点があります。こうしたサービスで提供されている素材は基本的に、有料・無料にかかわらず、利用者は使用許諾を得ているだけです。著作権は著作者にあることを忘れないでください。

また、サービスや素材によって利用規約は異なるため、利用規約のページを必ず確認しましょう 図2 図3。例えば、商用目的での利用を一切禁止しているものもあれば、無料かつ商用利用が可能であっても、著作者のコピーライト表記が必須の場合もあります。文面から規約違反かどうかの判断が難しいのであれば、サービスの運営会社に確認するのがよいでしょう。

著作権を侵害しているか、ライセンス違反にあたるかどうかなどの線引きは、専門家でも状況によって判断が分かれる難しいものです。必要に応じて弁護士などの専門家に確認を行うべきですし、それができない場合は使用しない判断も必要になります。厳格に聞こえるかもしれませんが、逆の立場で、自分が苦労して作り出したものを許可なく好き勝手に使われたら……と想像してみると、理解できるはずです。

WORD コピーライト表記

40ページ、Lesson2-03参照。

POINT

著作権や利用規約について、自分で判断しなければならないときは、個人ブログや掲示板などではなく、弁護士などの専門家が書いた書籍やブログなど、できるだけ一次情報に近い情報を参照しましょう。

図2 Adobe Stockのライセンス情報のページ

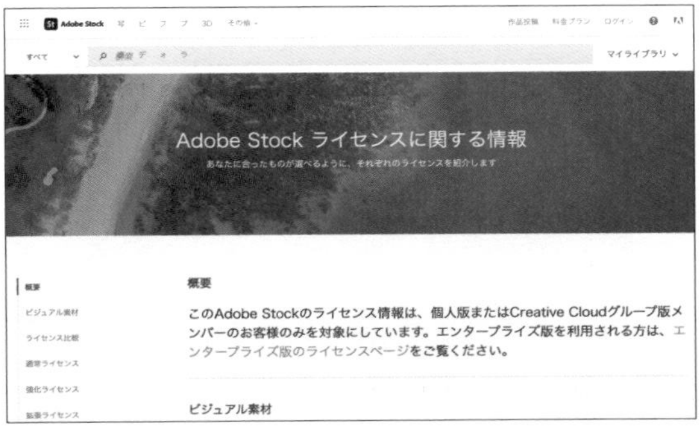

素材を販売しているサービスには、ライセンス情報と利用規約が記載されているので、必ず確認してから使用します。
https://stock.adobe.com/jp/license-terms

図3 「いらすとや」の利用規約のページ

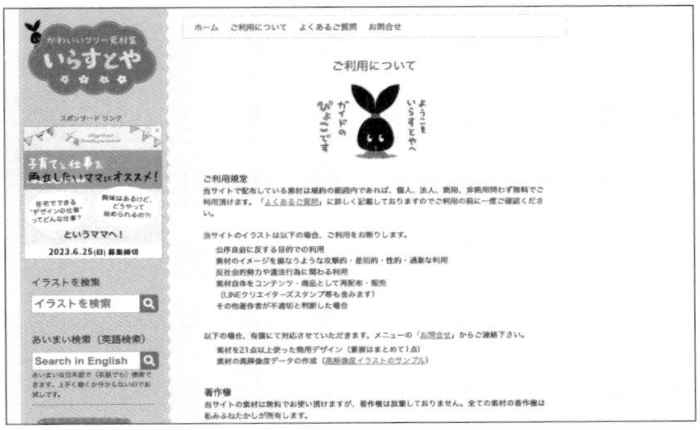

イラスト素材を無料で提供する有名なサイト。著作権は作者自身が保有している旨が明記されています。
https://www.irasutoya.com/

Challenge
チャレンジしてみよう！

Web用の画像を書き出してみよう

Webサイト用の画像を、Photoshopを使って実際に書き出してみましょう。事前に確認することや書き出す際に気をつけたいポイントも見ていきます。

STEP 1
元画像を確認する

Webサイトで使用する画像は、デジタルカメラなどで撮影した写真をそのままではなく、サイト用にサイズなどを整えて書き出したものを使うのが一般的です。不必要に大きいサイズのままサイトに載せると、表示スピードが遅くなってしまいます。

素材となる画像を受け取ったら、Photoshopなどで開いて、まず画像のカラーモードやサイズ（幅・高さ）、解像度を確認するようにしましょう。Web用の画像はカラーモードをRGBにしますが、印刷用画像を作成する場合であれば、カラーモードをCMYKにする必要があります 図1。

ここでは 図2 の元画像（幅2400×高さ1800px）をリサイズして、幅600pxと1200pxの2種類のWeb用画像を書き出してみます。

図1 カラーモードを確認と変更

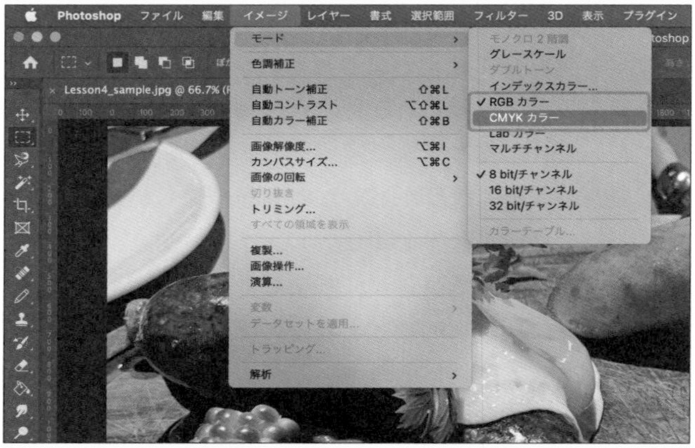

RGBの画像をCMYKに変換する場合は、「イメージ」メニュー→「モード」→「CMYKカラー」を選んで保存します。

図2 使用する元画像

ここではカラーモードはRGB、サイズは幅2400×高さ1800px、解像度は72dpiのものを使用しています。

STEP 2

解像度とサイズを確認する

次に「イメージ」メニュー→「画像解像度」を選択します。「解像度」と「再サンプル」にチェックが入っていることを確認したら、「幅」「高さ」に表示されている単位を「pixel」にします 図3。

もし印刷用の画像を書き出すのであれば、解像度を変更してください。その場合は「再サンプル」のチェックを外し、「解像度」の数値を変更します 図4。

なお、Web用の画像を作成する場合、後述する「書き出し形式」を使うと解像度72dpiの画像が自動的に書き出されるため、「画像解像度」の画面で解像度を変更しなくてもかまいません。

HINT

「再サンプル」の項目にチェックが入っていないと、幅・高さの単位を「pixel」に変更できません。「再サンプル」にチェックが入っているか、確認するクセをつけましょう。

図3 サイズと解像度を確認

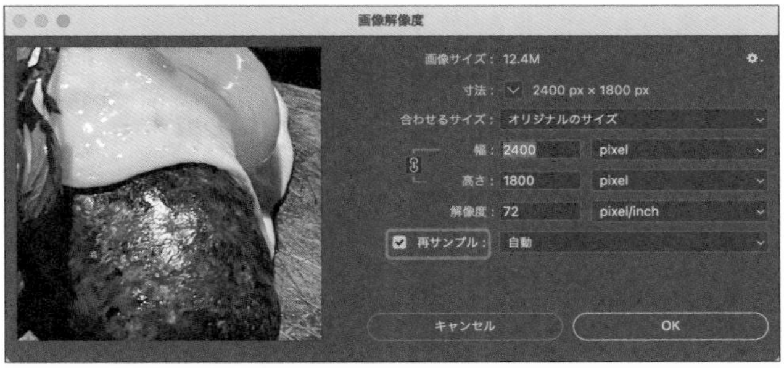

「再サンプル」にチェックが入った状態で、幅・高さの単位を「pixel」に切り替えます。

図4 印刷用に解像度を変更する場合

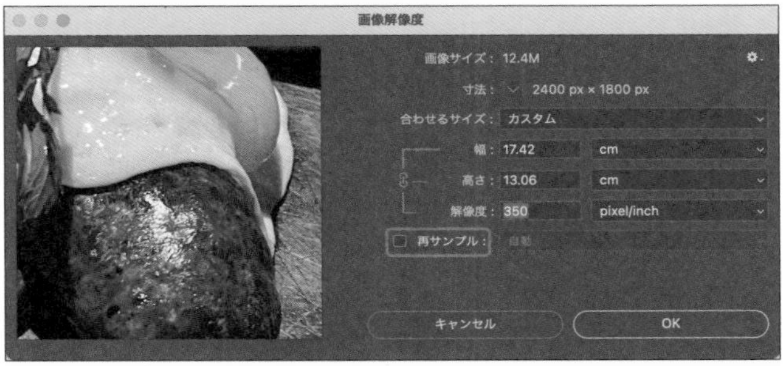

「再サンプル」のチェックを外すと、幅・高さの単位は「cm」に切り替わります。解像度を印刷用の350dpiに変え、再度「再サンプル」にチェックを入れて「OK」を押します。

STEP 3

書き出し方法を選ぶ

次に画像を書き出す工程に進みます。Photoshopで画像の書き出しを行うには、主に次の4種類の方法があります。

- PNGとしてクイック書き出し
- 書き出し形式
- Web用に保存（従来）

それぞれ書き出し方に特徴がありますが、ここでは「書き出し形式」を使って書き出します。

「書き出し形式」の機能を使うと、基準になるサイズの画像から等倍、2倍、0.5倍など、複数サイズの画像を一度に書き出すことが可能です。

「ファイル」メニューから「書き出し」→「書き出し形式」を選択すると、「書き出し形式」の設定画面が表示されます 図5。

画面左側の「すべて拡大・縮小」というメニューが、複数のサイズの画像を同時に書き出す設定です。

画面右側では、書き出すファイルの形式や画像サイズ(幅・高さ)などを設定できます。STEP2の「画像解像度」でも画像の幅・高さを変更できましたが、ここで幅・高さを変更しても問題ありません。

HINT

Webサイトの表示をスマートフォンなどの高解像度ディスプレイに対応させる場合、画像は通常サイズと2倍程度の大きなサイズを用意する必要があります。「書き出し形式」であれば、「すべて拡大・縮小」の機能で、同じ画像から等倍、2倍など、複数のサイズを同時に書き出せるので便利です。ただし、書き出すファイル形式は1つしか選択できないため、同時にJPG（JPEG）とPNGを書き出すなどはできません。

図5 「書き出し形式」の設定画面

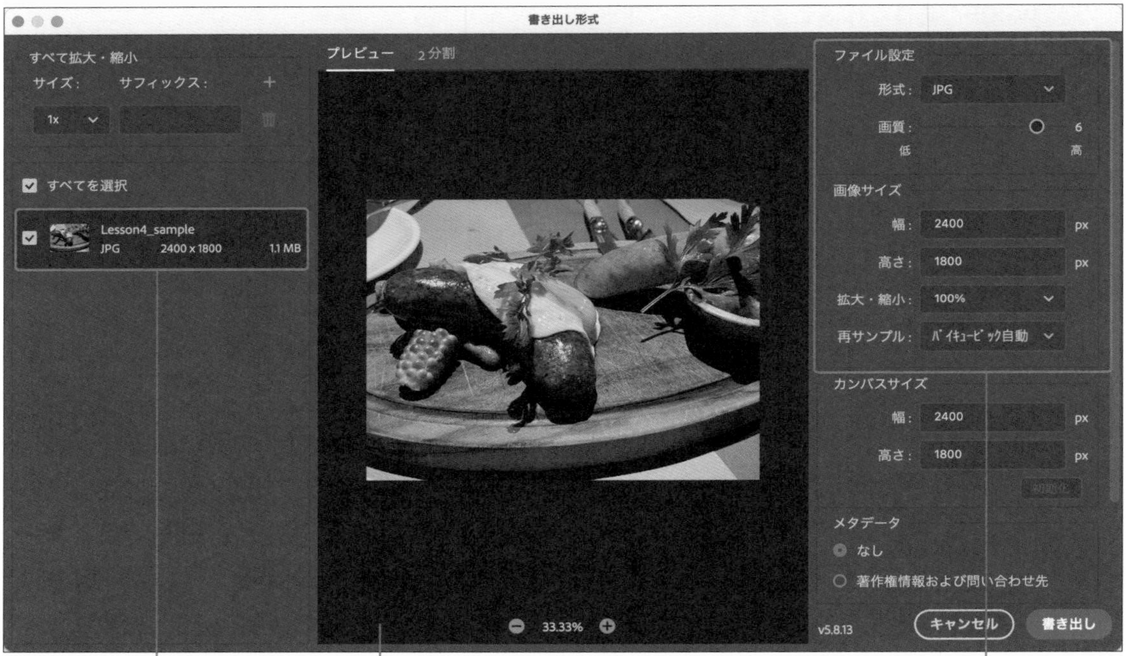

右側の「ファイル設定」や「画像サイズ」の設定内容で書き出した場合の、ファイル容量を確認できる

プレビュー画面：左右にある各メニューの設定を変えると、設定内容に応じてプレビュー表示が切り替わり、書き出し後の状態を確認できる

書き出す画像の形式や画質、画像サイズ（幅・高さ）などを設定できる

STEP 4 書き出すファイル形式の設定を確認する

画像を書き出す前に、画面右側の設定メニューを見ていきましょう。「ファイル設定」にある「形式」で書き出すファイルの形式を、PNG、JPG（JPEG）、GIFの3種類から選択できます。

PNGを選ぶと透明部分の書き出し設定が行えます。「透明部分」にチェックが入っていると画像の透明部分が透明のままで書き出され、チェックを外すと透明部分が白で書き出されます 図6。「ファイルサイズ小(8-bit)」をチェックすると、PNG-8の形式に変換されます。画像の容量は軽くなりますが、使用する色数が減るため、プレビュー画面で実際に画像を確認しながら使用してください。

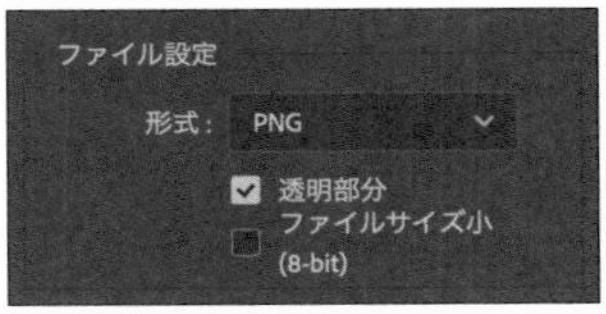

図6 ファイル設定の形式「PNG」

JPGを選ぶと、スライドバーを左右に操作することで、「画質」の高低を1～7段階の中から設定できます 図7。数値を高くするほど画質はよくなりますが容量が増え、反対に数値を低くすると画質が低くなり、容量は小さくなります。GIFには特別な設定項目はありません。

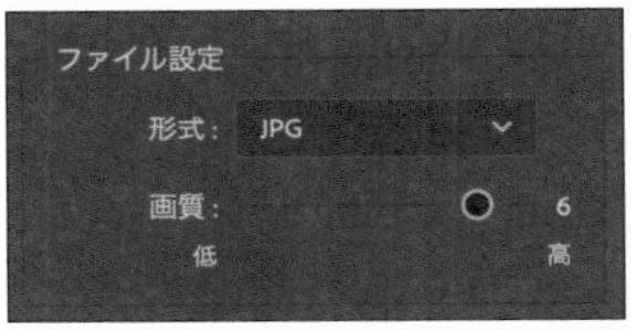

図7 ファイル設定の形式「JPG」

そのほかにある設定メニューは 図8 の通りです。
「画像サイズ」では画像の幅・高さなどのサイズを変更できるほか、「再サンプル」で解像度を変更した場合にどのような補間をするかを選べます。
「カンバスサイズ」は書き出す領域を設定するものです。ここではカンバスサイズと画像サイズが同じですので変更は行いませんが、試しにカンバスサイズの数値を、画像サイズより大きくしたり小さくしたりして、プレビュー画面で変化を確認してみてください。

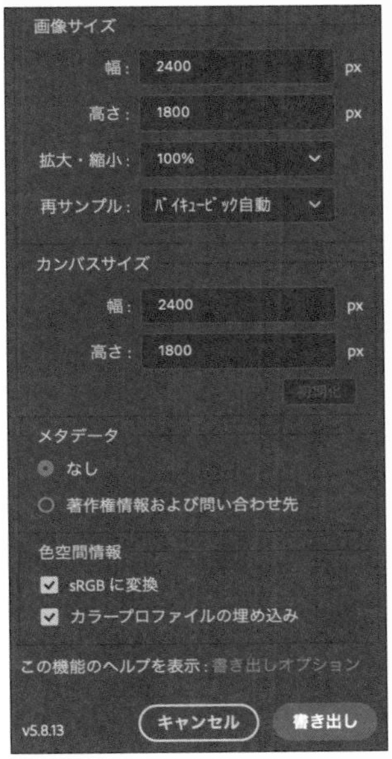

図8 「画像サイズ」から下のメニュー

メタデータ：書き出し後のファイルにメタデータ（画像の問い合わせ先など）を埋め込む・埋め込まないの設定です。
色空間情報：sRGBへの変換とカラープロファイルの埋め込みを設定できます（GIFでは、カラープロファイルの埋め込みは行えません）。

STEP
5 画像を書き出す

では、いよいよ画像を書き出してみましょう。元のサイズ幅2400pxの画像から、JPG形式で幅600pxと2倍の幅1200pxを書き出します。ここでは600pxが基準となる通常のサイズ、1200pxは高解像度ディスプレイ対応用の大きなサイズと考えてください。

「画像サイズ」で幅600pxに設定します 図9。幅の数値に応じて高さも変わります。

ファイル設定の形式が「JPG」になっていることを確認します。「画質」は「7」だと容量295KBと大きいため、画質と容量のバランスを確認しながら、画質「3」(46KB)を選びました。画像の中身などに応じて、画像が粗くなりすぎない画質を探ってください。

次に、画面左側の「すべて拡大・縮小」の設定を行います。600pxの画像(1x)のほかに1200pxの画像も書き出すので、「+」マークを押して「サイズ：2x」とします 図10。

ここまで終えたら、右下にある「書き出し」ボタンを押します。保存先を選んで実行すると、2種類の画像が書き出されます 図11。

HINT

倍率を変えて書き出した画像には、ファイル名に倍率に応じた接尾辞がつきます。等倍(1x)で書き出した画像はファイル名が変わらないため、元画像と同じフォルダに書き出すと上書きされてしまいます。書き出した画像の保存先は、元画像と別のフォルダを指定するとよいでしょう。

図9 画像サイズを幅600pxに変更した

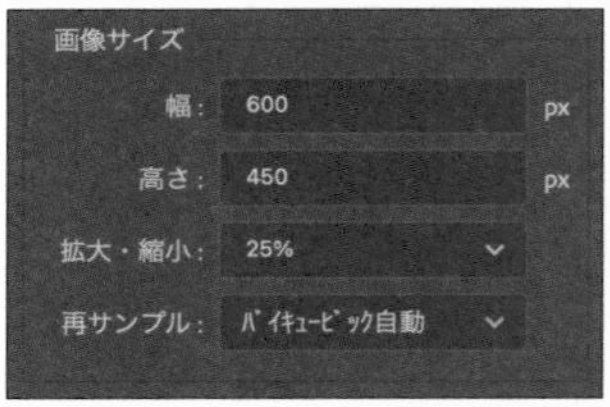

図10 書き出し画像に2倍(2x)を追加した

図11 2種類の画像が書き出された

Lesson 5

HTMLを
マスターする

ソースコードを書いていくパートに入ります。まずはHTMLからです。人間だけでなく、コンピューターにもテキスト情報の意味が伝わるように、タグを使ってテキストに「意味づけ」を行うのがHTMLの役割です。

読む 練習 制作 公開 運用

Lesson 5
01
30 min

HTMLについて知ろう

THEME テーマ　Webサイトを作るためには、HTML（HyperText Markup Language）の習得が必須です。ここではHTMLがどういうものであるかと、その性質を学びます。

HTMLとは？

HTML（HyperText Markup Language）とは、Webページを作成するためのマークアップ言語です。普段みなさんが見ているWebサイトは、このHTMLを使用して作られています。
「HyperText」とは、直訳すると「テキストを超えたテキスト」という意味で、通常のテキストとは違い、情報と情報を結びつけるハイパーリンク機能を持ったテキスト文書のことです 図1。ハイパーリンクとは、クリックやタップなどで別のページへ遷移（移動）する機能のことです。

memo
単に「リンク」とも呼びます。

図1 HTMLファイルのつながり

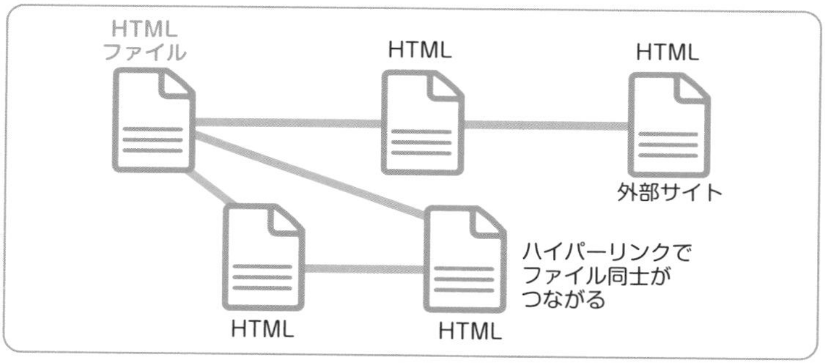

「Markup」には「印をつける」という意味があります。通常のテキストのままでは、どこが見出しで、どこからどこまでが段落なのか、人間の目には理解できてもコンピューターには理解できません。コンピューターに文書の構造（枠組み）や中身を理解させるためには、テキストの各部分に、ここが見出し、ここが段落、ここが表、ここがリスト……というような目印（マーク）をつけてあげる必要があります 図2。
このように、テキストに意味を持たせ、コンピューターが文書構造を理解できるようにマークをつけることを「マークアップ」といいます。

POINT
HTMLでマークアップされていない状態のテキストは、Webブラウザや検索エンジンが文書の構造や意味を把握できません。HTMLでのマークアップはWebサイトの制作において基本であり、とても重要な部分です。

45ページ、Lesson2-05参照。

図2 マークアップする前と後

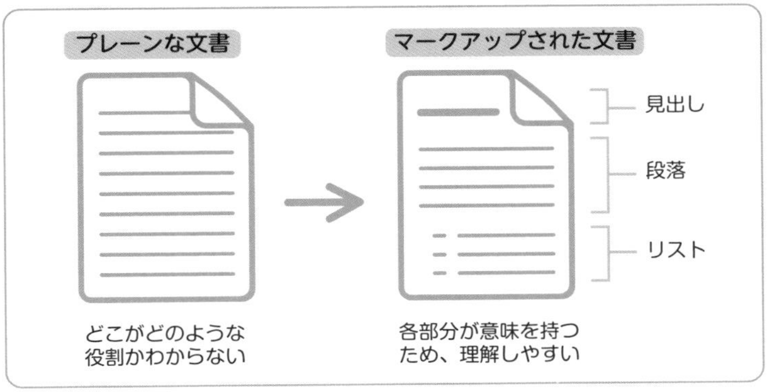

まとめるとHTMLとは、「ハイパーテキスト文書の構造に意味を持たせるための言語」という意味になります。HTMLでは、「タグ」と呼ばれるコードを使って文書をマークアップしていきます。

memo
タグやマークアップについては、次節から解説していきます。

HTMLのバージョン

HTMLには、いくつかのバージョンがあります。この仕様はWHATWGによって決められており、バージョンによって書き方や使えるタグなどの仕様が違っています。最初の仕様となるHTML 1.0から始まり、2014年に勧告されたHTML5を経て、現在は「HTML Living Standard（リビングスタンダード）」という仕様になっています。HTML5以降は以前のバージョンに比べ、タグの種類が整理され、記述もシンプルになりました。

WORD WHATWG
「ワットダブルジー」と読む。Web Hypertext Application Technology Working Groupの略称で、2004年に発足したAppleをはじめとする大手ブラウザ開発者による技術開発のための業界団体。

現在のHTMLの特徴

以前主流だったHTML4.01やXHTML 1.0は、上記の通り文書構造に意味づけをするための言語です。しかし、Webの進化にともない、高度な機能を持ったサイトやWebアプリケーションへの需要が高まった現在、それらと相性のよいHTMLとしてHTML5が開発され、現在のLiving Standardに繋がっています。動画や音楽をサイト上で再生したり、アニメーションを作るなど、これまでほかのプログラミング言語を併用しなければ実装できなかったような機能のいくつかは、HTMLだけ（または簡単なJavaScriptとの組み合わせ）で表現できるようになりました。

Lesson 5

02

30 min

テキスト情報に意味を与えるマークアップ

THEME テーマ

タグを使ってテキスト文書に意味を持たせることを、マークアップといいます。ここでは、マークアップの書き方や目的を学びましょう。

タグの書き方

タグには見出しを表すものや段落を表すものなど、いろいろな種類があります。開始タグと終了タグがあり、その2つのタグで要素内容を挟むことで、挟まれた箇所に意味を持たせることができます 図1。

図1 タグの書き方

開始タグから終了タグまでのセットが「要素」となります。この図の場合は、<p>から</p>までが1つの要素になります。

なぜマークアップが必要なのか

Googleなどの検索エンジンのコンピューターは、日々あらゆるサイトを読み取り、それがどういったサイトかを判断しています。そのコンピューターの働きで、私たちは検索ワードに関連したサイトを見ることができています。検索エンジンが検索結果の順位を決める際、読み取るサイトがきちんとマークアップされていると、読みやすく、適切に理解してもらえます。つまり、適切にマークアップをして情報を整理することは、SEO対策の第一歩ともいえます。

POINT

開始タグのみのタグもあり、それらは空要素(からようそ)と呼びます。

memo

タグの種類や意味はLesson5-05(→108ページ)以降で詳しく解説します。

memo

ここでは「検索エンジンのコンピューター」と書きましたが、厳密には検索エンジンのアルゴリズムとなります。

WORD SEO対策

SEO (Search Engine Optimization)は検索エンジン最適化のこと。Googleなどの検索エンジンの検索結果に、特定の検索キーワードをより多く露出させるための対策である。適切なSEO対策をすることで、Webサイトへの訪問者を増やし、サイトの信頼性を高めるとともにビジネスを大きくしていくことを目的とする。

図2 を見てください。左側はどこかの会社のお知らせ記事だな、とわかりますね。しかし、このテキスト文書はマークアップをしていません。コンピューターは日本語が読めませんし、改行や見出しと本文の区別もつかないため、コンピューターには右側のように見えます。

これに対してHTMLでマークアップすると、表示結果は 図3 のようになります。<article>タグがあることによって、テキストが記事のまとまりだと理解でき、<h1>タグの部分は見出し、<p>タグの部分は段落、<a>タグの部分がリンクとなっていることがわかります。このように適切に情報を整理してマークアップしていることで、情報の優先順位や情報の区切りをコンピューターが理解できるようになっています。

図2 マークアップされていないテキスト文書

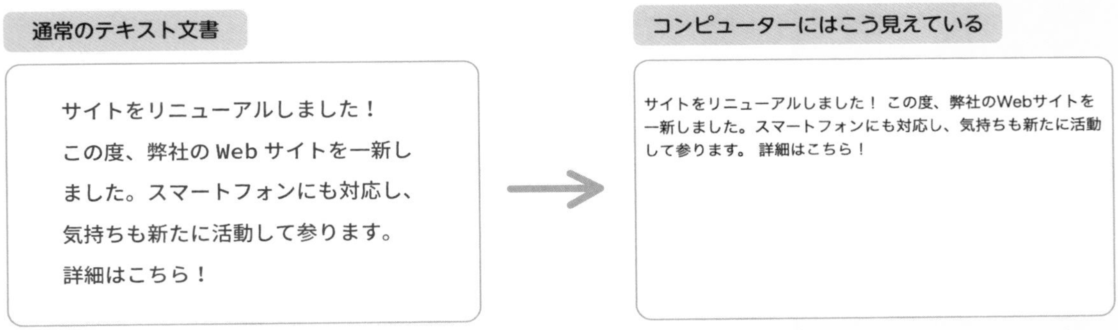

図3 マークアップされたHTML文書

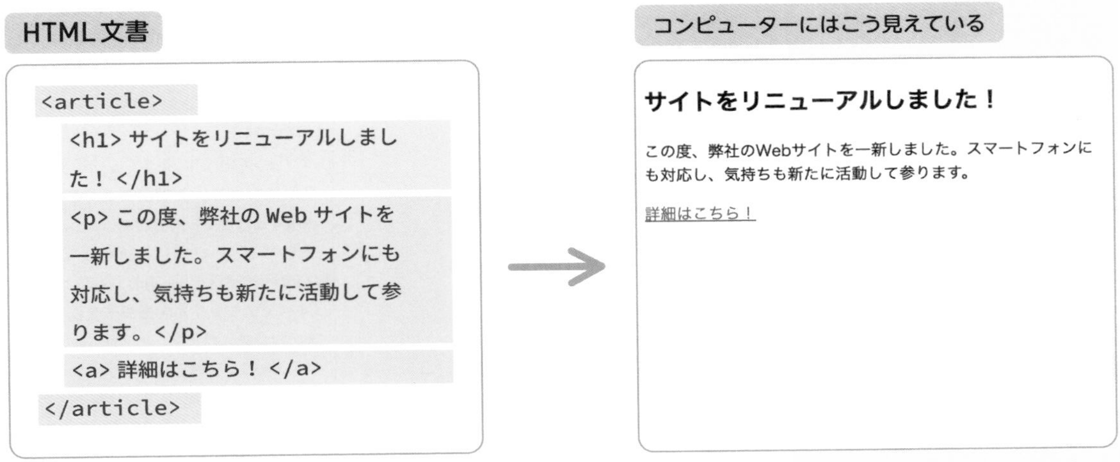

各タグの意味はLesson5-05以降で学びます。

Lesson 5

03

15 min

Webブラウザで表示してみよう

THEME テーマ 実際に簡単なHTMLを書いて、Webブラウザに表示させてみましょう。インターネット上に公開するのではなく、自分のパソコン上で表示させるだけならとても簡単です。

HTMLファイルを作成するツール

パソコンやスマートフォンでWebサイト(HTMLファイル) を閲覧するには、Google ChromeやSafari、Microsoft EdgeなどのWebブラウザを使います。

では、HTMLファイルを作成するには何を使うのでしょうか？HTMLファイルは、Windowsの「メモ帳」やそのほかのテキストエディターなど、テキストを入力するツールならどれでも作成可能ですが、実際の制作現場では、Visual Studio CodeやWebStorm、Dreamweaverといったコーディングに特化したエディターが使われています。

80ページ、**Lesson4-03**参照。

また、テキスト文書は通常、ファイル名に「.txt」という拡張子をつけて保存されますが、HTML文書は「.html」という拡張子を使います。

WORD 拡張子

ファイルの種類を識別するため、ファイル名の語尾につく.(ドット)からはじまる文字列。テキストファイルは.txt、HTMLファイルは.html、画像は.jpgや.pngなど、いろいろなものがある。

memo

パソコンの設定によっては拡張子が非表示になっている場合がありますが、表示する設定にしておきましょう。拡張子を表示するには、Macの場合は「Finder環境設定」画面の「詳細」タブで「すべてのファイル名拡張子を表示」にチェックを入れます。Windowsの場合は「フォルダーオプション」画面の「表示」タブで「登録されている拡張子は表示しない」のチェックをはずします。

簡単なHTMLファイルを作ってみよう

任意のテキストエディターを開いて、図1の内容を入力します。タグ<p>と</p>は必ず半角で入力してください。

図1 簡単なHTML

```
<p>はじめてのHTML</p>
```

入力できたら、「sample.html」という名前で保存します。保存する際、拡張子は「.html」にします。ファイル名は半角英数にする習慣をつけましょう。

Webブラウザに表示させる

作ったHTMLファイルをブラウザで表示させるには、「sample.html」のアイコンをブラウザへドラッグ&ドロップ（もしくはダブルクリック）するだけです。図2の例ではGoogle Chromeを使っています。

これで、HTMLファイルをブラウザで表示させることができます。タグで挟まれた内容（はじめてのHTML）だけが表示されていれば成功です。

memo
本書ではGoogle Chromeを基本に説明しています。

図2 **ドラッグ&ドロップでブラウザに表示**

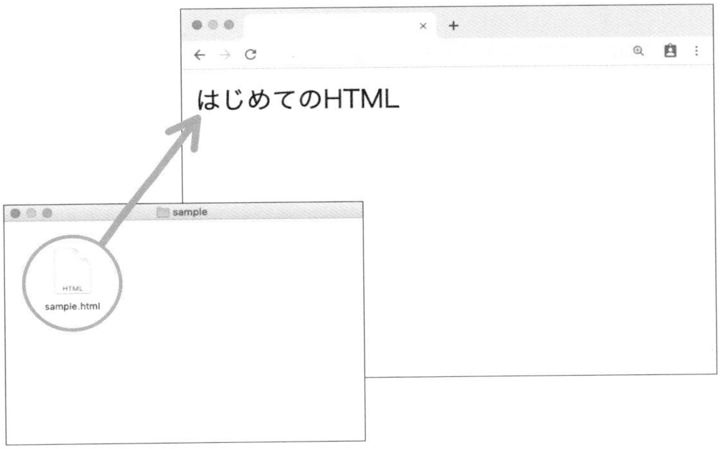

このようにブラウザに表示していても、インターネット上に公開されているわけではありません。あくまで自分のパソコンでだけ見えている状態です。インターネット上に公開する場合は、通常Webサーバーと呼ばれる場所へファイルをアップロードする必要があります。

また、保存済みのHTMLファイルをエディターで変更したいときは、エディターで該当のHTMLファイルを開いて、HTMLの内容を編集します。例えば、Lesson4-03（→80ページ）で紹介しているVisual Studio Codeの場合は、「ファイル」メニューの「開く」から変更したいHTMLファイルを選ぶと、目的のHTMLファイルが開いて編集できます。

WORD Webサーバー
インターネット上に公開するファイル一式を置いておく場所のこと。サイトを公開する際にはWebサーバーが必要になる。詳しくは12ページ、Lesson1-01を参照。

313ページ、**Lesson9-04**参照。

Lesson 5

04

15 min

タグと属性

THEME テーマ HTMLはタグを使って記述し、必要に応じてさらに属性を追加します。すべてのタグや属性を暗記する必要はありません。よく利用されるものから慣れていきましょう。

タグの基本形

多くのタグには開始タグと終了タグがあり、要素内容となるテキストを挟むことで、挟まれた箇所に意味を持たせることができます。Lesson5-02の例（→103ページ）で見た<article>タグ、<h1>タグ、<p>タグはすべてこの形でした。

Lesson5-02の例では、<article>タグが<h1>タグと<p>タグを囲んでいました。HTMLでは、このように囲んでいるタグ（ここでは<article>タグ）を「親要素」、それに対して中に入っているタグ（ここでは<h1>と<p>タグ）を「子要素」と呼びます。

図1のように、親要素が子要素を囲む形の「入れ子構造」がHTMLの基本であり、タグとタグは互い違いにさせてはいけません。

図1 タグの構造

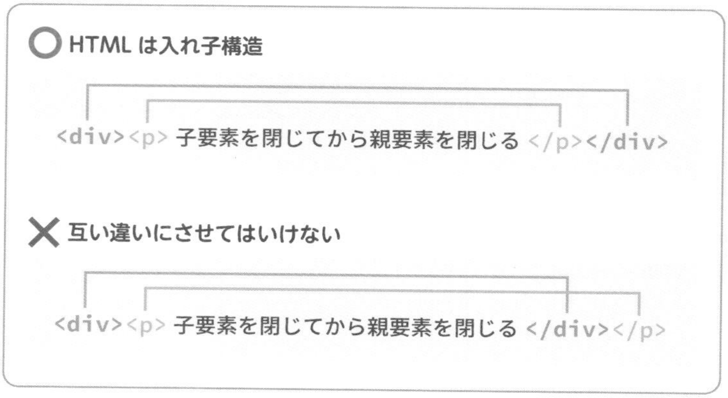

memo
複雑なレイアウトを実現しようとする場合、入れ子構造が3重、4重と、深くなることもあります。

また、終了タグのない「空要素（空タグ）」もあります。例えば改行を表す
タグや、画像を挿入する<img>タグなど、テキストを囲む必要がないものがこれにあたります。

memo
HTML Living Standard（現在のHTMLのバージョン）では空要素を
といった書き方をしますが、HTML4.01以前や、XHTML1.0では半角スペースとスラッシュを追加して
のように記述します。

属性

属性とは、タグに性質を与えるものです。これだけでは意味がわかりにくいかもしれませんが、タグに足りない情報を「追記」してあげるものだとイメージしてみてください。

例えば、ハイパーリンクが設定されていることを表す<a>タグは、「リンク」という意味だけでは不完全で、<a>タグごとにリンク先の情報が必要ですよね。そこでhrefという属性を与え、値としてリンク先となるURLを記述します 図2 。属性は、「属性="値"」という形式で開始タグの中に記述します。

memo
<a>タグやhref属性については、Lesson 5-10（→123ページ）で詳しく解説しています。

図2 タグに属性を追加する

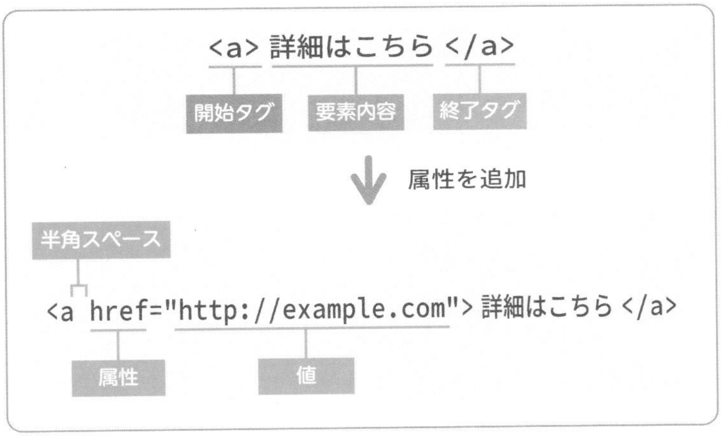

属性もタグと同じくたくさんの種類がありますが、これもよく使うものから覚えていくとよいでしょう。属性はすべてのタグに必ず書かなければならないものではありません。逆に、1つのタグに複数の属性を与えることもできます。

memo
属性は半角スペースを空けて、複数並べて記述することができます。

Lesson 5

05

30 min

HTMLの基本構造

THEME テーマ

HTML文書の構造と仕組みを学びましょう。まずは、HTML文書の基本構造がDOCTYPE宣言、<html>タグ、<head>タグ、<body>タグで構成されることを覚える必要があります。

目に見えない情報？

Lesson5-04までででタグやマークアップについて学び、実際にHTMLファイルをWebブラウザで表示させました。HTML文書では、ブラウザのウィンドウに表示されない情報も記述することができます。例えば「これは日本語のWebページです」、「この文書はHTML5で書かれています」といった、Webページの内容に直接関係はしていませんが、コンピューターがWebページを読み取る上で重要な情報です。

例えば、海外のサイトを開いたとき、「このページを翻訳しますか？」などのポップアップが表示されたことはありませんか？ これは、コンピューターがそのページを読み取る際に「英語（またはその他日本語以外）で書かれたページ」であるという情報を得たためです。

このようにサイトの付帯的な情報、見えないけれど重要な情報のことを「メタ情報（メタデータ）」といいます。そのページの説明書のようなもので、閲覧者からは見えなくともWebページにとっては重要な情報です。

HTMLのテンプレート

HTMLの記述には、基本構造（＝テンプレート）があります。説明書となるメタ情報は文書の上部に記述し、そのあとにページの本体となる部分を記述します 図1。

図1 HTMLの基本構造

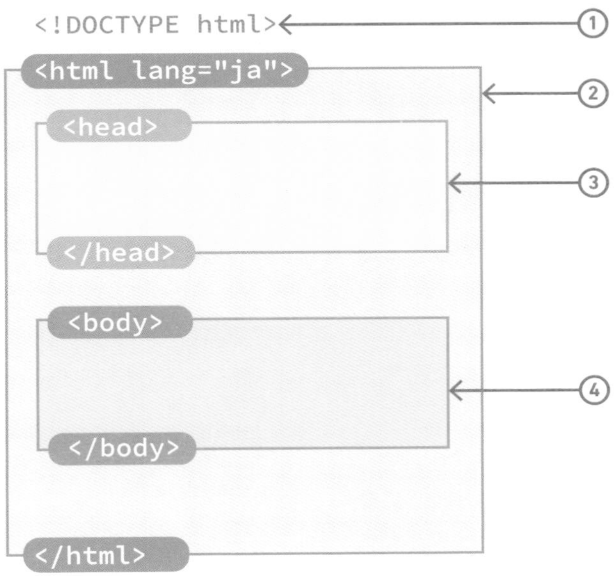

① DOCTYPE宣言

HTMLファイルでは、文書内の先頭にHTMLのバージョンを宣言しなければなりません。このバージョンの宣言文のことを「DOCTYPE宣言」といいます。ここでの<!DOCTYPE html>は、Living Standardで書かれていることを宣言しています（大文字・小文字は区別されません）。

101ページ、**Lesson5-01**参照。

memo

古いバージョンのHTML4.01では、<!DOCTYPE HTML PUBLIC "-//W3C//DTD HTML 4.01 Transitional//EN" "http://www.w3.org/TR/html4/loose.dtd">のように非常に長い宣言文を書く必要があります。

② <html>タグ

<html>～</html>の中がHTMLで書かれていることを表します。DOCTYPE宣言以外のすべてのHTMLタグを囲みます。<html>タグの中は大きく<head>タグと<body>タグの2つのエリアに分かれています。

<html>タグには、多くの場合、言語を示すlang属性が書かれています。ここでの属性値「ja」は日本語を指す値ですので、このページが日本語のページであることを意味しています。

③ <head>タグ

<head>～</head>の中にはページの説明書となる付帯情報（メタ情報）や、ブラウザへの指示などを記述します。<head>タグ内に書かれた内容は、基本的にブラウザウィンドウには表示されません。

④ <body> タグ

Webページの本体となる部分です。ブラウザウィンドウに表示させるコンテンツはすべて<body> ～ </body>の中に記述します。Lesson5-04までに出てきた<p>タグや<h1>タグなどもここに書きます。

これら①～④の宣言文やタグは、1つのHTMLファイルにそれぞれ1つ記述します。2つ以上書いたり、省略したりすることはできません。

HTML文書内で無視される情報

HTML文書内での「半角スペース、タブ、改行」は無視され、ページの表示に影響を与えません。その性質を利用し、HTML文書はインデント（字下げ）や改行で読みやすく整えることができます 図2。インデントには半角スペース2つを使ったり、タブを使ったりできますが、制作の際はどちらかに統一しましょう。

また、全角スペースは思いもよらぬ表示崩れの原因となるので、インデントには使わないよう気をつけましょう（要素内容の文章中に使われた場合は、文字列として認識されます）。

memo

半角スペースが無視されるのは、タグの直前・直後に入力した場合と、2つ以上連続で入力した場合です。要素内容の文章中に単独で使われた半角スペースは無視されません。

POINT

Lesson5-04（→106ページ）で、タグは入れ子構造にすることを学びました。インデントを使うことで、その入れ子構造をわかりやすくすることができます。

図2 表示結果は同じでもインデントを入れることで管理しやすくする

インデントを入れた記述

```
<!DOCTYPE html>
<html lang="ja">
  <head>
    <meta charset="UTF-8">
    <title>Title</title>
  </head>
  <body>
    <p> はじめての HTML</p>
  </body>
</html>
```

インデントなしの記述

```
<!DOCTYPE html>
<html lang="ja">
<head>
<meta charset="UTF-8">
<title>Title</title>
</head>
<body>
<p> はじめての HTML</p>
</body>
</html>
```

Lesson 5

06 <head>タグの中に記述する情報

45 min

THEME テーマ HTML文書の説明書となる<head>タグの中には、どのようなタグを使ってどういった情報を記述するのでしょうか？ <head>タグ内の基礎的な構成を学びます。

<head>タグの中に記述する情報

<head>タグの中には、閲覧者向けではなくコンピューター向けの「目に見えない情報」を書きます 図1。ここで紹介するのは基礎的かつ重要な情報ですので、必ず記述するようにしましょう。

図1 <head>タグの中に記述する情報

```
<head>
  <meta charset="UTF-8"> ―――― ①
  <title> ページのタイトル </title> ―――― ②
  <meta name="description" content=" ページの内容を説明する文章 "> ―――― ③
  <link rel="stylesheet" href="CSS ファイルの URL"> ┐
  <script src="JavaScript ファイルの URL"></script> ┘―――― ④
  <meta name="viewport" content="width=device-width,initial-scale=1"> ―――― ⑤
</head>
```

①エンコード（文字コード）の指定

`<meta charset="UTF-8">`

Webブラウザで表示する文字のエンコードが指定されていないと、文字が正しく表示されない「文字化け」という現象が起こる場合があります。これを防ぐために、<meta>タグのcharset属性を使います。日本語のページであれば、基本的にエンコードはUTF-8を指定しましょう。

> **memo**
> 日本語のエンコードとしてはShift_JISやEUC-JPも使用できますが、現在の主流はUTF-8です。文字化けは、例えばUTF-8で保存されたHTML文書をShift_JISのエンコードで表示しようとした場合に起こります。「はじめてのHTML」という文字列が「縺ｯ縺倥ａ縺ｦ縺ｮHTML」と表示されたりします。78ページ、Lesson4-02参照。

②ページタイトル

`<title> ページのタイトル </title>`

<title>タグは必須の要素で、そのページの名前を表します。<title>タグに書いた内容は検索エンジンの検索結果に表示されるほか、ブラウザのタブに表示されたり、閲覧履歴やブックマーク

リストなどにも表示されます 図2 。

③ディスクリプション

```
<meta name="description" content=" ページの内容を説明する文章 ">
```

ページを要約した内容を書きます。<meta>タグのname属性の値に"description"を指定し、content属性に値としてページの要約を記述します。ここで記述したテキストが検索エンジンの検索結果に表示される場合があります 図2 。文字数に決まりはありませんが、SEO対策的には120～200文字程度が好ましいといわれています。

memo

前ページ 図1 の②ページタイトルと③ディスクリプションが検索結果に表示されるかどうかは、検索エンジン側が判断するものです。ページタイトルやディスクリプションとして設定した内容が、必ずしも検索結果に表示されるわけではありません。

図2 ページタイトルとディスクリプション

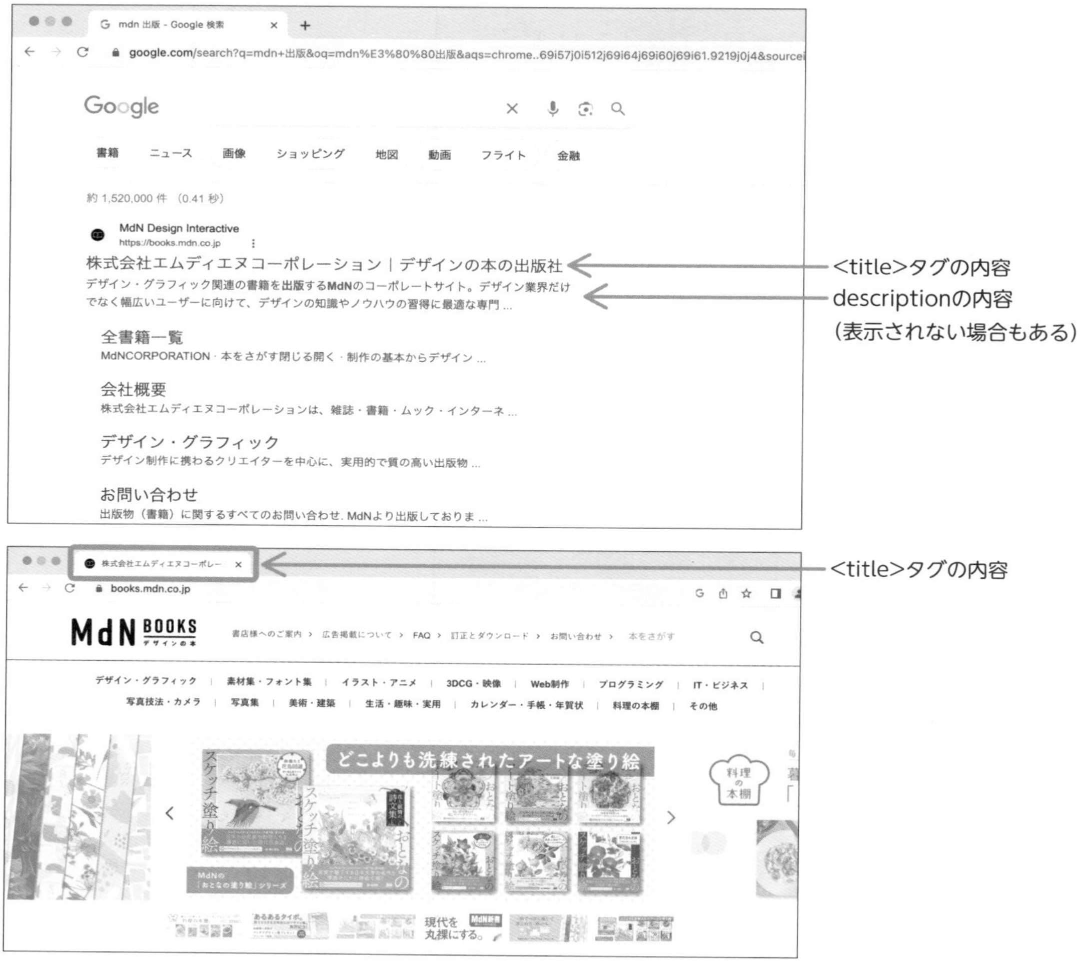

上：検索エンジンの検索結果には、<title>タグに書いた内容が表示されます。descriptionの内容も表示される場合があります。
下：ブラウザのタブにも、<title>タグに書いた内容が表示されます。

④外部ファイルの読み込み

```
<link rel="stylesheet" href="CSS ファイルの URL">
<script src="JavaScript ファイルの URL"></script>
```

HTMLファイル以外にCSSファイルやJavaScriptファイルなどを作った際に、これらのタグを使って読み込ませることができます。読み込ませるファイルが複数ある場合は、タグも複数書きます。

ここで気をつけたいのは、CSSファイルは<link>タグを使って、JavaScriptファイルは<script>タグを使って読み込む点です。また、<script>タグは終了タグを忘れないようにしましょう。

⑤ビューポート設定

```
<meta name="viewport" content="width=device-width,
initial-scale=1">
```

ブラウザウィンドウの幅に応じてページの表示倍率などを変更するかどうかを設定できます。この記述がない場合、スマートフォンでページを開いたときにうまく表示されません。

ここまでに見てきた<head>タグの中に記述するタグをまとめると、図3の通りです。このほかにもSNS関連の情報など、さまざまな情報を記述することができます。すべてを覚えて記述する必要はありませんので、ここで紹介したものをまず書けるようになりましょう。

WORD JavaScript

55ページ、Lesson2-10参照。

memo

<link>タグという名称から混同しやすいですが、別のWebページへの遷移を示す「ハイパーリンク」は<a>タグを使うので注意しましょう。ハイパーリンクの記述の仕方は123ページ、Lesson5-10で後述します。

POINT

<meta> タグと<link>タグは終了タグを持たない空タグなので、ほかのタグと混同しないよう気をつけましょう。

memo

HTMLファイルを作るたびに、イチからこれらのタグを入力するのは大変なので、自分でテンプレートを作り中身だけ書き換えるなど、工夫してみましょう。

図3 <head>タグ内で使う主なタグの種類と用途

タグ名	主な用途
meta	メタデータ（文書の情報）を記述します。属性をつけることで多様な情報を記述できます。
title	ページタイトルを記述します。<title> タグは 1 つの文書に 1 つだけ指定します。
link	外部ファイル（CSS ファイルなど）を読み込みます。
script	・外部ファイル（JavaScript ファイルなど）を読み込みます。 ・JavaScript を記述します。 （<script> タグは <body> タグの中にも記述することができます）

Lesson 5
07
30 min

<body>タグで使うタグの性質とルール

THEME テーマ

<body>タグ内で使うタグの性質と、コンテンツモデルという分類について学びます。

ブロックボックスとインラインボックス

<body>タグの中には、Webブラウザのウィンドウに表示させる内容を記述していきます。<body>タグの中には後述していくように、さまざまなタグを記述していきますが、ここでは、個々のタグが初期状態でもっている表示上の性質「ブロックボックス」と「インラインボックス」について覚えておきましょう。

タグは2種類に大別され、Webブラウザの表示画面など表示可能な幅いっぱいに広がるものと、タグの内側の要素内容の幅で表示されるものがあります。この表示上の性質の違いは「ボックスモデル」という仕組みによるものです。幅いっぱいに表示される性質を「ブロックボックス」、要素の内容の幅がボックスの幅となる性質を「インラインボックス」と呼びます 図1。

POINT

個々のタグは初期状態（CSSを適用しないデフォルトの状態）で、ブロックボックスとインラインボックスのどちらかの性質をもっています。CSSを使えば、インラインボックスをブロックボックス（あるいはその逆）のように扱うことができます。

memo

ボックスモデルはCSSと深く関連する考え方ですので、188ページ、Lesson6-15で詳しく後述します。

図1 ブロックボックスとインラインボックス

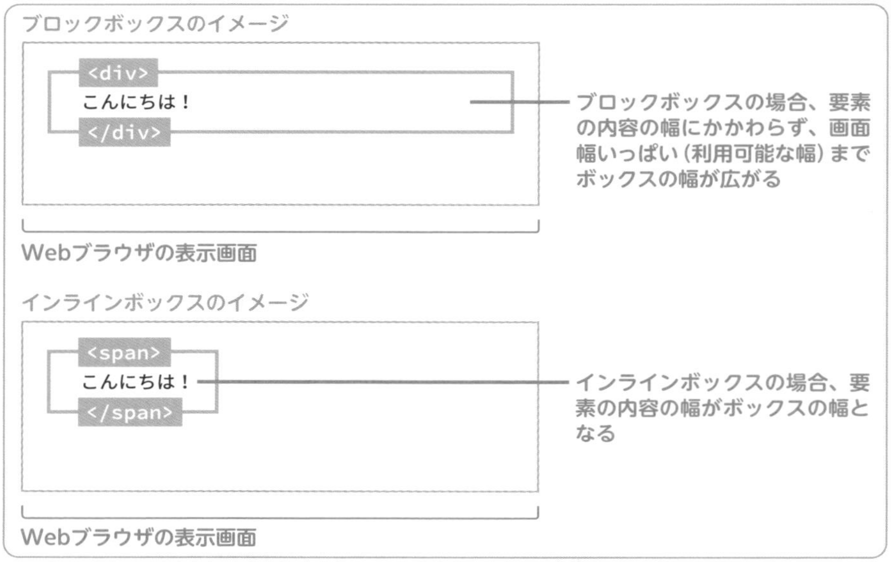

ブロックボックス：

コンテンツのかたまり。要素の前後には自動的に改行が入るため、次の要素は下に続きます。ブロック（＝かたまり）を縦に積んでいくイメージです 図2。

インラインボックス：

文章中の一部分に意味づけしていくイメージのため、要素のうしろに改行は入らず、次の要素は右に続きます 図3。

図2 ブロックボックスの表示

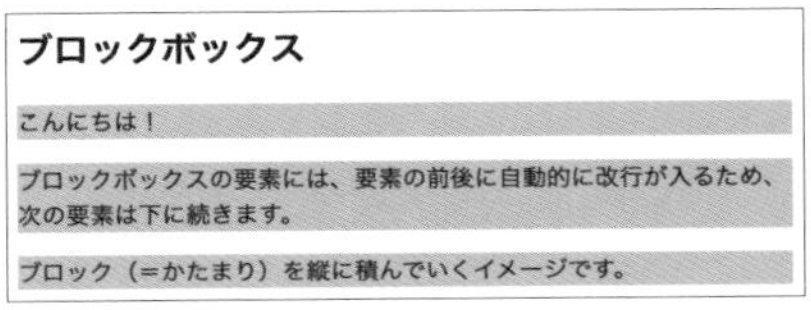

要素の前後は自動的に改行されるので、次の要素は下に続きます（ボックスがわかりやすいよう背景色をつけている）。

図3 インラインボックスの表示

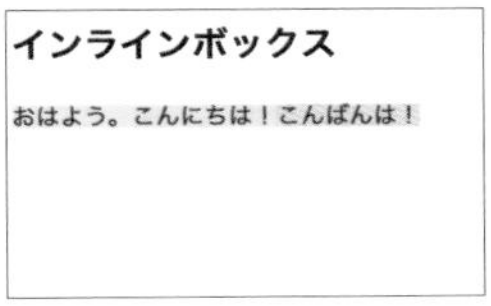

要素の後ろに改行が入らないため、次の要素が右に続きます（個々のボックスがわかりやすいよう背景色をつけている）。

コンテンツモデル

HTMLのタグには「コンテンツモデル」という考え方があります。

コンテンツモデルではすべてのタグを7つのカテゴリに分類し、「どのタグにどのカテゴリのコンテンツを入れてよいか」をタグごとに定義しています 図4。

memo

HTML4までは、タグ（要素）をコンテンツモデルではなく、ブロックレベル要素、インライン要素、その他の要素で分類していました。

memo

複数のカテゴリに属するタグもあります。

図4 7つのカテゴリ分け

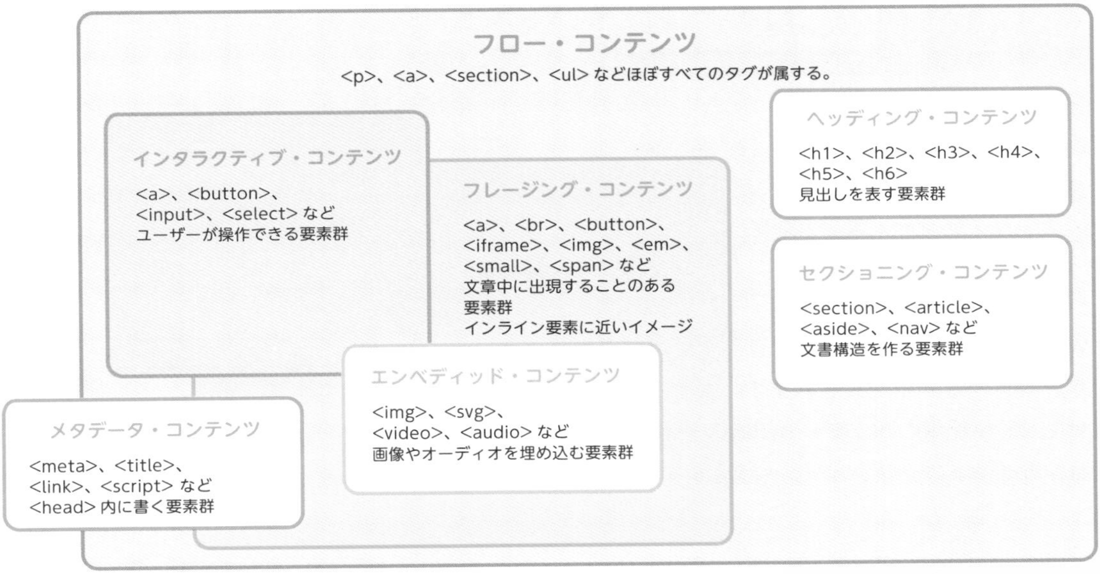

本書では、それぞれのタグの解説ページでそれぞれ入れ子にできるコンテンツを示しています。

Lesson 5

08 ページの構造を示すタグ

45 min

THEME テーマ ここでは、Webページがどういう構造で成り立っているかについて学びます。ページ全体を大きく切り分けて意味づけするタグを見ていきます。

ページ全体をエリアごとに分けるタグ

<body>タグの中はたいていの場合、ヘッダー、メインコンテンツ、フッターの3つのエリアに切り分けられます 図1。

37ページ、**Lesson2-03**参照。

図1 Webページの切り分け

<header>タグ

- 役割：ヘッダーを示す
- カテゴリ：フロー・コンテンツ
- 入れ子にできるもの：フロー・コンテンツ（ただし<header>タグ、<footer>タグ、<main>タグは不可）

Webページのヘッダーの中には、主にロゴ画像やグローバルナビゲーションなどが配置されます。また、Webページのヘッダーだけでなく、記事のヘッダー（記事のタイトルや導入部分）やセクションのイントロダクションにも使えます。

memo
<header>タグとメタ情報を扱う<head>タグとを混同しないよう気をつけましょう。

memo
入れ子にできるものとは、このタグの子要素にできる要素のことです。

<main> タグ

- 役割：ページのメインコンテンツを示す
- カテゴリ：フロー・コンテンツ
- 入れ子にできるもの：フロー・コンテンツ

1つの文書に1つだけ記述します。一般的にWebページの中でも一番大きなエリアとなる要素です。

<footer> タグ

- 役割：フッターであることを示す
- カテゴリ：フロー・コンテンツ
- 入れ子にできるもの：フロー・コンテンツ（ただし、<header>タグ、<main>タグ、<footer>タグは不可）

著作権情報や、連絡先などが配置されます。<header>タグと同様に、ブログ記事やセクション内にも使うことができます。

セクションを分けるタグ

<header>タグや<main>タグなどは<body>タグの中をエリアに分けるタグでした。さらにそのエリアを追加したり分けたりするタグが、セクショニング・コンテンツに分類されるタグです 図2。

図2 セクショニング・コンテンツ

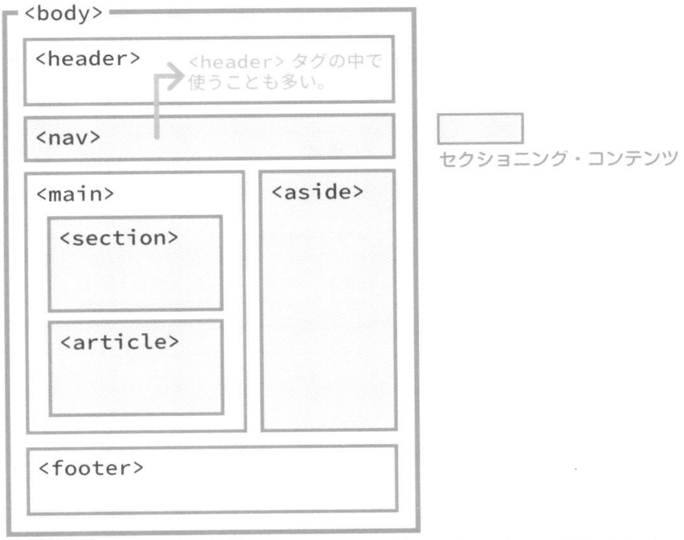

セクショニング・コンテンツは<body>タグの直下で使うことも、ほかのタグの中で使うこともできます。

memo

図2 では<main>のエリアを左に、<aside>のエリアを右に配置していますが、HTMLだけではこのような配置はできません。こうしたレイアウトにはCSSを使います。

<nav>タグ

- 役割：ナビゲーションを示す
- カテゴリ：フロー・コンテンツ、セクショニング・コンテンツ
- 入れ子にできるもの：フロー・コンテンツ（ただし<main>タグは不可）

主にWebサイト内のグローバルナビゲーションや、ページ内リンクに使います。<header>～</header>や<main>～</main>で囲まれていない場所でも使えます。

<section>タグ

- 役割：セクション(章)を示す
- カテゴリ：フロー・コンテンツ、セクショニング・コンテンツ
- 入れ子にできるもの：フロー・コンテンツ

1つの章のまとまりであることを示します。本や論文の各章に見出しがあるように、<section>タグの中にも見出しが必須です。章の中がさらに小さい章に分かれている場合、<section>タグの中に新たな<section>タグを入れます。その際、見出しタグは1つレベルを下げましょう 図3。

また、章は章でもブログやお知らせのように「記事」という意味合いが強い場合は、次に紹介する<article>タグを使います。

POINT

見出しタグの「レベルを下げる」とは、外側の<section>内の見出しが<h2>タグなら、内側の<section>内の見出しは<h3>タグに、外側が<h3>タグなら内側は<h4>タグ、というように見出しタグを設定することです。見出しのレベルについては、120ページ、Lesson 5-09で後述します。

図3 <section>タグの入れ子

コード

```
<section>
  <h2> 事業内容 </h2>
  <section>
    <h3>EC 事業 </h3>
    <p> ダイエットサプリの販売、関連本の販売等。</p>
  </section>
  <section>
    <h3> アプリ開発事業 </h3>
    <p> ヘルスケアに関するアプリを自社で開発。</p>
  </section>
</section>
```

表示結果

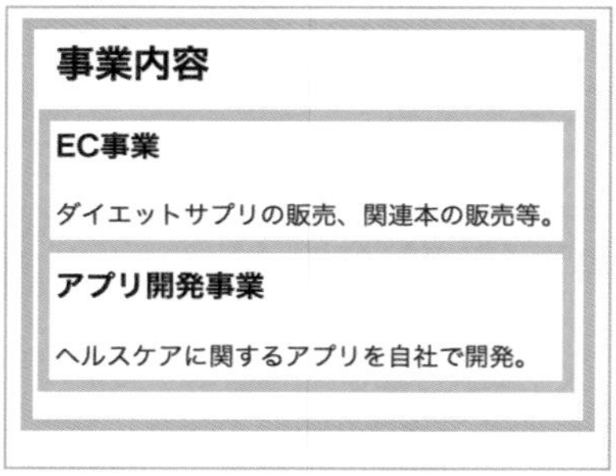

<article> タグ

- 役割：独立した記事を示す
- カテゴリ：フロー・コンテンツ、セクショニング・コンテンツ
- 入れ子にできるもの：フロー・コンテンツ（ただし<main>タグは不可）

使い方は<section>タグと似ていますが、章でなく記事であるという判断基準は「その部分だけを読んでも内容が通じるか」です。例えば、ブログやお知らせページでは、記事部分だけ独立して完結しているので、記事の部分には<article>タグを使います。

<aside> タグ

- 役割：本文の補足・余談となるセクションを示す
- カテゴリ：フロー・コンテンツ、セクショニング・コンテンツ
- 入れ子にできるもの：フロー・コンテンツ（ただし<main>タグは不可）

asideは「余談」という意味で、メインコンテンツと関係の薄い情報や補足情報といった、削除してもメインコンテンツに影響が出ないようなセクションに使います。ページの左や右に設置するサイドバーや、ページの下部などに使われることが多いですが、該当する情報がない場合は、無理にこのセクションを作る必要はありません。

Lesson 5
09

見出しタグ<h1>～<h6>と段落タグ<p>、強制改行

THEME テーマ ここでは見出しタグ<h1>～<h6>の使い分けと、見出しと共に使う頻度の高い、段落を意味する<p>タグ、強制的な改行を意味する
タグの性質を学びます。

<h1>～<h6>タグ

- 役割：見出しを示す
- カテゴリ：フロー・コンテンツ、ヘッディング・コンテンツ
- デフォルトのふるまい：ブロックボックス
- 入れ子にできるもの：フレージング・コンテンツ

<section>タグや<article>タグなどの見出しとして使います。見出しにはレベルがあり、一番大きなレベルの見出しには<h1>を使い、レベルが小さくなるにつれて<h2>、<h3>、……<h6>と数字が増えていきます 図1。

memo
見出しタグはh6までで、それ以降の数字がつく見出しタグは存在しません。

memo
<h1>～<h6>タグの英字は次の意味を表しています。
h=headline（見出し）

図1 見出しタグのレベル

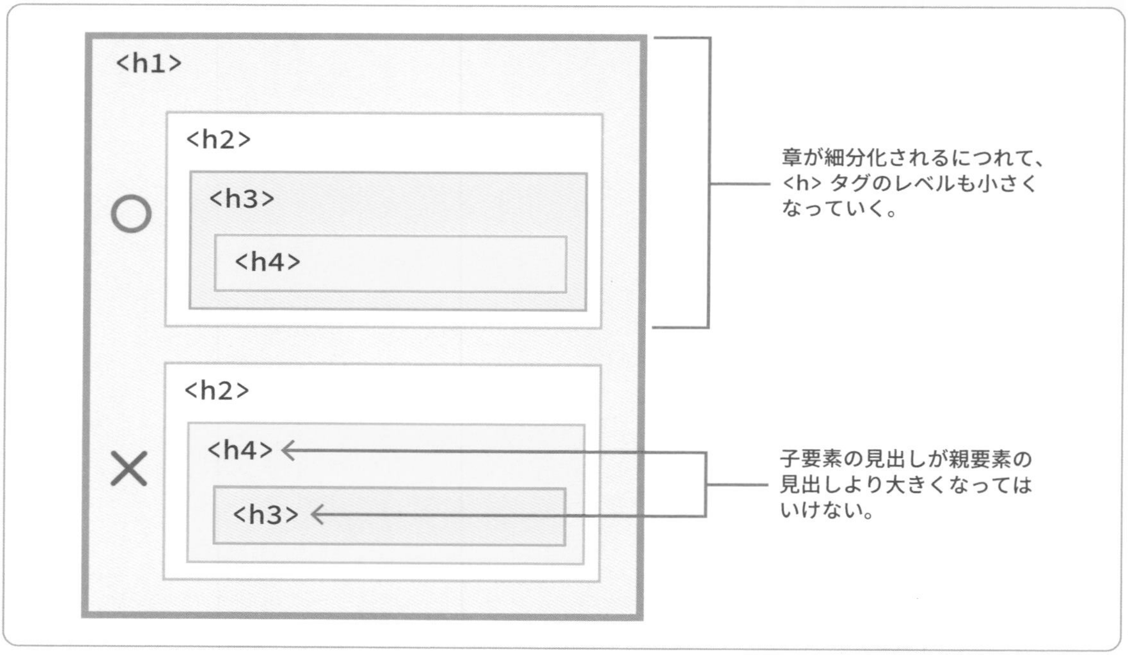

<h1>タグはWebページの中で最も重要な見出しに使います。Webページを要約して一言にまとめたような、簡潔な言葉を選ぶとよいでしょう。

<p>タグ

- 役割：段落を示す
- カテゴリ：フロー・コンテンツ
- デフォルトのふるまい：ブロックボックス
- 入れ子にできるもの：フレージング・コンテンツ

セクション内の文章を段落ごとにまとめるために使います。ブロックボックスの性質を持っているので、<p>タグの前後には改行が入ります図2。<p>タグの中で改行する場合は
タグを使います。

memo

<p>タグの「p」は次の意味を表しています。

p=paragraph（段落）

図2 本文を段落ごとにまとめる

コード

```
<section>
  <h1> 美味しいコーヒー豆 </h1>
   <p> コーヒー豆にはストレートとブレンドの２タイプがあります。ストレートとは、・・・・・</p>
   <p> また、銘柄を選ぶポイントとしては、・・・・・・・・・・・・・・・・・・・・・・・・・・</p>
</section>
```

表示結果

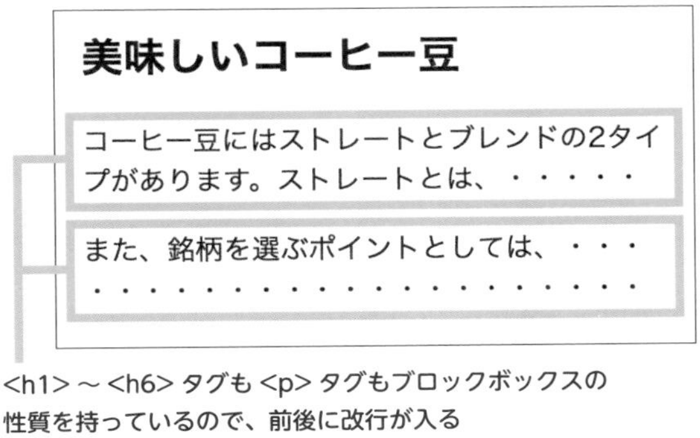

タグ

- 役割：強制改行を挿入する
- カテゴリ：フロー・コンテンツ、フレージング・コンテンツ
- デフォルトのふるまい：インラインボックス
- 入れ子にできるもの：なし(空要素のため)

<p>タグなどの要素内容の中で、文脈として適切な改行を挿入するために記述します。終了タグはありません。

見た目を整える目的で
タグを記述したり、余白をとるために連続して記述してはいけません。見た目を整えたい場合はCSSを使い、連続して記述したい場合は該当箇所の前後の文章をそれぞれ<p>タグで分けるなどしましょう 図3 図4。

memo

タグの英字は次の意味を表しています。
br=break（分ける）

**図3
タグの使用例**

コード

```
<section>
  <h1> 美味しいコーヒー豆 </h1>
   <p> コーヒー豆にはストレートとブレンドの
2 タイプがあります。<br>
  ストレートとは、・・・・・<br>
  ブレンドとは、・・・・・・</p>
</section>
```

表示結果

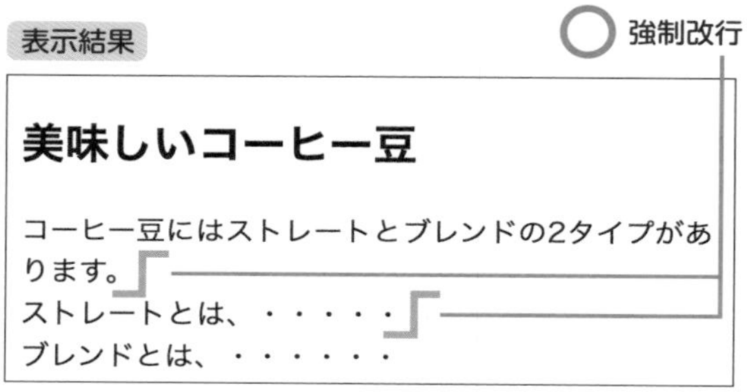

**図4
タグの間違った使用例**

コード

```
<section>
  <h1> 美味しいコーヒー豆 </h1>
  <p> コーヒー豆には <br>
    ストレートとブレンドの <br>
    2 タイプがあります。</p>
</section>
```

表示結果

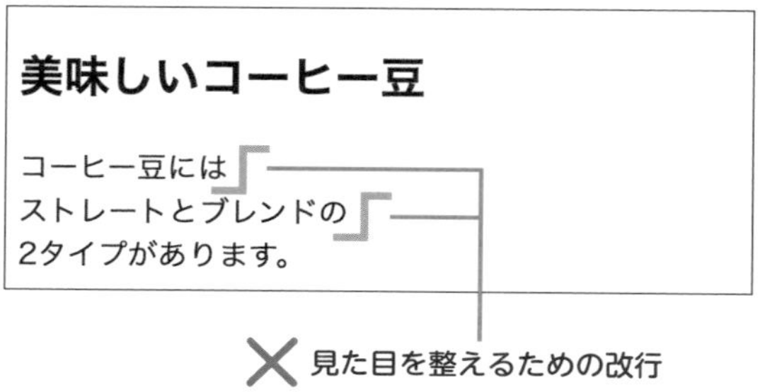

Lesson 5

10 リンクを示す<a>タグ

45 min

THEME テーマ <a>タグの性質を知り、属性やURL（パス）の書き方を理解しましょう。パスには「絶対パス」と「相対パス」という2種類の書き方があることを覚えてください。

<a>タグ

- 役割：ハイパーリンク➡を示す
- カテゴリ：フロー・コンテンツ、フレージング・コンテンツ、インタラクティブ・コンテンツ
- デフォルトのふるまい：インラインボックス
- 入れ子にできるもの：親要素の性質を引き継ぐ

<a>タグはハイパーリンクを作成します。

➡ 100ページ、**Lesson5-01**参照。

memo
<a>タグの英字は次の意味を表しています。
a=anchor（アンカー）

リンク先指定

<a>タグには、図1のようにhref属性を使ってリンク先を記述する必要があります。

WORD href属性
hrefはhypertext reference（ハイパーテキストリファレンス）の略で、「エイチレフ」と読む。

図1 <a>タグによるリンク先指定

コード

```
<p><a href="http://example.com">詳細はこちら</a>です。</p>
```

属性値は半角クォーテーションで囲む

リンク先を指定する（href=）

属性値にリンク先を記述する（http://example.com）

表示結果

詳細はこちらです。

クリックすると、今いるページからリンク先（http://example.com）へ移動する。

絶対パスと相対パス

リンク先のURL（パス）の記述には「絶対パス」と「相対パス」の2種類があります。

絶対パスはhttp://（またはhttps:）からはじまるURL全体を記述する書き方です。外部サイトへのリンクなど、URLをすべて書く必要がある場合に使用します。目的地の住所すべてを記述するイメージです。

相対パスは、同じサイト内でのリンクに用いられる書き方で、「まっすぐ行って、次の角を右に曲がって……」と現在地からナビゲートするような書き方です。現在の階層を起点にするので、http:から現在の階層までのパスは省略します。

図2 を見てください。架空のサイトのディレクトリ構成を示しています。Aはサイトのトップページを表示し、1つ下の階層にあるBとCはそれぞれaboutページ、workページを表示します。このディレクトリ構成を例に、相対パスの記述例を紹介します。

図2 http://example.comのディレクトリ構成

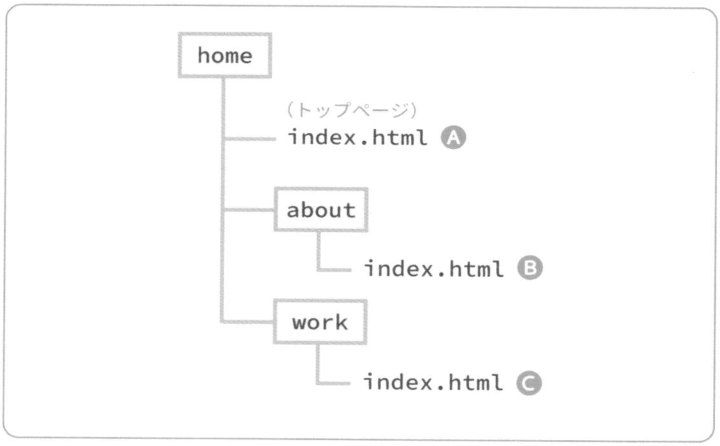

WORD パス（path）
小道や経路を意味する。コンピューターのファイルを示す文字列のこと。

WORD ディレクトリ
ファイルを分類・整理しておくためのまとまりのことで、フォルダのこと。フォルダと呼ぶかディレクトリと呼ぶかは、OSによって分かれる。

A から B への相対パス

A からBへのリンクを絶対パスで書くと「http://example.com/about/index.html」となりますが、相対パスだと現在の階層までが省略されて「about/index.html」だけになります。

> **memo**
> 同じ階層にあるファイル・ディレクトリへの参照は、「./」と書いたあとに続けてファイル名・ディレクトリ名を書くか、なにも書かずにファイル・ディレクトリ名を書く方法があります。

C から A（または B から A）への相対パス

相対パスでは階層が1つ上がる場合「../」と表現するため、この場合「../index.html」となります。

> **memo**
> 各階層の「index.html」へリンクさせる場合、パスの最後の「index.html」というファイル名を指す部分は省略することもできます。この省略は、サーバー内で可能な設定です。

B から C への相対パス

1つ階層が上がり、また下がっていると考え、「../work/index.html」となります。

ページ内リンクを指定

<a>タグのリンク先を同じWebページ内に指定することができます。遷移元の<a>タグのhref属性に「#」から始まる文字列を記述し、遷移先には同一ページ内にid属性として同一の文字列を記述することで可能となります 図3。

図3 ページ内リンク

コード

属性値の頭に「#」をつける

```
<p> 当社の詳細については、<a href="#about"> 私たちについて </a> をご確認ください！ </p>
(中略)
<h2 id="about"> 私たちについて </h2>
```

ページ内リンクの指定

リンクの遷移先

リンクの開き方を指定

target属性を使って「target="_blank"」と追記すると、新しいウィンドウで開きます 図4。

> **memo**
> 「target="_blank"」を記述する場合、一部の古いブラウザでセキュリティ面での脆弱性がありますが、図4 のように属性として「rel="noopener noreferrer"」を指定することで問題を回避します。

図4 target属性でリンクの開き方を指定

```
<p><a href= "http://example.com" target="_blank"
rel="noopener noreferrer"> 詳細はこちら </a> です。</p>
```

Lesson 5

11

30 min

画像を挿入する<img>タグ

THEME テーマ

Webページに画像を挿入するには、<img>タグを使います。ここでは、<img>タグの使い方と属性について学びましょう。

<img>タグ

- 役割：画像を挿入する
- カテゴリ：フロー・コンテンツ、フレージング・コンテンツ、エンベディッド・コンテンツ
- デフォルトのふるまい：インラインボックス
- 入れ子にできるもの：なし(空要素のため)

<img>タグではいくつかの属性を記述します。表示する画像は、src（ソース）属性を使ってパスを指定します 図1 。基本的に相対パスを使用し、書き方のルールは<a>タグのhref属性と同じです。

memo

<img>タグの英字は次の意味を表しています。

img=image（画像）

124ページ、**Lesson5-10**参照。

図1 <img>タグの使い方

コード

```
<img src="images/cat.jpg" alt="寝ている猫の写真" width="300" height="300">
```

ソース属性　画像のパス　代替テキスト　幅と高さの指定

表示結果

alt属性

挿入した画像がなんらかの問題で表示できなかった場合に、画像の代わりに表示させる「代替テキスト」図2 を指定します。また、目の不自由な方がWebサイトを閲覧する際、スクリーンリーダーを使いますが、その際、画像の代わりに「代替テキスト」が読み上げられます。代替テキストは画像の中身を説明するテキストを用意します。

画像内に文字が含まれる場合は、その文字を属性値に記述します。例えば 図3 のロゴ画像の場合、「alt="Natural Coffee"」とします。また、ページの装飾や挿絵のように、本文に関係がなく、読み上げる必要がない画像の場合は「alt=""」と記述し、属性値が空であるとわかるようにします。alt属性はアクセシビリティの観点から必ず記述するようにしましょう。

WORD スクリーンリーダー

コンピューターの画面に表示された情報を音声で読み上げてくれるソフトウェア。音声読み上げソフトとも呼ばれる。

WORD アクセシビリティ

18ページ、Lesson1-03のWORD参照。
35ページ、Lesson2-02も参照。

図2 画像が表示されなかった場合

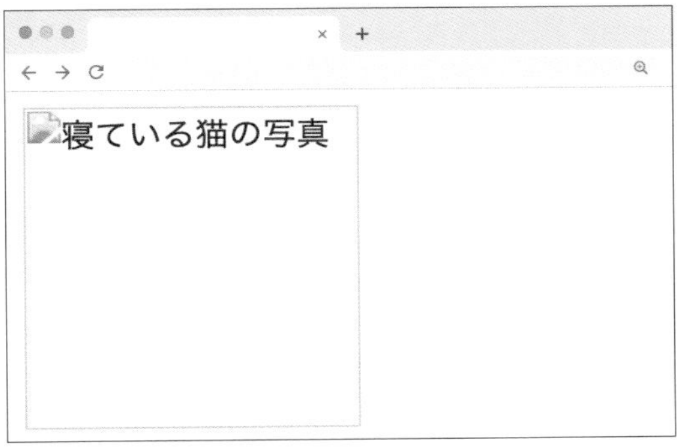

画像が表示できなかった場合、alt属性に指定した代替テキストが表示されます。

図3 文字情報を含むロゴ画像

ロゴのように、画像の中に文字情報がある場合はその文字列を代替テキストにします。この例では、「alt="Natural Coffee"」とします。

width属性、height属性

widthは画像の「幅」、heightは「高さ」を意味します。<img>タグではこの属性がないと、ページを読み込む際にレイアウトが一瞬崩れてしまい、画像が表示されるまでの体感速度が遅くなります。単位はピクセルを省略し数値のみを記述します。

memo

CSSでも幅と高さを指定することができます。HTMLの指定とCSSの設定の両方が記述されている場合は、CSSの設定が優位になります。

Lesson 5

12

45 min

箇条書きリストと番号つきリスト

THEME テーマ

リストの表現には<ul>タグと<ol>タグがあり、それぞれのリスト項目には<li>タグを使います。リストの構造を理解し、箇条書きリストと番号つきリストを書けるようになりましょう。

<ul>タグ

- 役割：順序のない箇条書きリストを示す
- カテゴリ：フロー・コンテンツ
- デフォルトのふるまい：ブロックボックス
- 入れ子にできるもの：<li>タグのみ

memo

<ul>タグの英字は次の意味を表しています。
ul=unordered list（順序なしリスト）

<li>タグ

- 役割：リスト項目を示す
- カテゴリ：なし
- デフォルトのふるまい：ブロックボックス
- 入れ子にできるもの：フロー・コンテンツ

memo

<li>タグの英字は次の意味を表しています。
li=list item（リスト項目）

<ul>タグはリストのかたまりを表すので、<li>タグと必ずセットで使います 図1 。1つの<ul>タグの中には<li>タグを1つ以上記述します。<li>タグは少し特殊で、<ul>タグか後述の<ol>タグの中でしか使えません。また、ほぼすべてのタグを入れ子にできる点も特殊です。

図1 箇条書きリスト

コード

```
<h1> 材料 </h1>
<ul>
  <li> ホットケーキミックス </li>
  <li> 卵 </li>
  <li> 牛乳 </li>
</ul>
```

表示結果

材料

- ホットケーキミックス
- 卵
- 牛乳

デフォルトでは先頭に・がつく

<ol>タグ

- 役割：番号つきリストを示す
- カテゴリ：フロー・コンテンツ
- デフォルトのふるまい：ブロックボックス
- 入れ子にできるもの：<li>タグのみ

memo

<ol>タグの英字は次の意味を表しています。

ol=ordered list（数えるリスト）

<ol>タグは、中の<li>タグに番号を振ってくれるリストタグです。レシピや機械の操作方法など、順番を示すリストに使います 図2。<ul>タグと<ol>タグは、意味を考えて使い分けましょう。

図2 番号つきリスト

コード

```
<h1> 作り方 </h1>
<ol>
  <li> 材料を混ぜる </li>
  <li> 弱火で 3 分フタをして焼く </li>
  <li> ひっくり返して反対側も焼く </li>
</ol>
```

表示結果

作り方

1. 材料を混ぜる
2. 弱火で3分フタをして焼く
3. ひっくり返して反対側も焼く

デフォルトでは先頭に数字がつく

リストの中にリスト

リストの1項目の中にさらにリストがある場合は、<li>タグの中に<ul>タグと<li>タグをもう1セット書きます 図3。<ol>タグでも同じです。<li>タグの中に直接<li>タグを並べることはできません。

図3 リストの中にリストがある場合

コード

```
<h1> ジム初回利用時の持ち物 </h1>
<ul>
  <li> トレーニングウェア </li>
  <li> 室内シューズ </li>
  <li> 身分証明書 2 点
    <ul>
      <li> 運転免許証 </li>
      <li> 健康保険証 </li>
    </ul>
  </li>
  <li> タオル等 </li>
</ul>
```

<li> タグの中に <ul> タグを書く

表示結果

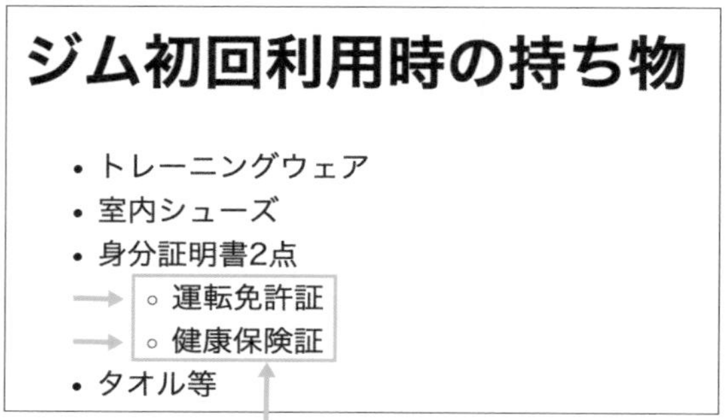

インデントが下がる

Lesson 5

13

45 min

テーブルを構成するタグ

THEME テーマ

<table>タグを使ってテーブル（表組み）を作れるようになりましょう。複数のタグを使いますが、組み立て方を覚えれば難しいものではありません。

<table>タグ

- 役割：表組みを示す
- カテゴリ：フロー・コンテンツ
- デフォルトのふるまい：ブロックボックス
- 入れ子にできるもの：テーブルを構成するタグのみ

<table>タグはその名の通り テーブル（表組み）を作るタグです。<table>タグの中に、テーブルを構成するパーツとなるタグを記述して組み立てていきます。デフォルトでは境界線が見えない状態になっているので、<table>タグに属性「border="1"」を追記して表示させましょう。border属性による境界線だと、意図した見た目にならないため、これを変更するには線の太さや色をCSSで指定することで、border属性の有無に関わらずCSSの指定が優先して適用されます。

POINT

<table>タグは、見た目やレイアウトを調整する目的で使ってはいけません。例えば画像をタイル状に並べたいときは、リストタグなどでマークアップし、CSS（flexbox、CSS Gridなど）で並べる指定をします。207ページ、Lesson 6-22参照。

表組みの基本構造

<table>タグの中は主に次のタグで構成されています。

- <caption>……<table>タグ内の一番上に1つだけ記述する（なくてもよい）。テーブルのキャプションを表す
- <tr>……行の作成
- <th>……見出しセル（<tr>タグの中で使う）
- <td>……データセル（<tr>タグの中で使う）

<tr>タグの数だけ下に行が増えていき、<tr>タグの中に書く<th>や<td>タグの数だけ右に列が増えていきます 図1。

memo

各テーブルタグの英字は次の意味を表しています。
tr=table row（行）
th=table header（見出し）
td=table data（データ）

図1 表組みの基本構造

コード

```
<table border="1">
  <caption> プラン比較表 </caption>
  <tr>
    <th> 特徴 </th>
    <th> ライトプラン </th>
    <th> プロプラン </th>
  </tr>
  <tr>
    <th> 価格 </th>
    <td>1,000 円／月 </td>
    <td>2,000 円／月 </td>
  </tr>
  <tr>
    <th> サポート </th>
    <td> なし </td>
    <td> あり </td>
  </tr>
</table>
```

表示結果

プラン比較表

特徴	ライトプラン	プロプラン
価格	1,000円／月	2,000円／月
サポート	なし	あり

それぞれのタグの表示位置

行や列を結合させる

テーブルは、図2のように「行」と「列」でできています。

複数行分のセルを結合（縦に結合）する場合は<th>タグまたは<td>タグにrowspan属性を記述し、複数列分のセルを結合（横に結合）する場合はcolspan属性を記述します 図3。

セルの結合を行うと、その分セルの数自体が減るので、各<tr>タグの中の<th>タグや<td>タグの数に気をつけてください。

図2 テーブルは行と列でできている

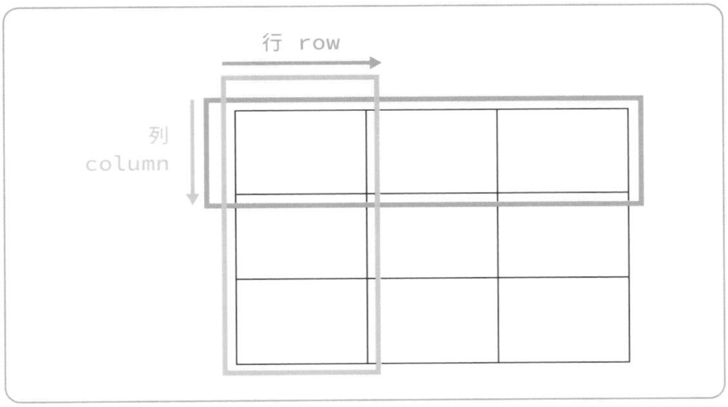

図3 行や列の結合

コード

```
<table border="1">
  <tr>
    <th colspan="2"> 横に結合 </th>
  </tr>
  <tr>
    <td> コーヒー </td>
    <td> 紅茶 </td>
  </tr>
</table>
```

```
<table border="1">
  <tr>
    <th rowspan="2"> 縦に結合 </th>
    <td> コーヒー </td>
  </tr>
  <tr>
    <td> 紅茶 </td>
  </tr>
</table>
```

表示結果

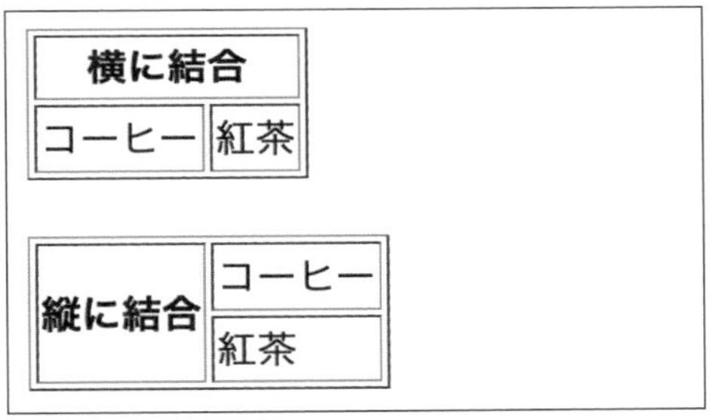

属性値の数だけ結合する

Lesson 5

14

30 min

3つのタグで作る説明リスト

THEME テーマ

Lesson5-12で<ul>タグや<ol>タグといったリストタグについて学びましたが、それとは少し性質の違う「説明リスト」というものがあります。ここではその扱いについて学びましょう。

<dl>タグ

- 役割：説明リスト（定義リストとも呼ばれる）を示す
- カテゴリ：フロー・コンテンツ
- デフォルトのふるまい：ブロックボックス
- 入れ子にできるもの：<dt>タグと<dd>タグ、もしくは<div>タグ

147ページ、**Lesson5-19**参照。

<dt>タグ

- 役割：説明する用語を示す
- カテゴリ：なし
- デフォルトのふるまい：ブロックボックス
- 入れ子にできるもの：フロー・コンテンツ（ただし<header>タグ、<footer>タグ、セクショニング・コンテンツ、ヘッディング・コンテンツを除く）

<dd>タグ

- 役割：用語の説明書きを示す
- カテゴリ：なし
- デフォルトのふるまい：ブロックボックス
- 入れ子にできるもの：フロー・コンテンツ

<dl>タグの中には<dt>タグと<dd>タグのセットを1セット以上書き、<dt>タグと<dd>タグは、内容が対の関係になるようにします。イメージとしては辞書の「単語」とその「説明」です。

memo

説明リストの各タグの英字は次の意味を表しています。

dl=description list（説明リスト）

dt=description title（見出し）

dd=description data（データ）

1つの<dt>タグに対して<dd>タグを2つ書いたり、逆に<dt>タグを複数書くことも可能です 図1。

図1 説明リストの基本

コード

```
<dl>
  <dt>応募方法</dt>
  <dd>専用の応募フォームよりご応募ください</dd>
  <dt>応募資格</dt>
  <dd>20歳以上の男女</dd>
  <dd>留学経験のある方</dd>
</dl>
```

表示結果

応募方法
　　専用の応募フォームよりご応募ください
応募資格
　　20歳以上の男女
　　留学経験のある方

図1 のようなコードだと、どこからどこまでが1項目(1セット)か見分けづらいため、<div>タグで1セットずつを囲むとよいでしょう 図2。

図2 <div>タグでセットを囲む

```
<dl>
  <div>
    <dt>用語1</dt>
    <dd>説明1</dd>
  </div>
  <div>
    <dt>用語2</dt>
    <dd>説明2</dd>
  </div>
</dl>
```

Lesson 5

15

15 min

文章の一部分を強調するタグ

THEME テーマ ここまで、文章の固まりに「段落」や「リスト」などの意味を与えるタグについて学びました。ここでは、文章中のキーワードなどに意味を与えるタグについて学びます。

<em>タグ

- 役割：テキストを強調する
- カテゴリ：フロー・コンテンツ、フレージング・コンテンツ
- デフォルトのふるまい：インラインボックス
- 入れ子にできるもの：フレージング・コンテンツ

テキスト中で強調したい部分に使います。<em>タグで強調されたテキストは、Webブラウザに表示させた際、斜体（イタリック）で表示されます。図1の例では「クロワッサン」を強調していますが、文脈や書き手の意思に応じて「1,000円以上」「1つ」など強調する部分を変えます。

memo

<em>タグの英字は次の意味を表しています。

em=emphasis（強調）

図1 <em>タグの使用例

コード

```
<p>1,000 円以上のご購入で <em> クロワッサン </em> を 1 つサービス！ </p>
```

表示結果

1,000円以上のご購入で*クロワッサン*を
1つサービス！

<strong>タグ

- 役割：重要性・深刻性・緊急性を示す
- カテゴリ：フロー・コンテンツ、フレージング・コンテンツ
- デフォルトのふるまい：インラインボックス
- 入れ子にできるもの：フレージング・コンテンツ

<em>タグと少し違い、重要で深刻な情報に使います。以前は強調の度合いで<em>タグと<strong>タグが使われていましたが、HTML5では重要性・深刻性・緊急性のあるテキストにのみ<strong>タグを使います。Webブラウザに表示させると太字になりますが図2、見出しとして使ったり、太字にするだけの目的では使わないようにしましょう。

POINT

重要なテキストに使う<strong>タグですが、多用してしまうと本当に重要な情報がわからなくなるので気をつけましょう。

図2 <strong>タグの使用例

コード

```
<p> こちらのキャンペーンは <strong>5 月 20 日までの期間限定 </strong> です。<br>
<strong> 複数レシートの合算はできません。 </strong></p>
```

表示結果

こちらのキャンペーンは**5月20日までの期間限定**です。
複数レシートの合算はできません。

テキストを斜体や太字にしたいときは？

<em>タグや<strong>タグは、見た目を変えるだけの目的で使ってはいけません。「斜体や太字にしたいが重要ではない」部分には別のタグを使い、CSSを使って太字や斜体の指定を書きましょう。

また、古いHTMLの名残で、太字にする<b>タグ、斜体にする<i>タグもありますが、これらは強調の意味を持っておらず、見た目を変えるだけのタグです。しかし見た目の指定はCSSで行うので、これらに頼らず、CSSで表現するようにしましょう。

POINT

見た目を変えるためのマークアップとしては<span>タグまたは<div>タグを使い、その箇所にCSSを適用します。<div>タグ、<span>タグについては147ページ、Lesson5-19を参照してください。

Lesson 5
16
15 min

連絡先や注釈を示すタグ

THEME テーマ

ほとんどのWebサイトには、制作者もしくは管理者の連絡先と、コピーライト情報が掲載されています。そういった大切な情報は、<address>タグと<small>タグを使って正しくマークアップするようにしましょう。

<address>タグ

- 役割：ページ制作者もしくは管理者の連絡先を示す
- カテゴリ：フロー・コンテンツ
- デフォルトのふるまい：ブロックボックス
- 入れ子にできるもの：フレージング・コンテンツ（ヘッディング・コンテンツ、セクショニング・コンテンツ、<header>・<footer> <address>タグ以外）

そのページの制作者や、記事の執筆者などの連絡先を示します。<address>タグでマークアップするのは、住所に限らず電話番号やメールアドレス、名前も含まれます。こういった連絡先は、ページのフッター内に書かれることが多いです。

POINT

<address>タグは、Webサイト内で紹介したレストランの住所などには使いません。あくまで、そのページ・記事についての問い合わせ先（連絡先）にのみ使います。

<small>タグ

- 役割：注釈を示す
- カテゴリ：フロー・コンテンツ、フレージング・コンテンツ
- デフォルトのふるまい：インラインボックス
- 入れ子にできるもの：フレージング・コンテンツ

注釈や細目、ライセンス表示などの役割を果たし、主にWebサイトのコピーライト表示に使われます。<small> ～ </small>内のテキストは一回り小さく表示されますが、文字を小さくさせるためだけに使ってはいけません。また、注釈は特別重要な情報を表すわけではないので、重要な注意書きであることを表したい場合には「<strong><small> ～ </small></strong>」のように、併せて<strong>タグを使いましょう 図1。

memo

<small>タグは、もともとは文字を小さくさせる役割を持っていました。しかし、HTML5になって意味が変更され、注釈や細目を示すためのタグとなりました。

137ページ、**Lesson5-15**参照。

図1 <address>タグと<small>タグの使い方

コード

```
<address>
  <p> 株式会社エムディィエヌコーポレーション </p>
  <p> 〒 101-0051  東京都千代田区神田神保町一丁目 105 番地 </p>
</address>
<p>
  <small>Copyright 2023 MdN Corporation</small>
</p>
```

表示結果

株式会社エムディーエヌコーポレーション

〒101-0051 東京都千代田区神田神保町一丁目105番地

Copyright 2023 MdN Corporation

memo

コピーライト(著作権)は、すべての創作物を制作した時点で発生する権利で、著作権法によって決められています。この権利はWebサイトにも適用されます。コピーライト表示はWebサイトに必須ではありませんが、明記しておくとよいでしょう。40ページ、Lesson2-03参照。

Lesson 5 17

30 min

フォームの仕組み

THEME テーマ

ここからは、お問い合わせやアンケートに使われる入力フォームについて学びます。本節でフォームを作る<form>タグとフォームの仕組みについて、次のLesson5-18でフォームを構成する部品について学んでいきます。

フォームの仕組み

通常、お問い合わせフォームや会員登録フォームに入力して送信すると、入力した内容がメールで送られてくるイメージがありますよね。しかし実際の仕組みとしては、入力内容が一度サーバーに送られ、サーバー側で設定したプログラムによりメールの形式に変換され、入力したメールアドレスに届いているのです図1。

フォームはHTMLのタグで作りますが、入力内容を送信したりメールに変換するにはPHPやCGIといったプログラミング言語が必要です。本書では、HTMLでフォームを構成するところまでを学びます。

図1 フォームの仕組み

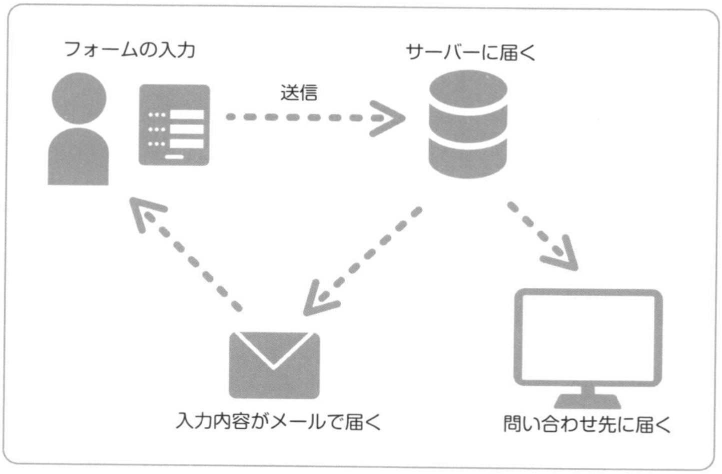

<form>タグ

- 役割：入力フォームを示す
- カテゴリ：フロー・コンテンツ
- デフォルトのふるまい：ブロックボックス
- 入れ子にできるもの：フロー・コンテンツ（ただし<form>タグ以外）

<form> ～ </form>で囲んだ範囲が1つのフォームとなります。<form>タグの中には、文字入力フィールドやラジオボタン、送信ボタンなど、フォームの部品を配置していきます。

143ページ、Lesson5-18参照。

送信先と送信方法

普段、みなさんが郵便を出す際、あらかじめ郵送方法をハガキか封筒かどちらかに決め、必ず宛先を書くと思います。フォームも郵便と同じように、送り先と送信方法を指定する必要があります。それらは 図2 のように属性を使って指定します。

図2 フォームの送信先と送信方法の指定

```
<form action="program.php" method="post">
   ・
   ・
   ・
   ・
</form>
```

送信先のプログラムファイル（action="program.php"）

送信方法（method="post"）

action属性では、入力内容の送信先となるプログラムファイルへのパスを指定します。

そして、method属性では送信方法を指定します。送信方法には、getとpostの2つがあり、それぞれgetはハガキ（内容が見えている）、postは封筒（届いて開封しないと見られない）のイメージです。お問い合わせフォームのように、送信する際に内容が外から見えては困るものはpostを使います。内容が見えてしまうgetは、主に検索フォームなどで使われる送信方法です。入力・送信した情報はURLにパラメータとして付与されて表示されます 図3 。

memo

action属性は、<img>タグのsrc属性や、<link>タグや<a>タグのhref属性と同じく、属性値がパスでのファイル指定となります。123ページ、Lesson5-10参照。

図3 入力・送信した内容が外から見える(Googleの検索結果画面)

検索キーワードの「パンダ」がパラメータとして付与されている

memo

フォームで送る情報には、名前やメールアドレス、クレジットカード番号などの個人情報が多く含まれます。Webサイトにフォームを設置する際は、個人情報保護法に基づいて、個人情報の利用目的を明記する必要があります。同ページの見やすい位置に書くか、プライバシーポリシーのページを用意するなど、公開前に準備しておきましょう。

Lesson 5

18 フォームを構成する部品

60 min

THEME テーマ

Lesson5-17で<form>タグについて学びましたが、それだけではフォームは完成しません。入力する情報や目的に合わせてフォーム部品を作れるようになりましょう。

さまざまなフォーム部品になる<input>タグ

<input>タグはフォーム部品として多くの役割を担うタグです。<input>タグには、type属性とname属性、必要に応じてvalue属性を付与します 図1 。type属性の値によって、<input>タグはさまざまな種類のフォーム部品になります 図2 。

memo
<input>タグは空要素のため、終了タグは不要です。

図1 <input>タグの書き方

```
<input type="フォーム部品の種類" name="任意の部品名">
```

図2 <input>タグで表現できる主なフォーム部品

type属性値	フォーム部品の種類
text	文字入力フィールド
email	メールアドレスの入力フィールド
tel	電話番号の入力フィールド
checkbox	チェックボックス
radio	ラジオボタン
date	日付の入力フィールド
password	パスワードの入力フィールド
search	検索テキスト入力フィールド
button	汎用ボタン
submit	送信ボタン

各フォーム部品にはその項目を説明するための「見出し」として、<p>タグや<h3>タグなどを用意します。このとき、どの見出

memo
フォーム見出しとフォーム部品を関連付けることは、アクセシビリティの観点から重要です。

し部分がどのフォーム部品にあたるのかを関連付けるとよいでしょう。

そのために、見出し用のタグを<label>タグで囲い、<label>にはfor属性を、<input>などのフォーム部品にはid属性を用意し、それぞれの属性は同じ文字列にします 図3。

図3 見出しタグとフォーム部品の関連づけ

コード

```
<label for="name"><p>お名前</p></label>

<input type="text" name="お名前" id="name">
```

同じ文字列にする

<label>タグのfor属性と、<input>タグのid属性の値を同じ文字列にする

フォーム部品の紹介と記述例

ここから先はよく使うフォーム部品と、それらを用いたフォーム例を紹介します 図4。

① 1行の入力フィールド

type属性の値をtextやemailなどにすると、1行の文字入力フィールドになります。見た目は同じですが、emailはメールアドレス専用で、「@」の入力漏れがあった際にアラートが出るようになっています。

②ラジオボタン

<input>タグのtype属性にradioを指定すると、ユーザーがチェックを入れる○を表現します。<input>タグに続けて、テキストで選択肢名を書きます（146ページ 図5）。選択肢名はvalue属性にも記述しましょう。選択肢が複数ある場合、name属性を揃えることで、同じ設問に対しての選択肢グループであるという印になります。

なお 図5 の場合、「学生」という文字の部分をクリックしてもチェックは入りません。スマートフォンでこの小さな円を狙ってタップするのは難しいでしょう。そこで、<input>タグと選択肢を<label> ～ </label>で囲みます。すると「学生」の部分をクリックしてもチェックが入るようになります（146ページ 図6）。

memo

アラートはブラウザによって表示のされ方が違います。アラートの表示や見た目をコントロールしたり、細かいエラーにも対応したりする場合は、JavaScriptを使用する必要があります。

memo

複数選択が可能な設問にはチェックボックスを、1つのみ選択可能な設問にはラジオボタンを使います。用途に応じて使い分けましょう。また、回答者にとっては用意された選択肢に当てはまらない場合もあるので、「その他」という項目も入れておくとよいでしょう。

図4 フォームの例

コード

```
<form action="program.php" method="post">
  <label for="userName"><p>お名前</p></label>
  <input type="text" name="userName" id="userName">

  <label for="userEmail"><p>メールアドレス</p></label>
  <input type="email" name="userEmail" id="userEmail">

  <p>職業</p>
  <label><input type="radio" name="job" value="学生">学生</label>
  <label><input type="radio" name="job" value="会社員">会社員</label>
  <label><input type="radio" name="job" value="その他">その他</label>

  <p>当サービスを知ったきっかけ</p>
  <label><input type="checkbox" name="job" value="Twitter">Twitter</label>
  <label><input type="checkbox" name="job" value="Instagram">Instagram</label>
  <label><input type="checkbox" name="job" value="口コミ">口コミ</label>
  <label><input type="checkbox" name="job" value="検索">検索</label>

  <label for="inquiryType"><p>お問い合わせ種別</p></label>
  <select name="inquiryType" id="inquiryType">
  <option value="選択してください">選択してください</option>
  <option value="商品について">商品について</option>
  <option value="採用について">採用について</option>
  <option value="その他お問い合わせ">その他お問い合わせ</option>
  </select>

  <label for="message"><p>お問い合わせ内容</p></label>
  <textarea name="message" id="message"></textarea>

  <p><input type="submit" value="送信する"></p>
</form>
```

表示結果

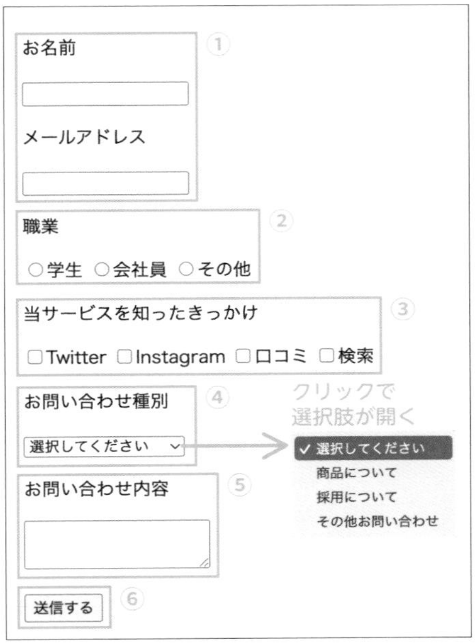

①1行の入力フィールド、②ラジオボタン、③チェックボックス、④セレクトボックス、⑤複数行の入力フィールド、⑥送信ボタン

図5 ラジオボタンの記述例

```
<input type="radio" name="job" value="学生"> 学生
```

<input>タグの右隣に記述した「学生」の部分が、選択肢のテキストとなります。

図6 <input>タグと選択肢を<label>～</label>で囲んだ場合

コード

```
<input type="radio" name="job" value="学生"> 学生
```

表示

コード

```
<label><input type="radio" name="job" value="学生"> 学生 </label>
```

表示

③チェックボックス

チェックボックスは、ラジオボタンと書き方の共通点が多い部品です。<input>タグのtype属性にcheckboxを指定すると、ユーザーがチェックを入れる□が表示されます。選択肢名はvalue属性の値と、<input>タグに続けてのテキストとして記述しましょう。選択肢が複数ある場合、name属性を揃える必要があります。

> **POINT**
> ラジオボタンと同じく、<input>タグと選択肢のテキストを<label> ～ </label>で囲むと、テキスト部分もクリックで反応するようになります。

④セレクトボックス

<select>タグを使います。<select> ～ </select>の中に<option>タグで選択肢を作ります。<option>タグのvalue属性にも選択肢を記述します。

⑤複数行の入力フィールド

<textarea>タグを使います。<textarea> ～ </textarea>の中には何も書きませんが、終了タグを忘れないようにしましょう。

⑥送信ボタン

<input>タグでtype属性をsubmitにします。value属性に書いた内容がボタン上に表示されます。

> **memo**
> フォームの部品によっては、Webブラウザによって見た目が大きく異なる場合があります。CSSを使って形を整える際は、各ブラウザで崩れがないか入念に確認しましょう。

Lesson 5
19
30 min

情報を整理する<div>タグと<span>タグ

THEME テーマ

ここまで紹介してきたHTMLのタグは、<p>タグなら段落、といった意味を持っていましたが、<div>タグと<span>タグはそれ自体では特別な意味を持ちません。文章や画像をまとめることで情報をグルーピングしたり、該当する箇所にスタイルを適用したりする目的で使います。

<div>タグ

- 役割：情報整理、レイアウトの範囲分け
- カテゴリ：フロー・コンテンツ
- デフォルトのふるまい：ブロックボックス
- 入れ子にできるもの：フロー・コンテンツ

<div>タグは情報整理やレイアウトのためのタグであり、文書に意味づけをするためのものではありません。文書の中で「セクション」や「ヘッダー」のような役割を持つ範囲の場合は、<section>～</section>や<header>～</header>などふさわしいタグで囲みますが、特にそういった役割のない範囲は<div>～</div>で囲みます。<section>タグや<header>タグなどレイアウト関連のタグが生まれる前は、すべて<div>タグを使ってレイアウトしていました。

<div>タグの使われ方として、記述した範囲内にCSSやJavaScriptを適用させる目的で使われます。ブロックボックスの性質を持っているため、前後に改行が入ります。

> **memo**
> <div>タグの英字は次の意味を表しています。
> div=division（区分）

<span>タグ

- 役割：文章内において部分的にCSSを当てたい箇所を囲む
- カテゴリ：フロー・コンテンツ
- デフォルトのふるまい：インラインボックス
- 入れ子にできるもの：フレージング・コンテンツ

<span>タグも役割としては<div>タグに似ていますが、こちらはインラインボックスの性質を持っており、文章中で使われます。部分的に文字色を変えたい、重要ではないが太字にしたい、のようにCSSを適用させる目的で使います。

> **memo**
> <span>タグの英字は次の意味を表しています。
> span=span（長さ、距離）

> **memo**
> <div>タグも<span>タグも、多用すると文書構造が読みづらくなってしまうため、必要な箇所だけに使うようにしましょう。

図1 と 図2 に <div> タグと <span> タグの使用例を示します。

図1 <div>タグと<span>タグの使用例

コード

```
<h1> インタビュー </h1>
<div>
  <p>Web デザイナーになろうと思ったきっかけは？ </p>
  <p><span>A さん </span>「デザインの仕事に興味があったため。」 </p>
</div>
```

表示結果

インタビュー

Webデザイナーになろうと思ったきっかけは？

Aさん「デザインの仕事に興味があったため。」

この例では、<div>タグに対してはCSSで背景色を、<span>タグに対してはCSSで文字色を指定しています。

図2 <span>タグの使用例

コード

```
<ul>
  <li><a href="about.html">ABOUT</a></li>
  <li><a href="works.html">WORKS</a></li>
  <li><span>BLOG</span></li>
</ul>
```

表示結果

ABOUT
WORKS
BLOG

ナビゲーションの一部が未完成である（クリックできない）ことを表すため、<span>タグを使ってスタイルを変えています。

Challenge チャレンジしてみよう！

文章をマークアップしてみよう

実際に簡単な文章をマークアップして、タグの使い方を身につけましょう。ここまで覚えてきたことの復習として、マークアップにチャレンジしてみてください！

STEP 1 準備①：HTMLのテンプレートを用意

HTMLファイルを作成する際は、プロジェクト（Webサイト）ごとにフォルダを分けます。ここでは「doc」というフォルダの中に「index.html」というファイルを作成し、マークアップしていきます。

実際のマークアップに入る前に、まずHTMLファイルのテンプレートを記述しましょう 図1。

図1 HTMLソースコードの記述例

```
<!DOCTYPE html>
<html lang="ja">
<head>
  <meta charset="UTF-8">
  <title> ページタイトル </title>
</head>
<body>
ここに原稿を流し込む
</body>
</html>
```

STEP 2 準備②：文章の構造を確認する

ここまで準備ができたら、図2 の文章（料理のレシピ記事）を実際にマークアップしていきます。

STEP 1で作成したHTMLの<body>タグの中に原稿全体をペーストしてからマークアップしていくと、やりやすいでしょう。また、<head>タグ内にある<title>タグは、図1 では「ページタイトル」としている部分を書き換えることも忘れないようにしましょう。

HINT

いきなり手を動かすのではなく、まず文書全体をよく見てみましょう。頭の中に大枠のイメージを作るだけで、とても作業しやすくなります。ここでマークアップするのは「記事」ですから、全体を<article>タグで囲むことができますね。
また、原稿の中には見出しになりそうなテキストが3箇所あります。そして、見出しがあるということは、その見出しと内容がそれぞれセクションになりそうです。

図2 マークアップしていく文章

簡単！肉じゃがの作り方
煮崩れしにくい肉じゃがレシピを紹介します。
［完成した肉じゃがの写真］
材料
牛肉
じゃがいも
玉ねぎ
にんじん
糸こんにゃく
調味料
水
手順
1．具材を食べやすい大きさにカットします。
2．カットした具材を鍋に入れて炒めます。
3．調味料と水を鍋に入れ、煮込みます。
4．じゃがいもに味がしみたら完成です。
ポイント：じゃがいもは煮物向きなメークインを使います
キットのご購入はこちら

STEP 3 解説①：全体と導入部をマークアップ

まず、文章全体を<article>タグで囲みます。

そして、最初の見出しは<h1>タグ、文章は<p>タグでマークアップします。画像はもちろん<img>タグです。属性の書き漏れやパスの書き方に注意しましょう。また、<img>タグは<p>タグや<div>タグなどで囲むことも多いのですが、ここでは<img>だけでマークアップしています。ここまでが図3の①になります。

STEP 4 解説②：「材料と手順」をマークアップ

見出しの「材料」「手順」は、「簡単！肉じゃがの作り方」よりもレベルが1つ下がった見出しですので、<h2>を使います。そして材料は箇条書きリスト、手順は番号つきリストが適切です。

<ol>タグを使うときは、原稿にある「1.」などのリストナンバーは削除しましょう。

また、このパートは、材料セクションと手順セクションに分けられそうなので、それぞれ<section>タグで囲みます（ここまでが図4の②）。

図3 ソース

```
<!DOCTYPE html>
<html lang="ja">
<head>
  <meta charset="UTF-8">                                   テンプレート
  <title> 簡単！肉じゃがの作り方 </title>
</head>
<body>
<article>
  <h1> 簡単！肉じゃがの作り方 </h1>
  <p> 煮崩れしにくい肉じゃがレシピです。</p>
  <img src="recipe.jpg" alt=" 完成した肉じゃ                ①
がの写真 " width="800" height="400">
材料
牛肉
じゃがいも
玉ねぎ
糸こんにゃく
調味料
水
手順
1. 具材を食べやすい大きさにカットします。
2. カットした具材を鍋に入れて炒めます。
3. 調味料と水を鍋に入れ、煮込みます。
4. じゃがいもに味がしみたら完成です。
ポイント：じゃがいもは煮物向きなメークインを使います
キットのご購入はこちら
レシピのお問い合わせはこちら
</article>
</body>                                                     テンプレート
</html>
```

<body>内の文章全体を<article>～</article>でマークアップし、①の部分を作成します。

図4 マークアップの完成

```
<!DOCTYPE html>
<html lang="ja">
<head>
  <meta charset="UTF-8">
  <title> 簡単！肉じゃがの作り方 </title>
</head>
<body>
<article>
  <h1> 簡単！肉じゃがの作り方 </h1>
  <p> 煮崩れしにくい肉じゃがレシピです。</p>
  <img src="recipe.jpg" alt=" 完成した肉じゃがの写真 " width="800" height="400">
  <section>
    <h2> 材料 </h2>
    <ul>
      <li> 牛肉 </li>
      <li> じゃがいも </li>
      <li> 玉ねぎ </li>
      <li> にんじん </li>
      <li> 糸こんにゃく </li>
      <li> 調味料 </li>
      <li> 水 </li>
    </ul>
  </section>                                                   ②
  <section>
    <h2> 手順 </h2>
    <ol>
      <li> 具材を食べやすい大きさにカットします。</li>
      <li> カットした具材を鍋に入れて炒めます。</li>
      <li> 調味料と水を鍋に入れ、煮込みます。</li>
      <li> じゃがいもに味がしみたら完成です。</li>
    </ol>
    <p> ポイント：じゃがいもは煮物向きなメークインを使います </p>
  </section>
  <div>
    <p><a href="#"> キットのご購入はこちら </a></p>            ③
  </div>
</article>
</body>
</html>
```

マークアップの一例であり、これが唯一の正解というわけではありません。

STEP 5 解説③：リンクテキストをマークアップ

「キットのご購入はこちら」はユーザーにクリックしてほしい部分です。クリックしやすくするため、テキスト全体を<a>タグで囲みます。href属性は、この例のようにリンク先が不確定な場合は「"#"」と記述しておきます。また、<a>タグを<p>タグで囲んでいます。リンクを<p>タグのテキストの一部、例えば「こちら」の部分だけに設定したい場合は、該当のテキストだけを<a>タグで囲みますが、この場合は<p>タグ全体にリンクを設定したいので、このようにしています。

　このリンクは、<article>タグの中のレイアウトをする上でグルーピングしておきたいので、<div>タグで囲んでおきましょう（図4の③）。以上で、マークアップ完了です図5。

図5 マークアップが完成したHTMLのブラウザ表示

簡単！肉じゃがの作り方

煮崩れしにくい肉じゃがレシピです。

材料

- 牛肉
- じゃがいも
- 玉ねぎ
- にんじん
- 糸こんにゃく
- 調味料
- 水

手順

1. 具材を食べやすい大きさにカットします。
2. カットした具材を鍋に入れて炒めます。
3. 調味料と水を鍋に入れ、煮込みます。
4. じゃがいもに味がしみたら完成です。

ポイント：じゃがいもは煮物向きなメークインを使います

キットのご購入はこちら

memo

クリックしてほしい部分は、「購入ボタン」のような、売り上げやWebサイトの成果に直結する部分です。この成果のことを「コンバージョン」といいます。

Lesson 6

CSSをマスターする

CSSを書いていくパートに入ります。マークアップした要素の見た目やページのレイアウトを整えていくCSSですが、基本となる書き方のルールを覚えたあとは、「ボックスモデル」の考え方がポイントになります。

読む　練習　制作　公開　運用

Lesson 6

01

15 min

CSSについて知ろう

THEME テーマ

Lesson6では、CSSについて学んでいきます。HTMLが文書の構造を作るものであるのに対し、CSSは文書の見栄えをデザインするものであることを理解しましょう。

文書を組み立てるHTML、装飾をするCSS

Lesson5では、HTMLが文書に意味づけをする「マークアップ言語」であることを学びました。文書をマークアップするとコンピューターにとっては読みやすくなりますが、見た目はプレーンな文書とあまり変わりません。文書の情報を見やすくするには要素の大きさを変えたり、色やアニメーションを使ったりなど、もっと視覚的効果が必要です。そこで、CSSを使って見栄えをデザインしていきます。インターネット上に公開されているさまざまなWebサイトのほぼすべてに、CSSが使われています。Webサイトを家づくりに例えると、HTMLが家の土台や骨組み、CSSは内装や外装といったイメージです 図1。

図1 HTMLとCSSの役割の違い

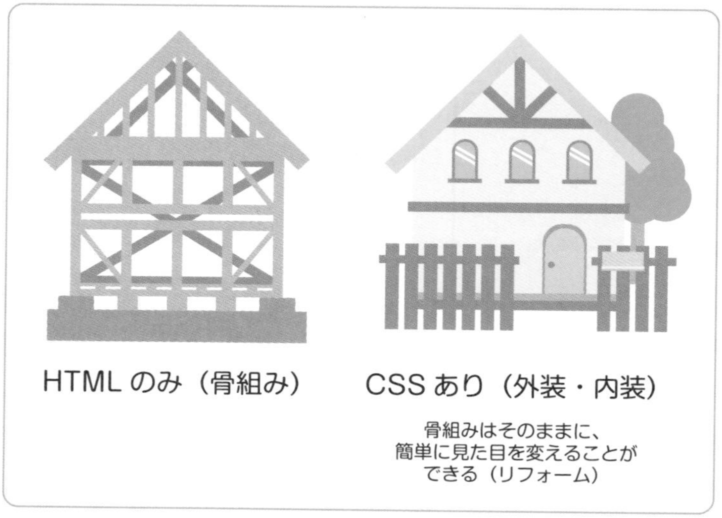

CSSでできること

CSS（Cascading Style Sheets：カスケーディング・スタイル・シート）は、HTML文書のスタイルをデザインしていく言語です。マークアップした要素をレイアウトして見やすくしたり、色をつけたり、フォントを変えたり、余白の大きさを決めたりすることができます。CSSを複数パターン書くことにより、同じWebページでもパソコンからアクセスした場合とスマートフォンからアクセスした場合でレイアウトを変えることもできます 図2。

POINT

このように同一のWebサイトでも、表示するデバイスに応じて適切なレイアウトやコンテンツに切り替えることをレスポンシブWebデザインと呼びます。50ページ、Lesson2-08参照。

図2 同じWebページでも、デバイスの種類によってレイアウトを変えられる

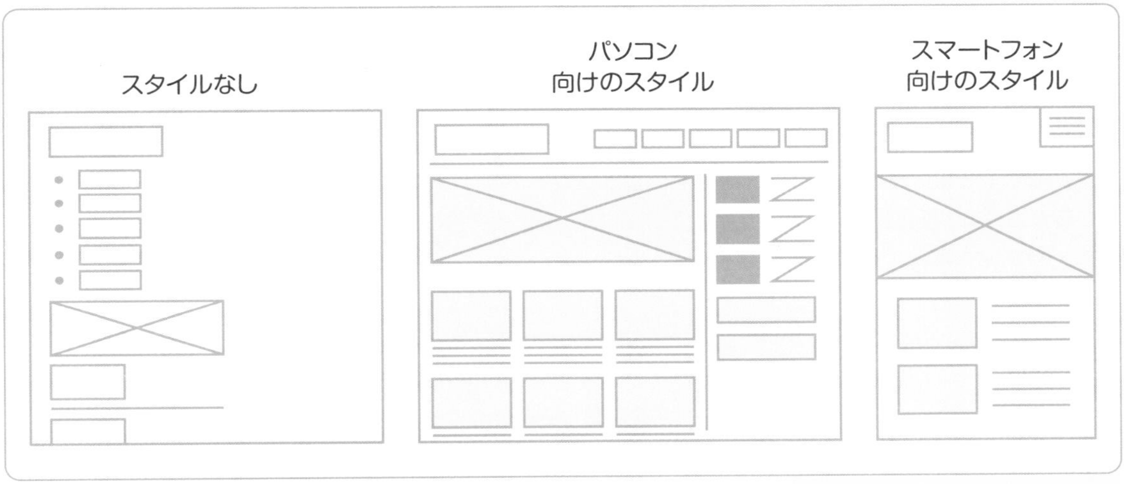

CSSのバージョン

1996年にCSS1（CSS Level 1）が勧告され、現在はCSS3が最新です。CSS3は、厳密には正式なバージョンではありません。CSS2.1以降、CSSは各機能のモジュールごとに策定が進んでおり、モジュールがLevel 3のものを、便宜上CSS3と呼んでいます。

memo

各ブラウザでは、バージョンが上がるごとにCSS3への対応範囲を広げています。一般的に多く使われているブラウザの最新バージョンでは、ほとんどのCSSプロパティが使用可能です。

Lesson 6
02 CSSの役割

15 min

THEME テーマ 基本的には、HTMLを使えばWebページは作ることができます。それでは、なぜCSSを使うのでしょうか？ ここでは、CSSを使う目的、使うとどうなるのかについて学びましょう。

CSSを使う目的

HTMLでマークアップされた文書は、リンクや画像の表示など必要最低限の機能を果たしています。しかし、これではまだ扱いづらいので、Webサイトを訪れた人が情報を得やすいようCSSでデザインする必要があります 図1 図2。これは見栄えだけでなく、操作性、アクセシビリティの課題でもあります。

WORD アクセシビリティ

利用しやすさのこと。Webサイトは目の不自由な方やマウスを動かせない方、高齢の方なども閲覧する。Web制作の現場では、どんな人がどんな環境でも不自由なくアクセスできるよう、配慮し設計していく必要がある。35ページ、Lesson2-02参照。

図1 HTMLのみのWebページ

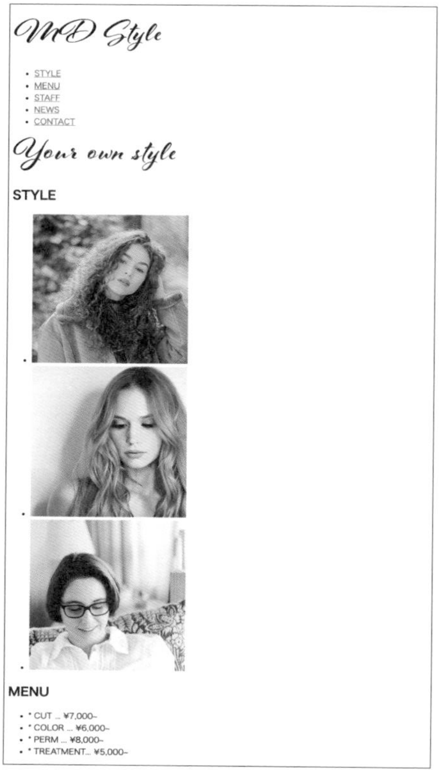

図2 CSSで情報の見栄えを整えたWebページ

操作性

図3のボタンはCSSでデザインしたものですが、どれが一番「押せそう」かつ「クリックしやすそう」でしょうか？

ボタンのデザインでは「押せそう」な雰囲気を出したり、クリック可能な範囲を大きくしたり、矢印を使うなどしてそのあとに起こるアクションを想起させることが重要です。また、グレーを使うと逆に「押せない・機能していない」雰囲気が出てしまいます。こういった感覚は、たくさんのWebサイトを見て研究し身につけていきましょう。

図3 CSSでデザインしたボタンの操作性

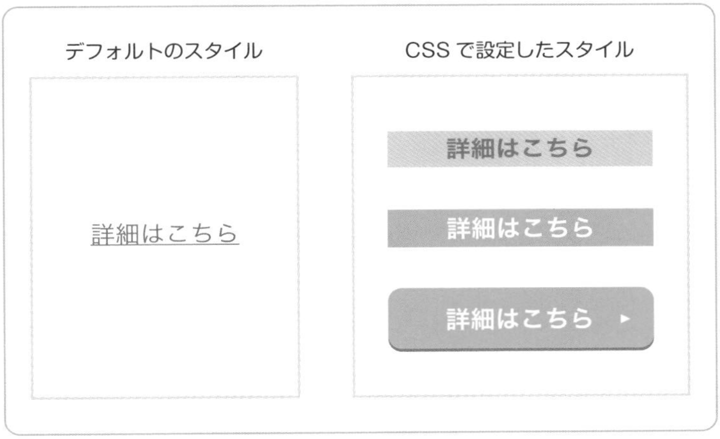

memo

図3の右側に示したボタンデザインが正しい、とは一概にはいえません。それぞれのサイトのテイストに合わせたり、何をするためのボタンなのかを考えてデザインしましょう。

アクセシビリティを常に意識しよう

CSSの使い方によっては、アクセシビリティを損ねてしまう恐れもあります。例えば、背景色が白のときに、文字色を白に近い薄いグレーとしたり明るい黄色を使ったりすると、文字が読みにくいものになってしまいます図4。多くの人にとって、わかりやすく伝わりやすいWebサイト作りを目指しましょう。

図4 文字が読みにくいCSSスタイルの例

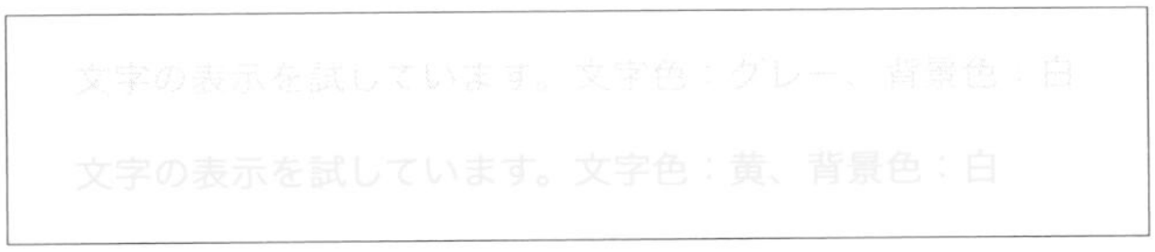

Lesson 6

03

30 min

CSSの基本形

THEME テーマ

ここでは、CSSの基本的な書き方について学びます。CSSでは「セレクタ」「プロパティ」「値」を記述して、HTMLの「どの部分の」「何を」「どうする」という指定をすることを理解しましょう。

基本の形と各部の名称

CSSの基本的な構造は、「どの部分の」「何を」「どうする」という形になっています。「何をどうする」の部分は{ }で囲まれており、{ }の中に複数並べて書くことができます。また、プロパティと値はコロン(:)で区切られ、値の最後にはセミコロン(;)をつけます 図1。

図1 CSSの基本構造

memo

本書ではCSSのコードを読みやすくするために、{ の前後、および : と ; のあとには半角スペースを入れています。

セレクタ

「どの部分の」にあたります。タグ名をセレクタにすると、そのタグが使われているすべての箇所に{ }内の設定が反映されます。セレクタはタグ名以外にもいろいろな表記ができます。

160ページ、**Lesson6-04**参照。

プロパティ

「何を」にあたります。図1の例では「フォントサイズを」ですが、プロパティには文字色、背景色、境界線、余白……などたくさんの種類があります。

すべてを覚える必要はありませんが、よく使われるプロパティから少しずつ慣れていきましょう。

memo
個々のプロパティについては175ページ、Lesson6-09以降で扱っていきます。

値

「どうする」にあたります。プロパティというお題に対する答えのようなものです。数値やカラーコード、プロパティごとに用意された単語などを記述します。値が正しくないと、うまく指定が反映されません。数値を記述する場合、単位が必要な場合とそうでない場合があり、また単位もさまざまなので、何に対しての値なのかを考えて単位を使い分けられるようになりましょう。

複数のプロパティを書く場合

1つのセレクタに対し、プロパティは複数個記述できます。その場合は図2のように改行して、縦に並べていきます。編集中に } を消してしまわないよう気をつけましょう。

memo
各プロパティごとの改行は、ソースコードを読みやすくするために入れています。

図2 複数のプロパティを書く場合

```
p {
  color: #ef626c;
  font-size: 16px;
  margin: 20px;
}
```

改行して縦に並べる

消してしまわないよう注意

Lesson 6

04

45 min

よく使われるセレクタ

THEME テーマ

Lesson5-03で、セレクタはスタイルを適用させる対象を決めるものであることを学びました。そのセレクタの書き方はさまざまあります。よく使われる書き方について学びましょう。

要素セレクタ

< >を外したタグ名がセレクタになります 図1。指定したタグに対してスタイルを適用させる、基本のセレクタです。

全称セレクタ

アスタリスク(*)をセレクタにすると、すべてのタグに適用されます 図1。 すべてに対する指定なので、CSSファイルの中でも最初のほうに書いておきましょう。

図1 全称セレクタと要素セレクタの例

```
* { color: #333; }
h1 { color: #fe938c; }
```

この例では、全称セレクタですべてのタグ(<p>タグや<h1>～<h6>タグその他)の色をグレーに設定したあと、要素セレクタで<h1>タグの色をピンクで上書きしています。

POINT

CSSは、CSSファイルの1行目から順に読み込まれます。あとに書いた指定が先に書いた指定を上書きする仕組みになっているため、CSSでは最初に全体的な指定を書き、例外があればあとから上書きするという書き方が一般的です。詳しくは、165ページ、Lesson6-06参照。

子孫セレクタ

ページ内の<p>タグのうち「<div>タグの中にある<p>タグ」だけに適用させる、というように少し絞り込む書き方です。「の中にある」は半角スペースで表します 図2。

memo

158ページのmemoでは、ソースコードを読みやすくするために半角スペースを用いていると書きましたが、子孫セレクタの半角スペースは子孫セレクタと認識させるために必要不可欠なものです。例えば 図2 の子孫セレクタ「div p」では、「<div>タグの中にある<p>タグ」を示すために、半角スペースを入れなければなりません。

複数セレクタ

カンマ（,）で区切ると、複数のセレクタを並べることができます。<p>タグと<a>タグに同じ指定をしたい、というときに使います。

なお、カンマの前後には半角スペースを入れてもかまいません（図2の例では、カンマのあとに半角スペースを入れています）。

図2 子孫セレクタと複数セレクタ

HTML

```
<h1> 猫の性格 </h1>
<div>
  <p> 茶トラ猫は穏やかでフレンドリー </p>
  <p> 黒猫は甘えん坊で好奇心旺盛 </p>
  <p> 三毛猫は好き嫌いがはっきりしている </p>
</div>
<p> 猫種や環境によっても違いはあります。</p>
<a href="#"> もっと詳しく→ </a>
```

CSS

```
div p { background-color: #eee; }
h1, a { color: #fe938c; }
```

表示結果

猫の性格

茶トラ猫は穏やかでフレンドリー

黒猫は甘えん坊で好奇心旺盛

三毛猫は好き嫌いがはっきりしている

猫種や環境によっても違いはあります。

もっと詳しく→

CSSの1行目は子孫セレクタの例。<div>タグの中にある<p>タグだけにグレーの背景色を適用しています。
CSSの2行目は複数セレクタの例。<h1>タグと<a>タグの文字色をピンクにしています。

idセレクタとclassセレクタ

<p>タグの中でも特定の<p>タグだけにスタイルを適用させたい、という場合に使います。

そのためにはまず、スタイルを適用させたい特定のタグに対し、任意の名前をつける必要があります。

タグに名前をつけるには、id属性かclass属性を使い、属性値に英数字で任意の名前を入力します。idとclassの違いは、同じclass名は同一ページ内でいくつでも使えますが、id名は同一ページ内で重複してはいけない点です。また、1つのタグにidは1つまでしかつけられません。

CSSを書くときは、idセレクタは半角シャープ（#）、classセレクタはドット（.）を名前の前につけます。図3では、ページ内にある<li>タグのうち、id="colorRed"という属性がついた<li>タグだけ文字色が赤になり、class="colorBlue"をつけた複数の<li>タグが青になっています。タグ名を書かずに「#colorRed」「.colorBlue」という書き方もできます。

memo

id名とclass名は、必ずアルファベットからはじまる名前にします。数字ではじまってはいけません。また、記号はアンダースコア（_）とハイフン（-）のみ使え、スペースは使えません。大文字と小文字も区別されるので、命名の際は気をつけましょう。なお、「colorRed」のように単語のつなぎ目を大文字にする書き方を「キャメルケース」と呼びます。

図3 idとclass

HTML

```
<ul>
  <li id="colorRed" class="colorBlue">id
と class で指定 </li>
  <li class="colorBlue">class で指定 </li>
  <li class="colorBlue">class で指定 </li>
  <li>id/class なし </li>
</ul>
```

CSS

```
li#colorRed { color: #f00; }
li.colorBlue { color: #00f; }
```

表示結果

- idとclassで指定 ― idは1つだけ
- classで指定 ┐
- classで指定 ┘― classは複数
- id/classなし

「idとclassで指定」の文字色が赤色なのは、idとclassではidのほうが効力が強いためです。そのため、「.colorBlue」へのスタイル指定（#00f＝青色）より「#colorRed」へのスタイル指定（#f00＝赤色）が優先されています。この「どちらを優先するか」というCSSの仕組みは「CSSの詳細度」といいます。詳しくは166ページ、Lesson6-06で解説します。

属性セレクタ

特定の属性や属性値を持つタグにスタイルを適用させます。<input>タグのように、属性値によって見た目が変わる要素によく使われます。属性セレクタだけでもさまざまな種類がありますが、よく使われるのは 図4 の書き方です。

143ページ、**Lesson5-18**参照。

memo

図3 のセレクタの「li#colorRed」は「colorRedというid名がついた<li>タグ」という意味ですが、間に半角スペースを入れて「li␣#colorRed」と記述すると、子孫セレクタと認識され「<li>タグの中にある、colorRedというid名がついた要素」という意味になってしまうので、この違いはしっかり頭に入れておきましょう。

図4 属性セレクタ

```
input[type="text"] { background-color: #eee; }
```

タグ名[属性名="属性値"]

→<input type="text">へのスタイル指定となる

組み合わせて使う

ここで紹介したセレクタ（全称セレクタ以外）は組み合わせることが可能で、さらに対象を絞ることができます。例えば「#infoArea␣ul.infoList␣li」であれば、「infoAreaというid名の要素の中にある、infoListというclass名の<ul>タグの中にある、<li>タグ」となります。セレクタの書き方はこのほかにもたくさんありますが、まずはここで紹介した書き方から使いこなせるようになりましょう。

memo

図3 では説明上、id名やclass名に「Red」「Blue」などと色の名前を使っていますが、実際にサイトを作る際は、色が変更になることも考えて、id名やclass名に具体的な色の名前などは使わないようにしましょう。

Lesson 6

05 CSSの適用方法

30 min

THEME テーマ CSSをHTML文書に適用させる3つの方法について学びます。一番オーソドックスなのはCSSファイルをHTMLファイルに読み込む方法ですが、ほかにも方法があることを覚えておくといいでしょう。

CSSをHTML文書に適用させる3つの方法

CSSをHTML文書に適用させる方法には、次の3つがあります。それぞれ、以下で説明していきます。

- CSSファイルをHTMLファイルに読み込む
- HTMLファイル内にCSSを記述
- タグの中に属性としてCSSを記述

CSSファイルをHTMLファイルに読み込む

一番オーソドックスな方法です。<head>タグの中で、<link>タグを使ってCSSファイルを参照します。図1のように、<link>タグにはrel属性とhref属性が必須となります。rel属性は参照先ファイルとの関係を指定するもので、CSSファイルを読み込ませる場合、ここは必ず"stylesheet"になります。href属性では、参照先ファイルのパスを指定します。

図1 <link>タグを使ってCSSファイルを読み込む

```
<!DOCTYPE html>
<html lang="ja">
<head>
  ～（省略）～
  <title>CSS の読み込み </title>
  <link rel="stylesheet" href="style.css">
</head>
<body>
  ～（省略）～
</body>
</html>
```

rel="stylesheet"：参照先ファイルとの関係（CSSなら"stylesheet"）
href="style.css"：参照先のパス

<link>タグは終了タグを持たない空要素なので、</link>は不要です。

memo

読み込ませたいCSSファイルが複数ある場合は、<link>タグを複数並べます。読み込ませる順番にはCSSの上書き特性（165ページ、Lesson6-06参照）が適用されるため、リセットCSS（168ページ、Lesson6-07参照）のような全体の初期設定となるファイルを最初に読み込ませておきます。そのあとに各種設定・装飾を書いたCSSファイルを読み込ませます。

HTMLファイル内にCSSを記述

HTML文書の<head>タグ内にCSSを直接記述することができます。その際、CSSは<style> ～ </style>で囲みます 図2 。HTML5.2からは<body>タグ内にも書けるようになりましたが、<head>タグ内に書くほうがパフォーマンスはいいでしょう。

タグの中に属性としてCSSを記述

style属性を使って、タグ内に直接CSSを書くこともできます 図2 。

図2 HTMLファイル内、各タグ内に書く方法

HTML

```
<!DOCTYPE html>
<html lang="ja">
<head>
  <title>CSS を HTML に書き込む </title>
  <style>            ①
    h1 {
      color: #fff;
    }
  </style>
</head>
<body>
<h1 style="background-color: #fe938c"> タグに直接書き込む </h1>   ②
<p>CSS は HTML 文書の中に記述できますが、できる限り CSS ファイル内に記述しましょう。</p>
</body>
</html>
```

表示結果

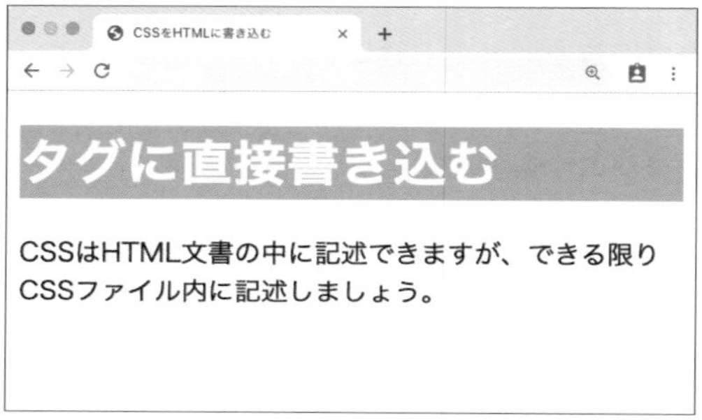

①は<style>タグを使い、<h1>タグの文字色を白にしています。
②はstyle属性を使い、<h1>タグの背景色をピンクにしています。

CSSとHTMLを別ファイルにするメリット

ここで紹介した3つの方法のうち、最も推奨されるのが「CSSファイルをHTMLファイルに読み込む」方法です。文書構造(HTML)と見栄えの指定(CSS)は分離されていることが好ましいためです。また、別ファイルにしておくことで、複数のHTMLから同じCSSファイルを読み込むことができるので、CSSの修正や追記が1箇所で済むなど、運用面でも作業効率がアップします。

memo

HTML内にCSSを記述してしまうと、同じCSS記述を他のHTMLファイルにも書かなくてはなりません。Webサイトは作って終わりではなく、そこからの運用や更新がとても大切です。制作したあとのことを考えて、ファイルはしっかり整理しましょう。

Lesson 6

06

45 min

CSSのルール

THEME テーマ

CSSはセレクタの書き方などによって効力が変わります。CSSのルールを知り、効率的に書けるようになりましょう。

上書き特性

Cascading Style Sheetsのcascadeは「滝」という意味で、CSSは滝のように1行目（上流）から下流、の順に読み込まれます。CSSでは下流に書いた指定が上流で書いた指定を上書きする仕組みになっています。その性質を使って、上流には全体的な指定を書き、例外があればあとから上書きするという書き方が一般的です 図1。<head>タグ内でCSSファイルを複数読み込む場合も上から順番に読み込まれます。

図1 CSSの上書き特性

```
* {
  font-size: 16px;
}
○○ {
  ○○○：○○○；
  ○○○：○○○；
}
・
・
・
h1 {
  font-size: 30px;
}
```

すべての要素のフォントサイズを16pxに

下流に書いて上書き

記述場所で変わる優位性

CSSが読み込まれる順番は、まず<head>タグ内で読み込んだ外部ファイルCSS、次に<head>タグや<body>タグ内に<style>タグを使って書いたCSS、そして各タグのstyle属性を使って書いたCSS、となります。一番タグに近いスタイルが最優先されるので、図2の例ではタグの中に直書きしたスタイルが適用されます。

> **memo**
> 何も指定をしない場合は、各Webブラウザが持つデフォルトのスタイルが適用されます。

図2 記述場所で変わるCSSの優位性

<head>タグ内で読み込んだ外部ファイルCSS

```
<head>
  <link rel="stylesheet" ……
</head>
```

<style>タグを使ってHTMLファイル内に書いたCSS

```
<head>
  <style>
    p { color: #f00; }
  </style>
</head>
```

各タグのstyle属性を使って書いたCSS

```
<p style="color: #0f0">
文字色は緑になります
</p>
```

この例では<p>タグに対して、外部ファイルCSSで指定した文字色よりも、<style>タグで指定した文字色(#f00＝赤色)よりも、style属性で指定した文字色(#0f0＝緑色)が最優先で適用されます。

CSSの「強さ」ともいえる「詳細度」

同じCSSファイルの中でも、セレクタの書き方によってどのCSSの指定が優先されるかが変わります。優先される順番は、idセレクタ、classセレクタ、要素セレクタ、全称セレクタとなります。このような、「どのCSSが優先されるのか」を決めている仕様を「詳細度」といいます。

図3のコードを見てください。この場合、<p>タグのテキストは何色になるでしょうか？

> **POINT**
> 詳細度は、CSSセレクタの「重み」を計算し、より重みの値が高いほうが優先されるものです。例えば、idセレクタはclassセレクタより重み付けの値が高くなります。また、classセレクタが1つの場合と2つの場合とでは、後者のほうが詳細度が高くなります。詳細度が同じ場合は、CSSのソースコード内で下に記述されているもののほうが優先されます。

図3 セレクタの詳細度を確かめる

HTML

```
<p id="red" class="blue"> 何色になるでしょうか </p>
```

CSS

```
#red { color: #f00; }
.blue { color: #00f; }
p { color: #0f0; }
```

もし各セレクタの詳細度が同じならば、文字色は一番最後に書いた緑（#0f0）となりますが、セレクタの詳細度によってidセレクタが優先されるため、文字色は赤（#f00）となります。

> memo
> 詳細度をコントロールする目的で、あえてidセレクタを使わず、classセレクタ中心にCSSを記述するという考え方もあります。

「!important」という記述の仕方

セレクタを組み合わせたり子孫セレクタを使って複雑になればなるほど、どっちが強いのか、なぜ効かないのか、などと優位性がわからなくなってきます。どうしてもこの指定を効かせたい、あとから上書きもさせたくない、というときの最終手段としてCSSの値の直後に「!important」と書く方法があります。これを使うと上書きされることがなく、最優先されます。ただし多用するとさらなる混乱が生まれるため、本当にどうにもならないときの最終手段にとっておきましょう。

例えば 図4 の場合、セレクタの優位性に関係なく!importantが最優先され、文字は黄色になります。

> memo
> 「!important」の記述を使う場面は、例えばJavaScriptでCSSが書き換えられた状態をさらに変更したいときなど、特殊な状況でだけ利用するとよいでしょう。

図4 !importantの使い方

HTML

```
<p id="red" class="blue"> 何色になるでしょうか </p>
```

CSS

```
p { color: #ff0 !important; }
#red { color: #f00; }
.blue { color: #00f; }
p { color: #0f0; }
```

Lesson 6
07
15 min

新しいCSSプロパティとリセットCSS

THEME テーマ 新しいプロパティを使うときに気をつけたいWebブラウザの仕様上の注意点と、Webブラウザのスタイルを「リセット」させるリセットCSSについて学びましょう。

新しいCSSプロパティを使う上での注意

CSSの仕様は今も機能ごとに変わり、どんどん新しいプロパティと値が追加されています。新しいプロパティは便利なものが多いのですが、新しすぎるプロパティや値はWebブラウザの開発版で採用される一方で、通常版での採用にはタイムラグがあるなど、各Webブラウザのサポート(対応)が追いついていないことがあります。

memo
最新情報はhttps://caniuse.com/で確認することができます。サイトトップの「Can I use〜」に続けてプロパティを入力すると、ブラウザやバージョンごとの対応状況を調べることができます。

サポートされていない場合はどうする?

一般的に日本で多く使われているブラウザはGoogle Chrome、Microsoft Edge、Firefox、Safariなどです。各ブラウザの最新バージョンあっても、CSS3の新しく追加されたプロパティをサポートしていない場合があります。

使いたいプロパティや値がサポートされていない場合は、別の方法で表現する必要があります。特にSafariやAndroidブラウザの古いバージョンはサポートされていないものがあるので、制作時には調べる習慣をつけましょう。

POINT
新しいプロパティがブラウザに対応していない場合には、CSSの別のプロパティを使用する、JavaScriptを用いる、違う表現手法にするなどの手段があります。

リセットCSS

CSSを書かずにHTMLだけの状態だと、見出し要素は大きく表示されたり、リストにはマーカー(・)が表示されたりと、必要最低限のスタイルが設定されています。これはWebブラウザが持つデフォルトのスタイルで、デフォルトのスタイルはブラウザの種類によってわずかに違いがあるため 図1 、このままCSSを書いていくと一部のブラウザで表示が崩れたりします。どんなブラウザで見ても表示を同じにするには、まず一度すべてのスタイルを消去する必要があります。この、デフォルトのスタイルを打ち消すための一連の記述をまとめたものを、一般に「リセットCSS」と呼びます。

リセットCSSを自分で用意する場合、CSSプロパティの行間や余白などの設定を一度すべて0にします。このとき、詳細度が高くならないよう、要素セレクタで記述し、記述順もファイルの上部に記述するとよいでしょう。

リセットCSSはインターネット上で配布されているものもあるので、うまく利用しましょう（使用する際は、ライセンスを必ず確認しましょう）。

ノーマライズCSS

デフォルトスタイルを消去するリセットCSSと違い、使えるスタイルはそのままに、標準化（＝normalize）するCSSがノーマライズCSSです。リセットCSSはすべての余白や行間がなしになってしまうため、自分ですべて指定し直す必要がありますが、ノーマライズCSSは標準的な設定をともなっているので、手間が省けるのがメリットです。リセットCSSとノーマライズCSSは、同時に使うものではなく、どちらかを導入することになります。また、どちらが優れているというものではないため、プロジェクトに合わせて使い分けるなどとしましょう。

図1　Google ChromeとSafariのデフォルトスタイル

Google Chrome（左）のデフォルトの文字フォントはゴシック体ですが、Safari（右）は明朝体です。

Challenge
チャレンジしてみよう！

簡単なCSSを書いてみよう

実際に手を動かして、CSSの基本的な記述方法を覚えましょう。ここではLesson5の「Challenge 文章のマークアップをしてみよう」(→149ページ) で作ったHTMLに対し、簡単なスタイルを適用させていきます。

STEP 1
CSSファイルを作成する

Webページを作る際、画像ファイルやCSSファイルが増えていくため構造を整理しておくことが重要になります。図1 のように、「doc」フォルダの中に「images」フォルダと「css」フォルダを作りましょう。画像は「images」フォルダへ移動し、「css」フォルダに「style.css」という空のテキストファイルを新規作成します。

図1 フォルダ構成

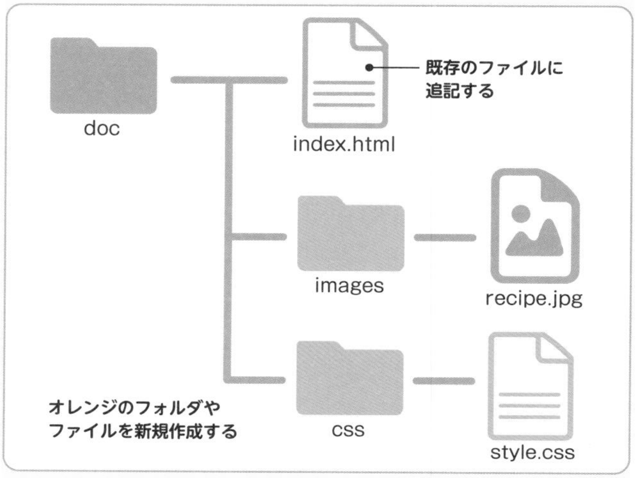

STEP 2
CSSファイルを読み込む

ここまでできたら、HTMLファイルの<head>タグ内で<link>タグを使って読み込みましょう 図2。

図2 CSSファイルを読み込む

```
<head>
  <meta charset="UTF-8">
  <title> 簡単！肉じゃがの作り方 </title>
  <link rel="stylesheet" href="css/style.css">
</head>
```

HINT

「recipe.jpg」の場所を変更しているので、HTMLファイル内の<img>タグのパスも書き換えておきましょう。

STEP 3

文字コードを指定する

HTMLファイルを作成したときに<head>タグ内で文字コードの指定をしたのと同じように、CSSファイルでも文字コードを指定しなければなりません。CSSファイルの1行目に図3のように記述します。

図3 CSSでの文字コードの指定

```
@charset "UTF-8";
```

STEP 4

背景色をつける

<h1>タグに対し、背景色を指定します。

セレクタはh1、プロパティはbackground-color、色は黄色(#ffeb3b)にします図4。

図5のように色がついたら正解です。

図4 背景色を指定するCSS

```
@charset "UTF-8";

h1 { background-color: #ffeb3b; }
```

図5 図4のCSSの適用結果

STEP 5

うまくいかないときのチェック事項

慣れないうちは、正しく書いたつもりでもCSSが適用されていないことがあります。

よくある原因には、次のようなものがあります。

- スペルを間違っている
- 一部が全角になっている
- どこかに全角スペースが入り込んでいる
- <link>タグで読み込みをしていない
- <link>タグで読み込む際のパスが間違っている
- CSSファイルの保存場所が間違っている

目で見て原因がわからない場合は、該当箇所をまるごと書き直すのもひとつの手です。

Lesson 6

08

30 min

プロパティを目的別に2つに分ける

THEME テーマ

CSSのプロパティを目的別に分けて考えてみましょう。主に「見栄え・装飾を目的にしたプロパティ」と「レイアウトを目的にしたプロパティ」の2つに分けることができます。

プロパティを分類してみる

次節からさまざまなプロパティを紹介していきますが、それぞれのプロパティを使用する目的別に大きく2つに分類すると覚えやすくなります。1つは、要素の色や見た目を変更する「見栄え・装飾を目的にしたプロパティ」です。もう1つは、要素の並びや配置を変更する「レイアウトを目的にしたプロパティ」です。

memo

この分類方法は公式な分け方ではなく、本書独自の分類方法となります。また、厳密な分け方というわけでもありません。

見栄え・装飾を目的にしたプロパティ

例えば、次のようなものに関するプロパティがあります。

文字色、背景色の指定

文字色はcolorプロパティ、背景色はbackground-colorプロパティを使用します。Lesson6-09（→175ページ）で扱います。

フォント関連の指定

フォントの種類の指定はfont-familyプロパティ、フォントサイズはfont-sizeプロパティ、フォントの太さはfont-weightプロパティとなります。Lesson6-10（→177ページ）で扱います。

行間や文字揃えの指定

テキストの行同士の間隔を行間（ぎょうかん）といいます。行間は、1行の行の高さを指定することで調整します。この調整を行うのがline-heightプロパティです。また、水平方向（左右）の文字の配置にはtext-alignプロパティを使用します。Lesson6-11（→180ページ）で扱います。

背景画像の指定

背景には色だけでなく画像を設定することもでき、そのための指定はbackground-imageプロパティを使います。Lesson6-20（→200ページ）で扱います。

レイアウトを目的にしたプロパティ

例えば以下に関するプロパティがあります。

幅と高さの指定

幅の指定にはwidthプロパティ、高さの指定にはheightプロパティを使用します。Lesson6-16（→191ページ）で扱います。

余白の指定

余白には内余白（パディング）、ボックス同士の間隔（マージン）の2つがあります。パディングの調整はpaddingプロパティ、マージンの調整はmarginプロパティで指定します。Lesson6-17（→193ページ）とLesson6-19（→198ページ）で扱います。

境界線の指定

パディングの外側につける境界線（ボーダー）は、borderプロパティで指定します。Lesson6-18（→195ページ）で扱います。境界線を設定するborderプロパティは「装飾」に用いると考えてもよいプロパティですが、Lesson6-15（→188ページ）で解説する「ボックスモデル」にも関連するプロパティのため、レイアウトを目的としたプロパティとして扱います。

flexboxやCSS Gridを実現できる指定

HTMLの要素に対して、CSSで「display: flex;」という指定をすると、flexbox（フレックスボックス）と呼ばれるレイアウトが可能になります。また、「display: grid;」を要素に指定すると、CSS Grid（シーエスエスグリッド）と呼ばれるレイアウトが可能になります。

どちらもdisplayプロパティを単体で使うというより、必要に応じていくつかのプロパティを組み合わせて使うことになります。「display: flex;」はLesson6-23（→209ページ）で、「display: grid;」はLesson6-24（→216ページ）で扱います。

位置の指定

HTMLの要素に対して、CSSで「position: absolute;」や「position: fixed;」を指定すると、要素の自由配置が可能になります。positionプロパティを使った配置についてはLesson6-25（→220ページ）で扱います。

インラインボックスは幅の概念が違う？

HTMLの中でブロックボックスの性質のタグは、ブロック状になっているのでCSSで幅や高さの設定をしたり、余白をつけたり、ブロックの周りに境界線をつけることができます。それに対し、インライン性質のタグ（<span>、<em>、<strong>、<small>など）は、文章の一部なので、図1のように行送りされることがあります。そのため、幅や高さ、余白を指定することができません。

114ページ、Lesson5-07参照。

memo

各タグの「インラインボックスの性質」と「ブロックボックスの性質」は、CSSのdisplayプロパティを使って切り替えられます。displayプロパティについては204ページ、Lesson6-21で紹介します。

図1 ブロックとインラインにそれぞれ色をつけた状態

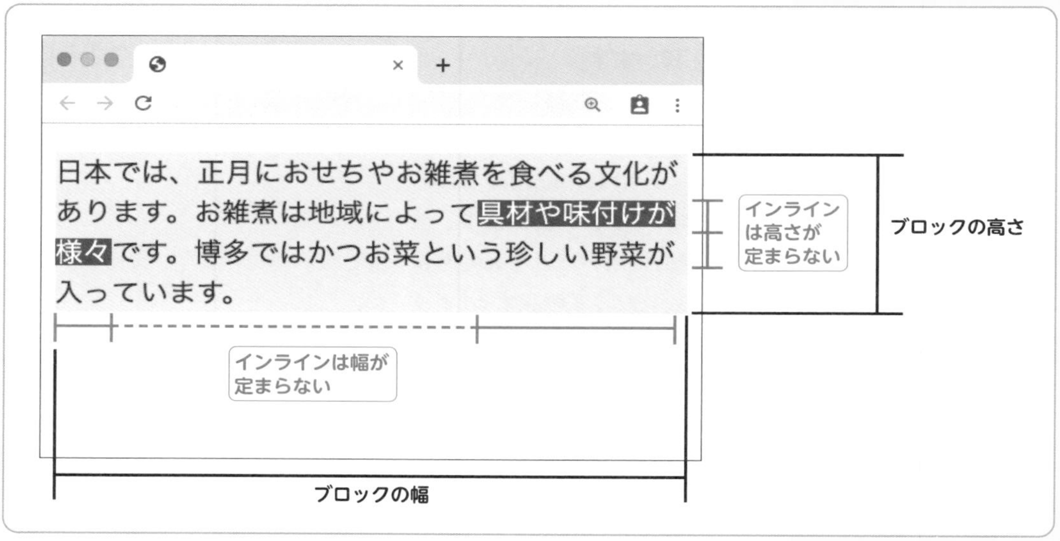

Lesson 6

09 文字や背景に色をつける

30 min

THEME テーマ ここからはプロパティの使い方を学んでいきます。簡単なスタイルの指定からCSSに慣れていきましょう。まずは文字や背景に色をつける方法から見ていきます。

文字色の指定

● color: [カラーコードや色名];

colorプロパティは文字自体の色を指定します。値には、#をつけた6桁のカラーコードで色を記述します。そのほか、色名(red、green、blueなど)でも記述できます 図1。初期値(何も指定しなくても、もともとセットされている値)は各Webブラウザで異なりますが、たいてい#000000(黒)です。

memo

プロパティ名が「font-color」ではなく「color」である点に留意してください。

memo

画面上での真っ黒な文字(#000000)は少しきつい印象を与えます。黒に近いグレー(#333333など)を指定すると読みやすいでしょう。

図1 文字色の指定例

HTML

```
<p class="blue">blueを指定</p>
<p class="pink">#ff00ccを指定</p>
```

CSS

```
.blue { color: blue; }
.pink { color: #ff00cc; }
```

表示結果

blueを指定

#ff00ccを指定

表示結果の1行目は「color: blue;」で文字色を青に、2行目は「color: #ff00cc;」で文字色をピンクにしています。

背景色の指定

- background-color: [カラーコードや色名];
- 初期値：transparent（透明色）

background-colorは背景色を指定します。背景色には、文字色と同じくカラーコードや色名が使えます。何も指定しない初期値では、背景色は透明になっています。

background-colorは、インラインボックスに適用させるとマーカーを引いたように塗られます。一方、ブロックボックスに適用させると、長方形のエリア全体に色がつきます 図2。インライン性質には余白を作ることができませんが、ブロックボックスは余白を作って広く見せることもできます。

memo
背景には画像を指定することもできます。詳しくは200ページ、Lesson6-20で解説します。

図2 背景色の指定例

HTML

```
<p class="bg">ブロックボックスと<span class="marker">
インラインボックス</span>の性質の違いで色の塗られ方が変わりま
す。</p>
```

CSS

```
.bg { background-color: #ff0; }
.marker { background-color: #f0c; }
```

表示結果

ブロックボックスとインラインボックスの性質の違いで色の塗られ方が変わります。

この例では、ピンク色の部分にはHTMLの<span>タグ（インラインボックスの性質）が使われ、黄色の部分には<div>タグ（ブロックボックスの性質）が使われています。

memo
16進数のカラーコードは通常6桁ですが、「#ff00cc」のように2桁ずつが同じ場合は、「#f0c」のように3桁に省略することができます。70ページ、Lesson 3-06参照。

Lesson 6

10 フォントの指定

60 min

THEME テーマ コンピューターで表示や印刷をする文字のデザイン（書体）のことを「フォント」といいます。CSSでフォントの種類を指定する方法、フォントサイズやフォントの太さを指定する方法を学んでいきましょう。

フォントの種類を指定する

● font-family: [フォント名];

font-familyプロパティはフォント（書体）の種類 を指定するものです。フォントの種類はカンマ（,）で区切り、複数書いておきます 図1。原則、一番左側に書いたものが適用されますが、閲覧するユーザーのパソコンに、指定したフォントデータが入っていないこともあるので、ない場合は次のフォントを適用、それもない場合は次、というようになります。

72ページ、**Lesson3-07**参照。

memo
このように、指定したものが機能しなかった場合に備えて、次の方法を指定しておくことを「フォールバック」といいます。

図1 フォントの指定

HTML

```
<p class="gothic">各種ゴシック体を指定</p>
<p class="mincho">各種明朝体を指定</p>
```

CSS

```
p.gothic { font-family: "ヒラギノ角ゴ ProN W3", メイリオ, sans-serif; }
p.mincho { font-family: "ヒラギノ明朝 ProN", "YuMincho", serif; }
```

サンセリフ＝ゴシック体
Mac用
Windows用
セリフ＝明朝体

表示結果

各種ゴシック体を指定 各種明朝体を指定	各種ゴシック体を指定 各種明朝体を指定
Windowsでの表示	macOSでの表示

フォント名に半角スペースが含まれる場合は、フォント名をダブルクォーテーション（"）で囲みます。
また、「sans-serif」と「serif」はゴシック体または明朝体の総称を表すキーワードです。最後にこれらを指定することで、左側で指定したフォントがユーザーのパソコンに入っていなくても、なるべく同じ見た目で表示されるようにします。

特にWindowsとMacでは搭載フォントが大きく異なるため、注意が必要です。また、スマートフォンの表示環境でも、Androidの一部の端末には明朝体のフォントが入っていないため、意図した表示にならないなどの現状があります。

Webフォント

どんなパソコンやスマートフォンからアクセスしても、同じフォントで表示できるフォントをWebフォントといいます。使いたいフォントをコンピューター上でなくWebサーバー上に置くイメージです。特殊な文字やおしゃれな文字がたくさんあるので、試してみるといいでしょう。使い方やライセンスは各サイトを見て確認しましょう。

memo

Webフォントを利用できるサービスはさまざまありますが、有名なところではGoogle FontsやFONTPLUS、また Adobe Creative Cloudを契約している方はAdobe Fontsなどがあります。Adobe Fontsの場合は、契約者本人のみが利用可能となります。詳しくは同サービスの利用規約を確認してください。

Google Fonts：
https://fonts.google.com/
FONTPLUS：
https://fontplus.jp/
Adobe Fonts：
https://fonts.adobe.com/

73ページ、**Lesson3-07**参照。

フォントサイズを指定する

- font-size: [サイズ];

font-sizeプロパティはフォントサイズ（文字の大きさ）を指定します。Webページで使われる一般的なフォントサイズは、本文が14～16px程度、見出しは本文の1.5～3倍程度（見出しのレベルによります）といわれています。ニュースサイトのように、読ませることがメインのサイトは16pxが多く、読みやすさを重視しています。スタイリッシュな印象のサイトでは13～14pxくらいの小さめに設定されていることがありますが、可読性は落ちます。

単位

フォントサイズの指定には、主にpx（pixel：ピクセル）、%、em（エム）、rem（レム）という単位が使われます。px指定は絶対指定なので、記述した数値がそのまま反映されます。「親要素で指定されているフォントサイズの2倍」のように相対的に指定する場合は、「200%」や「2em」のように書きます 図2。

1em＝1文字分を表します。この1文字分とは親要素のサイズが基準で、親要素に対して何倍、と指定します。親のフォントサイズを変えると、emで指定した子要素のフォントサイズも変わります。

remとは、ルート要素の1文字分のサイズ（em）を表します。emとの違いは、emでは親要素が基準となりますが、remではルート要素である<html>タグが基準になる点です。一般的なWebブ

memo

cm（センチメートル）やmm（ミリメートル）、in（インチ）なども使用可能ですが、Web制作の現場でこれらの単位が使われることは滅多にないでしょう。

memo

16pxという数値は中途半端な数字に感じられるかもしれませんが、コンピューターの世界では16進数を用いるなど、「16」という数が馴染み深いため、デザイン上も16や8の倍数で数値を指定することがあります。そうした場合は1remが使いやすい単位となります。

ラウザで、CSSでフォントサイズを上書き指定していなければ、<html>タグのフォントサイズは16px相当がデフォルトとなるため、「1rem=16px」と考えます。

図2 フォントサイズの指定

HTML

```
<div class="fontSize">
  <p class="px">ピクセル指定</p>
  <p class="em">em指定</p>
</div>
```

CSS

```
.fontSize { font-size: 16px; }
.px { font-size: 20px; }
.em { font-size: 2em; }
```

表示結果

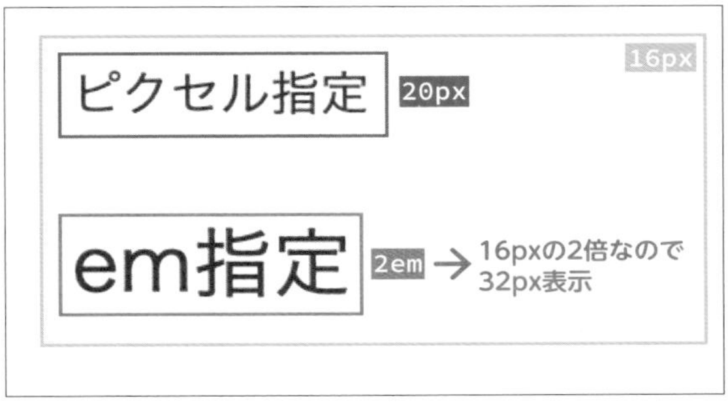

フォントの太さを指定する

- font-weight: [太さ];
- 初期値：normal

font-weightプロパティはフォントの太さ（ウェイト）を指定します。通常の太さはnormal、太字はboldで表すことができます 図3。また、たくさんのウェイトが用意されたフォントだと、100～900の数字（100刻み9段階）でウェイトを設定することもできます。この場合、100が一番細く、900が一番太くなります。normalと同じ太さは400です。

memo
多くのフォントは「通常の太さ」と「太字」など、2種類以上あることが多いため、採用したフォントがどの太さに対応しているかを確認して利用しましょう。

図3 フォントの太さの指定

HTML

```
<p class="normal">normalを指定</p>
<p class="bold">boldを指定</p>
```

CSS

```
.normal { font-weight: normal; }
.bold { font-weight: bold; }
```

表示結果

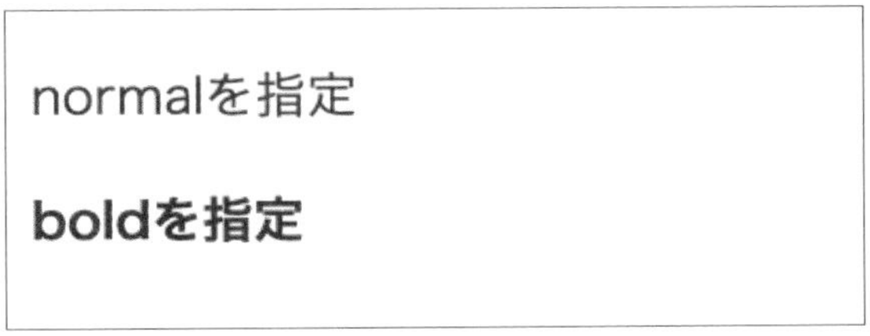

Lesson 6

11

30 min

行間（行高）や文字揃えの指定

THEME テーマ

行間（行高）や文字揃えは、Webサイトの見栄えに大きく影響します。読みやすい指定を心掛けましょう。

行間を指定する

- line-height: [数値];
- 初期値：normal

line-height プロパティは行間（行高）を指定します。行間の値は px や em などの単位が使えますが、単位なしの数字にすると、そのテキストサイズに対しての割合で指定できます。「1」は1文字分の高さを表すので、「1」と記述すると、行と行の間に隙間がない状態になります。また、line-heightは行の下に余白がつくのではなく、上下につきます 図1。

memo

初期値の「normal」は、Google ChromeやMicrosoft Edgeなどのブラウザでは1.5、FIrefoxでは1.2となるなど、Webブラウザによって差があります。初期値の1.2などでは一般的に読みにくいと感じるケースが多いため、1.5以上となるような適切な値を設定しましょう。

図1 「line-height: 1;」と「line-height: 2;」を指定した例

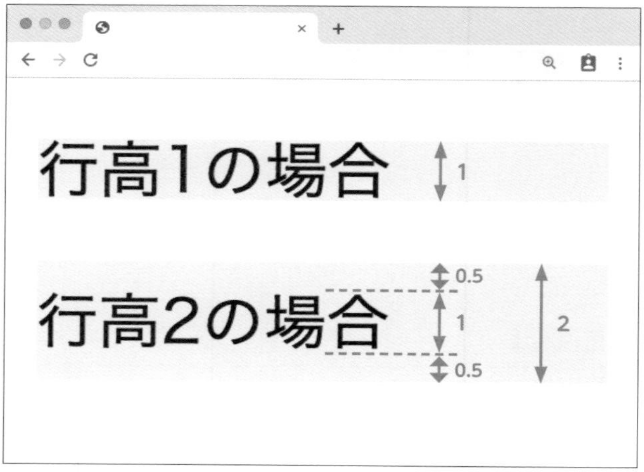

この例ではわかりやすくするために、<p>タグの範囲に背景色を設定し、フォントサイズを60pxにしています。

文字揃えを指定する

- text-align: [位置];
- 初期値：left（左揃え）

text-alignプロパティは文字揃えを指定します。指定できる値はleft（左揃え）、center（中央揃え）、right（右揃え）の3つです。間違いやすいのですが、ブロックボックス性質のタグに使うスタイルなので、インラインボックス性質の画像の位置を調整する場合は、その親要素（図2では<p>タグ）に指定します。

図2 文字揃えの指定

HTML

```
<p class="left">左揃え</p>
<p class="center"><img src="sample.jpg" alt="中央揃え" width="200" height="100"></p>
<p class="right">右揃え</p>
```

CSS

```
p.left { text-align: left; }
p.center { text-align: center; }
p.right { text-align: right; }
```

表示結果

表示結果の画像は、写真の上にHTMLの「中央揃え」というテキストを重ねて表示しているのではなく、写真そのものに「中央揃え」という文字が合成されている状態です。

Lesson 6

12

30 min

テキストリンクの装飾

THEME テーマ

ユーザーがクリックするテキストリンクは、CSSが生まれるより前から「青文字＋下線」のスタイルが一般的に使われてきました。これをCSSを使って装飾してみましょう。ユーザーに「クリックできそう」と思わせるデザインにすることが大切です。

リンク＝青？

HTMLファイルをWebブラウザで開いたとき、<a>タグの部分のデフォルトスタイルは青文字＋下線でした 図1 。また、GoogleやYahoo!など、私たちが日頃よく使うサイトのテキストリンクも青文字でデザインされており、マウスカーソルをリンク部分に乗せると下線が表示されます。この「テキストリンク＝青＋下線」というデザインは、昔から使われており、幅広い年代のユーザーにとって、見慣れたデザインのひとつです。

図1 Google Chromeのデフォルトスタイル

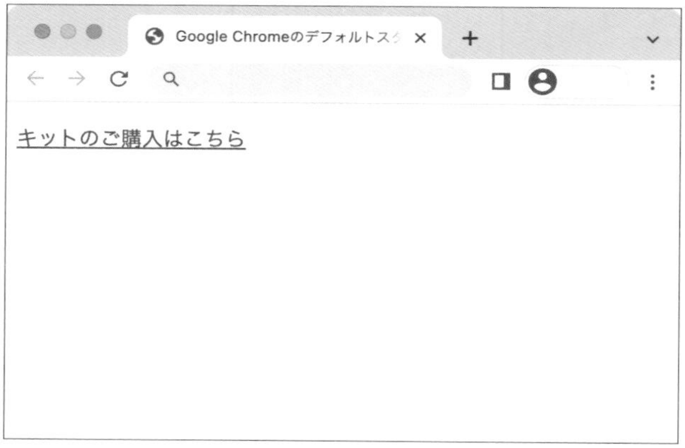

クリックできそうなデザインにする

「青＋下線」が持つような「〇〇できそう（この場合、クリックできそう）」という表現を、「アフォーダンス」といいます。Webデザインをする上で、このアフォーダンスをしっかり理解し、ユーザーが間違った解釈をしないよう導くことはとても重要です。

色を指定する

色の指定にはcolorプロパティを使います。青が見慣れているとはいえ、Webサイトのテイストに合わせた色を選ぶといいでしょう。

175ページ、**Lesson6-09**参照。

下線をなくす

- text-decoration: [装飾名];

text-decorationプロパティはテキスト(本文やテキストリンクなど)の装飾を指定します。<a>タグのデフォルトスタイルで下線がついているのは、「text-decoration: underline;」という指定がされているためです。下線をなしにするには、noneという値で上書きします 図2 。

memo

text-decorationプロパティで使えるその他の値には、line-through(打ち消し線)、overline(上線)などがあり、underlineも含め、追加される線の色は文字色と同じになります。

図2 下線をなくす指定

HTML

```
<p><a href="#" class="underline"> デフォルトスタイル </a></p>
<p><a href="#" class="none"> 下線をなくす </a></p>
```

CSS

```
a.none { text-decoration: none; }
```

表示結果

デフォルトスタイル

下線をなくす

Lesson 6
13
45 min

マウスホバーでスタイルを変える

THEME テーマ リンクやボタンなどの装飾を、よりわかりやすくスタイリングしてみましょう。CSSの「疑似クラス」を使うと、リンクやボタンにマウスカーソルが乗ったときに色を変えたり、未訪問のリンクと訪問済みのリンクで色を変えたりすることができます。

ホバー（:hover）

マウスカーソルを要素の上に重ねることを「ホバー」するといいます。ホバーした際に少しスタイルを変えることで、「クリック可能範囲にマウスカーソルが乗った」とユーザーに伝えることができます。

通常時のスタイルを書いたあとに、:hoverをつけたセレクタで、ホバー時のスタイルを指定します 図1 。

memo
要素の上にマウスが重なった状態をホバーのほか、「マウスオン」ともいいます。

図1 ホバー時にスタイルを変える

HTML

```
<a href="#">ホバーでスタイルを変化させる</a>
```

CSS

```
a {
  color: #f0c;
  text-decoration: none;
  background-color: #fff;
  transition: background-color 1s;
}

a:hover { background-color: #ff9; }
```

<a>タグのスタイル指定

transitionは状態の変化を定義するプロパティ。ここでは「background-colorプロパティの状態を1秒かけて変化させる」という意味になる。通常時の背景色は白、ホバー時は黄色なので、1秒かけて白から黄色に変化する。すべてのプロパティを変化させるにはallと記述する。

変化させるプロパティ　変化にかける時間

スペース入れない

ホバー時の背景色の指定

表示結果

ホバーでスタイルを変化させる → ホバーでスタイルを変化させる

マウスを乗せると1秒かけてふんわりと背景色が変わる

ホバーしていないとき　ホバーしたとき

ここでは変化がわかりやすいように1秒かけてゆっくり変化させていますが、transitionで設定する時間はあまり長いとユーザーのストレスになるため、0.1s〜0.5sくらいにとどめましょう。

疑似クラス

「:hover」のようにセレクタに追加して状態を表すものを「疑似クラス」といいます。:hoverのほかによく使われる疑似クラスには、:active（クリックして離すまでの間）、:focus（キーボード操作でリンク箇所にフォーカスされたとき）、:link（訪問したことがないリンク）、:visited（訪問したことのあるリンク）、などがあります。疑似クラスをつけることで、1つの<a>タグでもさまざまな状態に応じてスタイルを変えることができます 図2 。

> **memo**
> :linkと:visitedは<a>タグにしか使えません が、:hoverや:active、:focusは<a>タグ以外にも使うことができます。

> **memo**
> :hoverはとても便利ですが、ホバーしただけでポップアップが開いてしまう、ホバーすると要素が消えてしまうなどの表現は、ユーザーが混乱しストレスを感じます。そういったユーザーの体験を考慮してスタイルを記述しましょう。

図2 疑似クラスの使用例

HTML

```
<ul>
  <li><a href="http://example.com"> 未訪問リンク </a></li>
  <li><a href="https://books.mdn.co.jp/"> 訪問済みリンク </a></li>
  <li><a href="http://example.com"> ホバーでスタイル変更 </a></li>
  <li><a href="http://example.com"> クリックしている間 </a></li>
  <li><a href="http://example.com"> フォーカス時 </a></li>
</ul>
```

:visitedへの指定は、すべての訪問済みリンクへ反映されます（違う<a>タグでも、リンク先が同じなら同様に反映されます）。そのため、ここでは2つ目のリンクだけリンク先URLを変えています。

CSS

```
a {
  color: #00f;
  line-height: 2;
}
a:link { color: #00f; }
a:visited { color: #90a; }
a:hover { background-color: #ff0; }
a:active { background-color: #dd0; }
a:focus {
  outline: none;
  border: 4px solid #ff0;
}
```

疑似クラスを使ったスタイル指定は、互いに干渉しないよう、一般的に:link→:visited→:hover→:active→:focusの順番で記述します。

:focusにはデフォルトでoutlineプロパティを使った光彩のようなスタイルが指定されているため、それをリセットする記述。（borderプロパティについては195ページ、Lesson6-18参照）

表示結果

- 未訪問リンク
- 訪問済みリンク — 一度訪問したことがわかるように色を変えている
- ホバーでスタイル変更 — マウスが乗っている(クリックできる状態である)ことがわかるように背景色をつけている
- クリックしている間 — クリックできていることがわかるように背景色を少し変えている
- フォーカス時 — Tabキーなどで今どこにフォーカスされているかわかるように枠をつけている

> **memo**
> 疑似クラスには、このほかにもさまざまな種類があります。

Lesson 6

14

45 min

疑似要素

THEME テーマ

「疑似要素」を使うと、HTMLを触ることなくCSSだけを使って、Webページに表示される情報を追加できます。疑似要素のメリットや使い方を理解し、実際に使ってみましょう。

疑似要素とは

「疑似要素」とは、タグの中の要素にはない情報を追加したり、要素の一部分にだけスタイルを指定するものです。疑似クラスと区別するため、疑似要素はセレクタにコロンを2つつけて指定します。

::beforeと::after

見出しなどで、リストではないが先頭にマークをつけたい場合、! 要素の中に文字として●や■などの記号を入れるのは好ましくありません。そのため、::before疑似要素を使ってCSSでマークを追加します。反対に::after疑似要素は語尾にマークを入れたいときなどに使います。疑似要素は、何を挿入するかを指定するcontentプロパティとセットで使います。

- content: [疑似要素に入れる内容];

contentプロパティの値には、追加したい記号などを記入します。★や→などの記号は文字列なので、図1のように必ずダブルクォーテーション(")で囲みます。

! POINT

●や■などの記号はHTMLのテキストには本来必要ない、単なる装飾なので、HTMLには記述しないほうがよいとされています。疑似要素を使うと、HTMLの論理構造に影響を与えることなく、CSSだけを使って装飾や補足的な情報を追加することができるのがメリットです。

図1 ::beforeと::afterの使用例

HTML

```
<h3> タイトルの先頭に星マークを追加 </h3>
<a href="#"> 語尾に矢印を追加 </a>
```

要素の中に★や→は書いていない

CSS

```
h3::before { content: "★"; }
a::after { content: "→"; }
```

表示結果

★タイトルの先頭に星マークを追加

語尾に矢印を追加→

この例では::before疑似要素を使って、h3見出しの先頭に★マークを追加しています。
また::after疑似要素を使って、テキストリンクの語尾に矢印を追加しています。

その他の疑似要素

<p>タグなどで囲まれた文章の1文字目だけ大きくする::first-letter、1行目だけ色を変えたいというときに使う::first-lineなどがあります 図2。

図2 ::first-letterと::first-lineの使用例

HTML

```
<p class="letter"> 日本では、正月におせちやお雑煮
を食べる文化があります。お雑煮は地域によって具材や味付け
が様々です。博多ではかつお菜という珍しい野菜が入っていま
す。</p>

<p class="line"> このように 1 文字目だけ、また 1 行
目だけスタイルを変えることによって、読みやすくなります。
長文が続くときのアクセントにもなります。</p>
```

CSS

```
p.letter::first-letter { font-size: 2em; }

p.line::first-line { color: #f0f; }
```

表示結果

<p> 日本では、正月におせちやお雑煮を食べる文化があります。お雑煮は地域によって具材や味付けが様々です。博多ではかつお菜という珍しい野菜が入っています。

<p> このように1文字目だけ、また1行目だけスタイルを変えることによって、読みやすくなります。長文が続くときのアクセントにもなります。

1文字目だけ、また1行目だけスタイルを変えることによって、読みやすくなったり、長文が続くときのアクセントにもなります。

Lesson 6
15
60 min

レイアウトの基本「ボックスモデル」

THEME テーマ ここからは、Webページをレイアウトするプロパティについて学びます。レイアウトをする上で重要な、ボックスモデルについて知っておきましょう。

デフォルトのボックスモデル

ブロックボックスの性質を持った要素は、ボックス（またはブロック）と呼ばれる長方形のエリアを持っています。ボックスは次の4つで構成されており 図1、それぞれCSSでサイズを指定することができます。

コンテンツ／要素内容

<p>タグでいうと、文字列が並んでいる部分のことです。widthプロパティ（幅）やheightプロパティ（高さ）でサイズを指定します。

内余白（パディング）

paddingプロパティで指定します。コンテンツの外側、境界線の内側に追加される余白です。背景色や背景画像を指定した場合は、コンテンツからパディングのエリアに適用されます。

境界線（ボーダー）

borderプロパティで指定します。内余白と外余白の境界となります。

外余白（マージン）

marginプロパティで指定します。隣接するボックスとの間隔を空けるための余白です。

図1　ボックスモデルの構成要素

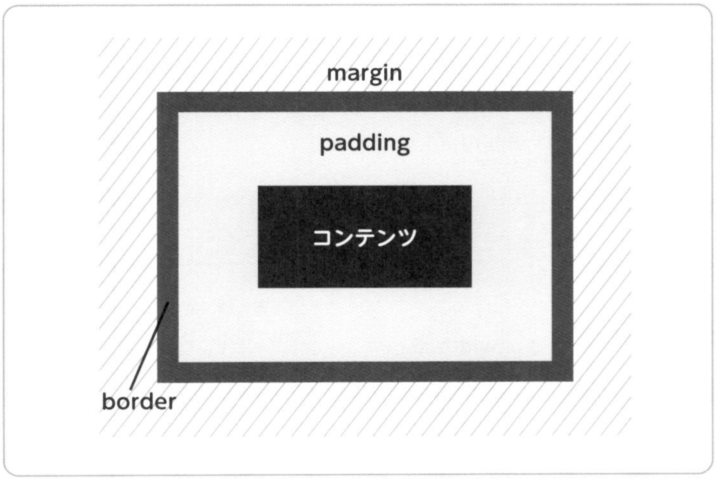

気をつけておきたい計算方法

デフォルトのボックスモデルでは、見た目のサイズとwidth/heightの数値は一致しません図2。例えば、ボックスの幅を300pxにしようとして「width: 300px;」と記述するのは間違いです。widthの外側にパディングやボーダーがつくため、ボックス全体を300pxにしたい場合は、300から左右のパディングとボーダーのサイズを引いた数字をwidthに書かなくてはなりません。

図2　デフォルトのボックスモデル

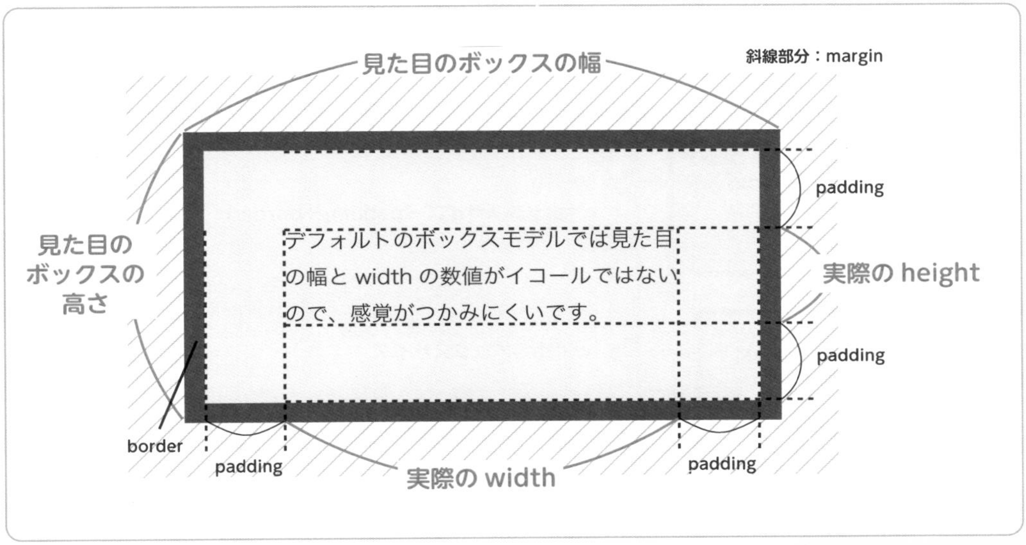

box-sizingでわかりやすくしよう

図2 のように、見た目のサイズと実際のwidth/heightの数値が違うとわかっても、Webサイトを制作する際に、すべてのボックスを逐一計算するのは非常に面倒です。そこで、box-siging プロパティを利用します。

- box-sizing: [モデル];
- 初期値：content-box（図2 のようなモデル）

box-sizing プロパティの値をborder-boxにすると、widthやheightの中にパディングとボーダーが含められることになり、見た目と数値が一致します 図3 。

memo

CSSを書く際、最初に全称セレクタ (*) に対して「box-sizing: border-box;」を指定しておくと、混乱することなくレイアウトができます。

図3 2つのボックスモデルでwidthを300pxに指定した場合

HTML

```
<p class="content">box-
sizing:content-box;<br>
要素の幅が 300px で、その外側に padding, bo
rder, margin がつきます。</p>
<p class="border">box-
sizing:border-box;<br>
要素 , padding, border, までが 300px で、
その外側に margin がつきます。</p>
```

CSS

```
p.content { box-sizing: content-box; }
p.border { box-sizing: border-box; }

p {
  width: 300px;
  padding: 20px;
  border: 6px solid #00f;
  margin: 30px auto;
  background-color: #eee;
  text-align: center;
}
p::first-line {
  font-weight: bold;
  font-size: 1.2em;
}
```

ボックスモデルを変えている

レイアウトの指定
※詳しい書き方は次ページ以降参照

その他の指定

表示結果

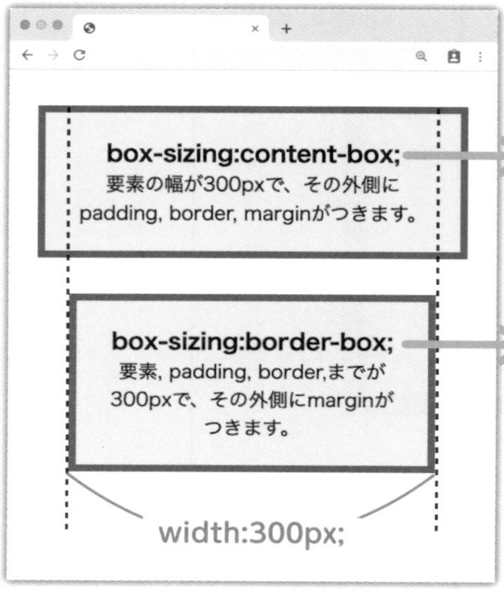

width
＝ボックスサイズ -(padding+border)

width＝ボックスサイズ

Lesson 6
16
45 min

幅と高さの指定

THEME テーマ 幅と高さの指定をするには、widthプロパティとheightプロパティを使用します。いろいろな単位の使い方を知り、最適な指定ができるようにしましょう。

幅と高さを指定する

- width: [幅サイズ];
- height: [高さサイズ];
- 初期値：auto（自動）

幅を指定するにはwidthプロパティ、高さを指定するにはheightプロパティを使用します。

> memo
> 初期値のautoは、widthとheightで感覚が異なります。「width: auto;」は親要素いっぱいまで広がる最大サイズ、「height: auto;」は子要素がぎりぎり入る最小サイズです。
> どちらも可変なのは同じで、ウィンドウを狭めるとwidthも一緒に狭くなり、そうして行送りが増えるとheightは大きくなります。

単位

幅・高さのプロパティ値にはpx、%、emをはじめ、たくさんの単位を使うことができます。

pxは数値そのままの絶対指定、%は親要素の幅や高さに対しての相対指定、emは要素のフォントサイズをもとにした何文字分という単位です。多様なデバイスが普及している現在、さまざまな画面サイズに対応していくためには、%などの相対指定に慣れておくことが大切です。

高さ指定の注意

画面の小さいデバイスや小さいウィンドウでWebサイトを開いた場合、大きな画面に比べてどうしてもテキストの行送り回数が増えてしまいます。そのため、要素に高さを指定しても、中身がはみ出してしまうおそれがあります 図1。

このように、高さの指定は少し注意が必要です。どうしても高さの指定が必要という場合を除き、基本的に初期値（auto）のままにしておきましょう。

> memo
> このときの「初期値のまま」とは、「height: auto;」と指定する以外に、CSSにheightプロパティそのものを記述しないことも含みます。

図1 指定した高さから中身がはみ出る場合がある

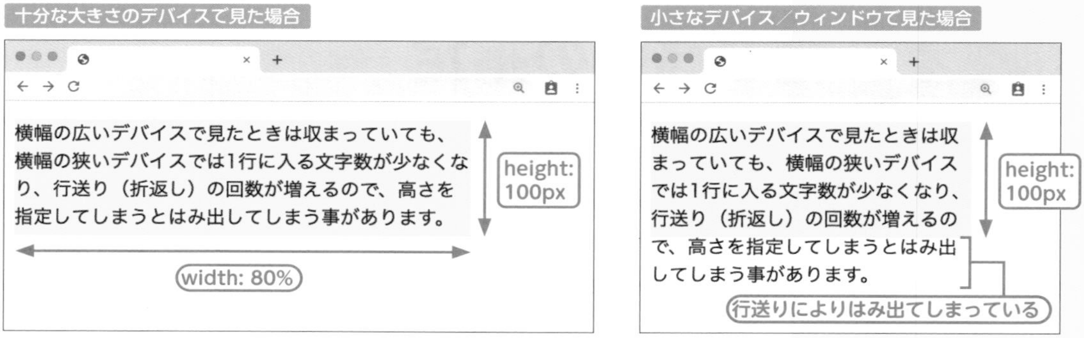

ビューポートを使った新しい単位

ビューポートとは、Webページが表示されている範囲、つまりWebブラウザのウィンドウの表示範囲のことです。これを基準にしたvw、vhという2つの単位があります。vw（viewport width）とは、ウィンドウ幅を100とした単位で、1vwは画面幅の1%となります 図2。%指定と似ていますが、親要素ではなく常にウィンドウ幅を基準とするのでレイアウトしやすく、またheightの指定にも使えるので、画面幅を基準にした高さを指定することができます。vh（viewport height）とは、ウィンドウの高さを100とした単位です。画面いっぱいに画像を表示させるなど、さまざまな画面サイズに対応できるのが強みです。ただし、事前にしっかり設計しておかないと、表示崩れの原因にもなりかねないので気をつけましょう。

図2 スマートフォンやパソコンのビューポート

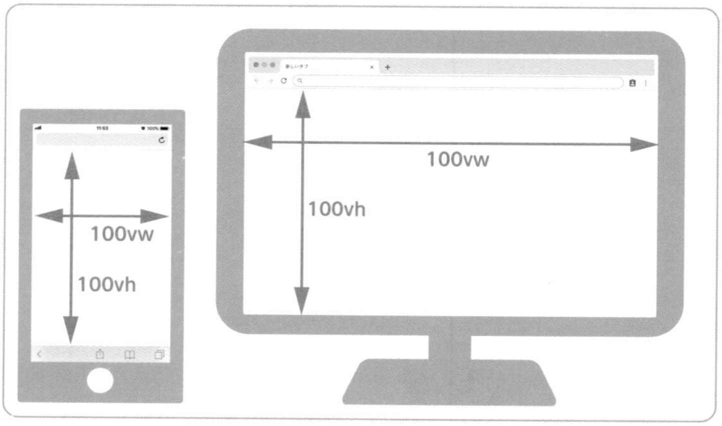

Lesson 6

17

45 min

内余白(パディング)の指定

THEME テーマ

ここではボックスの内余白(パディング)の指定と、改めてボックスモデルについて考えてみましょう。

内余白(パディング)

要素と境界線の間の余白を指定します。上下左右それぞれにサイズの指定ができ、単位はwidthやheightと同じく長さの単位がすべて使えます。

パディングを指定するプロパティには、ショートハンドプロパティであるpadding(1つのプロパティを使って上下左右のパディングをまとめて指定できる)のほか、上下左右のパディングを個別に指定するpadding-top、padding-bottom、padding-left、padding-rightがあります 図1。

memo

パディングに%を使う場合、上下のパディングであってもサイズの基準は親要素のwidthになるので、注意が必要です。

memo

コンテンツと境界線(ボーダー)の間の余白がパディングです。paddingは日本語で「詰め物」などの意味があります。

図1 paddingの位置

HTML

```
<p> 基本的な padding の指定の仕方 </p>
```

CSS

```
p {
  background-color: #60bfaa;
  color: #fff;
  text-align: center;
  width: 110px;
  padding-top: 40px;
  padding-bottom: 40px;
  padding-left: 40px;
  padding-right: 40px;
}
```

レイアウトの指定

表示結果

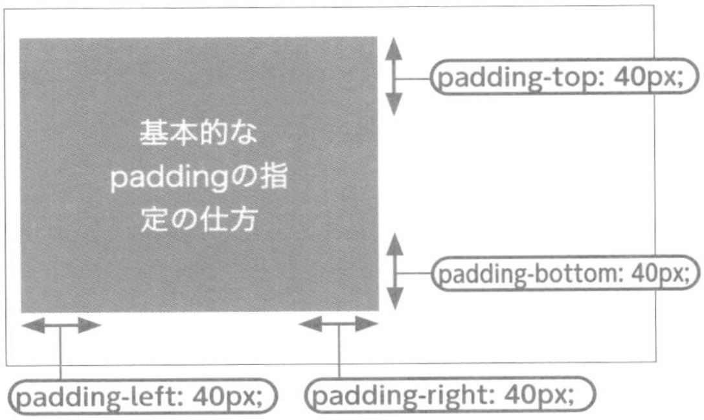

ショートハンド

- padding: [サイズ];

paddingプロパティでは、上下左右4つのプロパティをまとめて書くことができます。値を書く数で、適用される辺が変わります 図2。

図2 paddingの指定の仕方

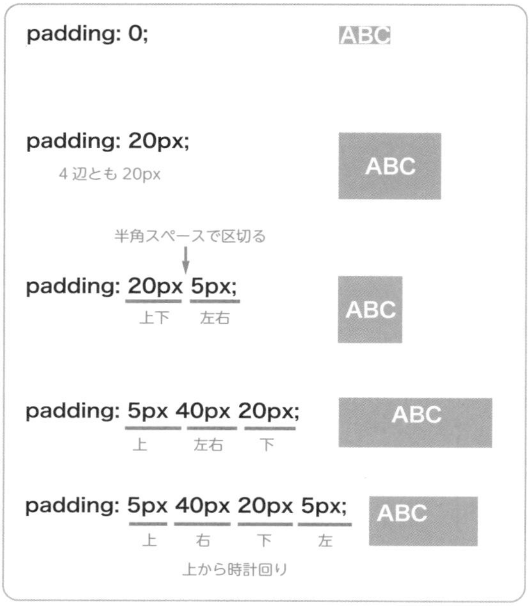

単位の混在したボックス？

width が 50% の要素に「padding: 20px;」をつけると、ボックスの幅は、親要素の何%になるでしょうか？　デフォルトのボックスモデルだと、width の外側に padding がつくのでとてもわかりにくいですね。

Lesson6-15（→190ページ）で学んだように、ボックスモデルは box-sizing プロパティで切り替えることができます。値を border-box にしておけば、width 50% の内側に 20px の余白がつくので、ボックス自体の幅も 50% です 図3。

図3 box-sizingの値をcontent-boxにした場合とborder-boxにした場合

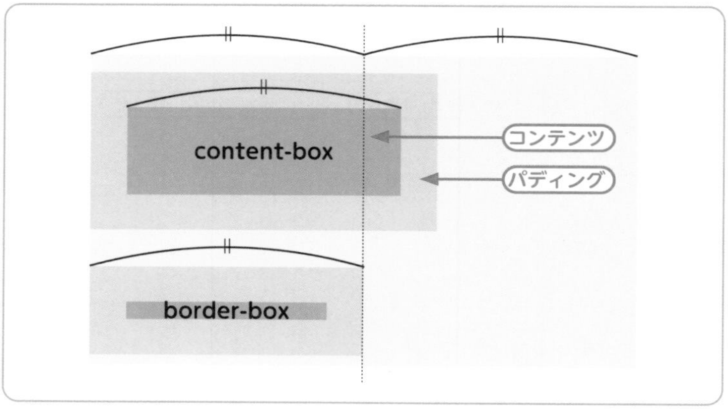

memo

0pxにする場合は、単位を省略して「0」と記述できます。

Lesson 6

18 境界線(ボーダー)の指定

45 min

THEME テーマ ボーダー(境界線)の種類や記述方法について学びます。borderはpadding同様、ショートハンドで一括指定ができたり、1辺ずつ指定することも可能です。

ボーダーを指定するプロパティ

- border-width: [ボーダーの幅];
- border-style: [ボーダーの形];
- border-color: [ボーダーの色];

ボーダーは、ボックスにおける内余白(パディング)と外余白(マージン)の境界線であり、幅・形・色の3つの指定が必要です。幅の単位にはpxやemなどを使い、色は文字色や背景色と同じくカラーコードを使います。ボーダースタイルの値でよく使われるのは 図1 にあるsolid、dotted、dashed、doubleの4つですが、ほかにもさまざまな種類があります。

図1 ボーダーの形

HTML

```
<div class="solid"><p>solid</p></div>
<div class="dotted"><p>dotted</p></div>
<div class="dashed"><p>dashed</p></div>
<div class="double"><p>double</p></div>
```

CSS

```
div {
  border-width: 6px;
  border-color: #f00;
}
div.solid { border-style: solid; }
div.dotted { border-style: dotted; }
div.dashed { border-style: dashed; }
div.double { border-style: double; }
```

共通指定(border-width、border-color)

border-styleをそれぞれ指定

※ボーダー以外のCSS記述は省略してあります。

表示結果

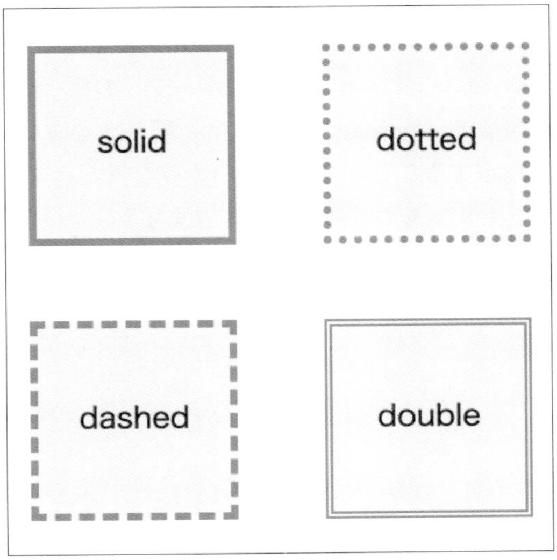

ショートハンド

● border: [ボーダーの幅] [ボーダーの形] [ボーダーの色];

ボーダーの幅・形・色の指定は、borderプロパティ1つでまとめることができます 図2。各指定の間は半角スペースで区切ります。

図2 ショートハンドでのボーダーの指定

HTML

```
<p> ショートハンドでボーダーを指定 </p>
```

CSS

```
p {
  box-sizing: border-box;
  width: 160px;
  padding: 6px;
  border: 4px solid #000;
}
```

表示結果

ショートハンドで
ボーダーを指定

ボーダーを1辺のみ／1辺ずつ指定する

● border-top: [幅 形 色];
● border-bottom: [幅 形 色];
● border-left: [幅 形 色];
● border-right: [幅 形 色];

border-topプロパティで上のボーダー、border-bottomプロパティで下のボーダー、border-leftプロパティで左のボーダー、border-rightプロパティで右のボーダーの幅・形・色を指定します。値の書き方はborderプロパティと同じショートハンドです。1辺ずつ指定することで、見出しのような見た目にしたり、ボックスにアクセントをつけることができます。

ボーダーとコンテンツ（図3ではテキスト）との距離は、読みやすいようにpaddingで調整します。

memo

border-top-width、border-top-style、border-top-colorのようにボーダーの幅・形・色を個別に指定するプロパティもありますが、CSSのコードが長くなり、効率が悪いため、borderで4辺をまとめて指定するか、border-topなどで1辺ずつ指定するのが一般的です。

193ページ、Lesson6-17参照。

図3 さまざまなボーダーの使い方

HTML

```
<p class="leftBottom">左辺・下辺のみ</p>
<p class="TopBottom">上下に二重線</p>
<p class="fourColors">1辺ずつ色を変える</p>
```

CSS

```
p{
  box-sizing: border-box;
}

p.leftBottom {
  border-left: 10px solid #f00;
  border-bottom: 2px solid #f00;
}

p.TopBottom {
  border-top: 3px double #000;
  border-bottom: 3px double #000;
}

p.fourColors {
  border-top: 10px solid #99f;
  border-bottom: 10px solid #00a;
  border-left: 10px solid #ccf;
  border-right: 10px solid #55f;
}
```

共通指定

※ボーダー以外のCSS記述は省略してあります。

表示結果

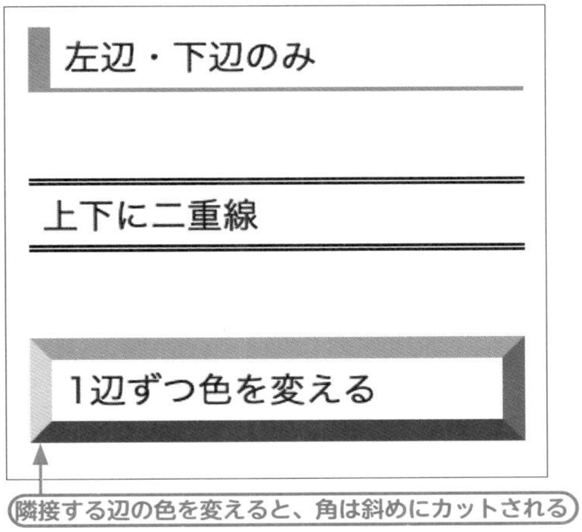

ボックスを角丸にする

- border-radius: [角丸の半径];
- 初期値：0

角丸の半径はpxで指定します。border-radiusプロパティは、名前にborderと入っていますが、ボーダーなしのボックスにも適用できます 図4 。

memo

border-radiusプロパティの値を1つだけ書いた場合は、すべての角に同じ半径が適用されます。値を4つ書いた場合は、左上、右上、右下、左下という時計回りの指定になります。

図4 角丸の例

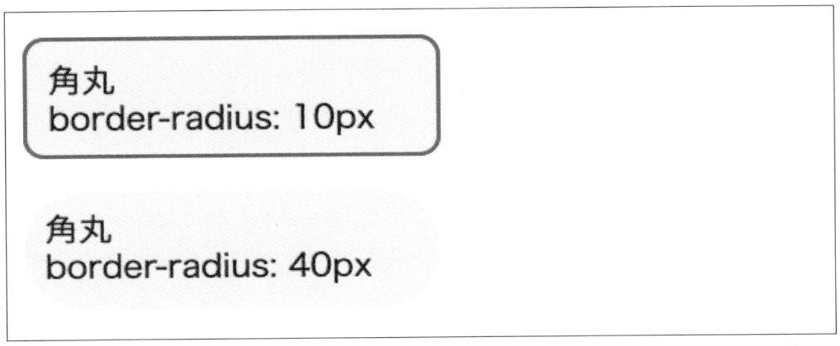

上はボーダーのあるボックスを半径10pxの角丸にした例、下はボーダーなしのボックスを半径40pxの角丸にした例です。

Lesson 6

19

45 min

ボックス同士の間隔(マージン)を指定する

THEME テーマ

ボックスのマージンを指定し、その特性について学びましょう。マージンはボックスの外余白ですが、ボックス同士の距離と考えると捉えやすいでしょう。

外余白(マージン)

- margin-top: [サイズ];
- margin-bottom: [サイズ];
- margin-left: [サイズ];
- margin-right: [サイズ];

ボーダーの外側の余白(マージン)を指定します。paddingと同様、margin-topプロパティで上のマージン、margin-bottomプロパティで下のマージン、というように上下左右それぞれにサイズの指定ができます。単位は、pxなど長さの単位がすべて使えます。

なお、マージンは、content-boxとborder-boxのいずれのボックスモデルでもwidthには含まれません。

memo

マージンに%を使う場合、上下のマージンであってもサイズの基準は親要素のwidthになります。

190ページ、**Lesson6-15**参照。

ショートハンド

- margin: [サイズ];

marginプロパティでは、上下左右4つのプロパティをまとめて書くことができます。値を書く数で、適用される辺が変わります 図1。書き方はpaddingと同じです。左右の値をautoにすると、親要素に対しボックスを水平方向の中央に配置することができます。ただし、上下をautoにしても垂直方向の中央にはなりません。

193ページ、**Lesson6-17**参照。

memo

左右マージンをautoにしても、テキストが中央揃えになるわけではありません。テキストの中央揃えには「text-align: center;」(→181ページ、Lesson6-11)を使います。テキストの中央揃えとボックスの中央配置はとても混同しやすいので、ここでしっかり覚えましょう。

図1 marginの指定の仕方

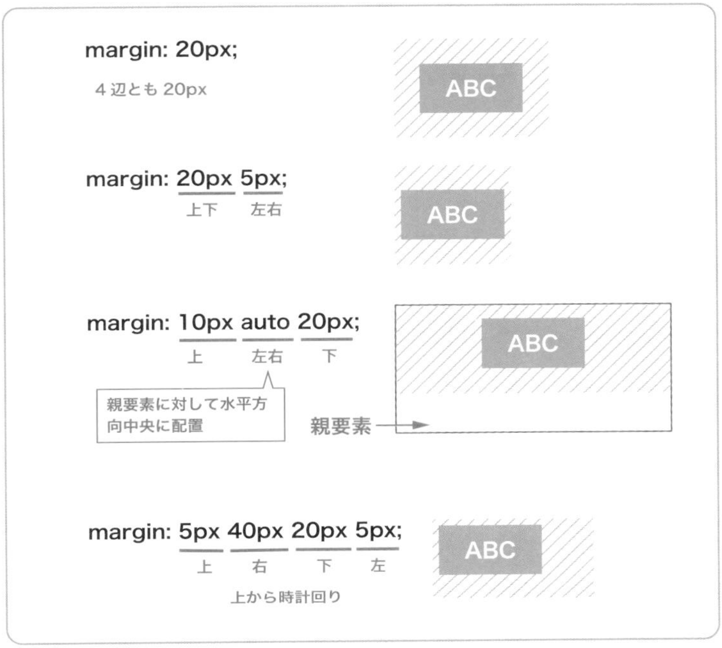

marginの相殺

marginを上下とも40pxにしたボックスを、2つ縦に並べたとき、ボックスとボックスの隙間は単純計算だと80pxになると考えられます。しかし、実際にはmarginとmarginは垂直方向に重なる性質を持っているため、2つの隙間は40pxとなります。これを「marginの相殺」といい、2つのボックスの上下marginが直接触れ合っているときに起こります。サイズの違うmarginが触れ合う場合は、数値の大きいほうが適用されます 図2 。

図2 marginの相殺の例

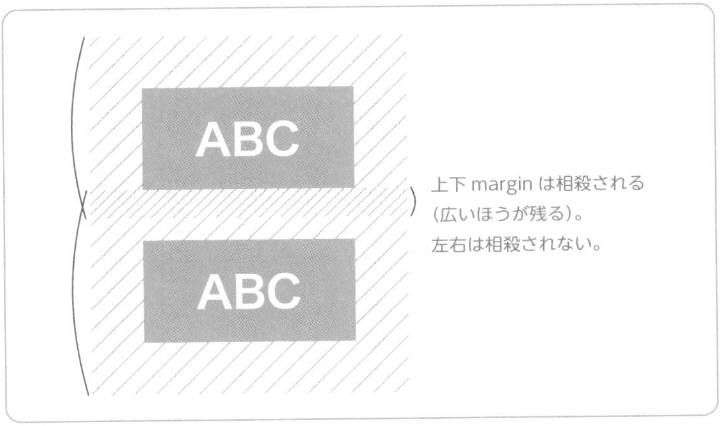

POINT

marginの相殺は、理解するまでに時間がかかる特性といえます。しかし、何度か失敗してみないとなかなか覚えづらい特性でもあるので、CSSの記述に慣れるまでは気にせず書いてみて、「marginが効かない！」と壁に当たったときに、何か特性があったな、と思い出してみてください。

memo

予期せぬ相殺を避けるため、縦方向のmarginはtopだけ（もしくはbottomだけ）に指定するなど、自分の中でルールを決めておきましょう。

Lesson 6

20

60 min

背景に画像を指定する

THEME テーマ

背景の基本的な指定方法を学び、いろいろな見せ方をしてみましょう。背景に関するプロパティは多く、多様な表現が可能です。

背景に関するプロパティ

背景の指定は、ブロックボックス・インラインボックスの要素どちらにも適用できます。背景画像をタイルのように敷き詰めたり、1枚だけを固定配置したりと、プロパティの組み合わせで多様な表現ができます。ここでは基本の表現方法を学びます。

memo

画像ファイルのパスは、必ずCSSファイルから見たパスを書きます。HTMLファイル上で<img>タグに書くときとは少しパスが変わるため、注意が必要です。

● background-image: [画像パス];

背景画像を参照します。値はurl( )の形でパスを記述します。

● background-color: [色指定];

背景色を指定します。

memo

背景色の指定については176ページ、Lesson6-09でも解説しています。

● background-position: [横位置] [縦位置];

背景画像の位置を指定します。半角スペースで区切って横位置、縦位置の順に書きます。横位置はleft/center/right(左／中央／右)、縦位置はtop/center/bottom（上／中央／下）が使えるほか、pxや%で記述すると領域の左上からの距離を指定できます。

● background-repeat: [リピートの指定];

初期値はrepeatで、縦横に画像をタイル状にリピート(繰り返し)します。横にのみリピートする場合はrepeat-x、縦にのみリピートする場合はrepeat-y、リピートしない場合はno-repeatと書きます。

ショートハンド

● background: [背景に関する一括指定];

背景に関するプロパティはとてもたくさんあるため、ショートハンドで一括指定する方法を覚えましょう 図1。値は1つずつ半角スペースで区切ります。各値の順序は自由です。

memo

記述を省略したプロパティ値には、初期値が適用されます。また、画像を読み込めなかった場合を想定して、背景色も指定しておきましょう。

図1 背景に関する一括指定

この例では、背景画像にCSSと同じ場所にある「bg_dot.png」を指定し、背景画像の位置は左上として、縦横にリピート表示しています。背景色（#9fd9f6＝水色）の指定は、画像を読み込めなかった場合のものです。

パターン画像を敷き詰める

図1 のCSSをbody要素に適用すると、結果は 図2 のようになります。

図2 図1 の表示結果

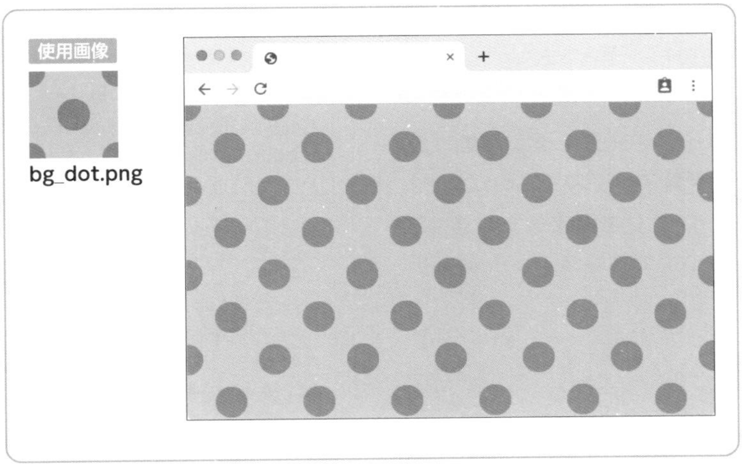

リピートしない配置

background-repeatをno-repeatにすると、リピートせずに1枚だけ配置することができます 図3 。また、background-positionで配置する位置を決めます。

図3 背景画像をリピートしない場合

CSS

```
body {
  height: 100vh;
  background: url(bg_cat.png) right
bottom no-repeat;
}
```

使用画像

表示結果

この例では、背景画像にCSSと同じ場所にある「bg_cat.png」を指定し、背景画像の位置（background-position）は右下として、リピートせずに表示しています。body要素には高さ100vh（Webブラウザのウィンドウの高さいっぱい）を指定しています。

背景画像のサイズを調整する

- background-size: [キーワードや数値];
- 初期値：auto

背景画像は、使う場所に合わせてサイズを変更することができます。数値の場合は幅・高さの順で、半角スペースで区切ります。また、coverまたはcontainというキーワードを指定した場合は、画面サイズが変わっても歪むことがないので、レスポンシブデザインを行う上でとても便利です。

memo

pxや%で指定するときは、幅か高さどちらかをautoにすると画像の縦横比が保てます。

memo

background-sizeプロパティをショートハンドで扱う場合、背景画像の位置指定の値の直後に「/（半角スラッシュ）」を入れ、その後ろに値を入れる必要があります。

図4 の例は、いずれの背景画像も 図3 と同じbackgroundプロパティ値を適用した上で、background-sizeプロパティにpx、%、cover、containを指定したものです。

図4 背景画像のサイズの調整例

HTML

```
<div class="px">150px 50px <br>px指定は、背景画像自体のサイズを調整します。</div>
<div class="per">50% 50% <br>%指定は、領域に対しての割合です。</div>
<div class="cover">cover <br>比を保ったまま領域全面を覆う最小サイズ。一部が見切れます。</div>
<div class="contain">contain <br>比を保ったまま画像を最大限大きく表示するサイズ。上下か左右に余白が出ます。</div>
```

CSS

```
div { background: url(bg_cat.png) right bottom no-repeat; }
.px { background-size: 150px 50px; }
.per { background-size: 50% 50%; }
.cover { background-size: cover; }
.contain { background-size: contain; }
```

共通指定（div { background: … }）

background-sizeをそれぞれ指定（.px／.per／.cover／.contain）

※背景に関するCSS以外のCSS記述は省略してあります。

表示結果

幅と高さをともに数値で指定した場合は、pxの場合も%の場合も画像の縦横比が保たれず歪んでしまいます。一方、coverまたはcontainを指定した場合は、歪むことがありません。

Lesson 6

21

45 min

要素の性質を切り替えるdisplayプロパティ

THEME テーマ

Lesson5-07で学んだ、HTMLのタグが持っているブロックボックス／インラインボックスの性質はCSSで変更できます。また、要素自体を非表示にできる「display: none;」の使い方も合わせて紹介します。

要素の性質および表示を切り替える

● display: [状態];

displayプロパティを使って、要素のブロックボックス／インラインボックスの性質および表示を切り替えます。主に使われる値は次の4通りです。

● inline

指定した要素をインラインボックスの性質にして表示させます。ボックスモデルの概念がないので、幅や高さはつけられません。

● block

指定した要素をブロックボックスの性質にして表示させます。ボックスモデルの概念を持ち、前後に改行が入ります。

● inline-block

ブロックボックスの性質（ボックスモデルの概念）を持ちながら、表示はインラインと同じように横並びになります。幅が指定されていない場合、要素の幅はinlineのときと同じように、要素内容がぎりぎり収まる最小サイズになります。

● none

非表示にさせます。幅や高さも0になり、スペース自体省略されます。

memo

inlineやinline-blockで要素を左右横並びにレイアウトしようとすると、できることが限られたり、気をつけなければいけないことがあるため、ほかの手段を検討しましょう。後述するflexbox（209ページ、Lesson6-23参照）か、CSS Grid（216ページ、Lesson6-24参照）を使うほうがよいでしょう。

memo

displayプロパティを使って子要素をレイアウトする指定には、ほかにも「display: flex;」（209ページ、Lesson 6-23参照）や「display: grid;」（216ページ、Lesson6-24参照）などがあります。

図1では、インラインボックスの性質を持つ<span>タグに対し、displayプロパティを使ってその性質を切り替えています。

図1 ブロックボックス／インラインボックスの性質の切り替え

HTML

```
<h1>display: inline;</h1>
<p class="inline">
  <span>1</span>
  <span>2</span>
  <span>3</span>
</p>

<h1>display: block;</h1>
<p class="block">
  <span>1</span>
  <span>2</span>
  <span>3</span>
</p>

<h1>display: inline-block;</h1>
<p class="inline-block">
  <span>1</span>
  <span>2</span>
  <span>3</span>
</p>

<h1>display: none;</h1>
<p class="none">
  <span>1</span>
  <span>2</span>
  <span>3</span>
</p>
```

CSS

```
span {
  padding: 5px;
  width: 60px;
  margin-bottom: 4px;
  text-align: center;
}
.inline span { display: inline; }
.block span { display: block; }
.inline-block span { display: inline-block; }
.none span { display: none; }
```

<span>タグの共通指定

displayをそれぞれ指定

※displayとレイアウトに関するCSS以外のCSS記述は省略してあります。

表示結果

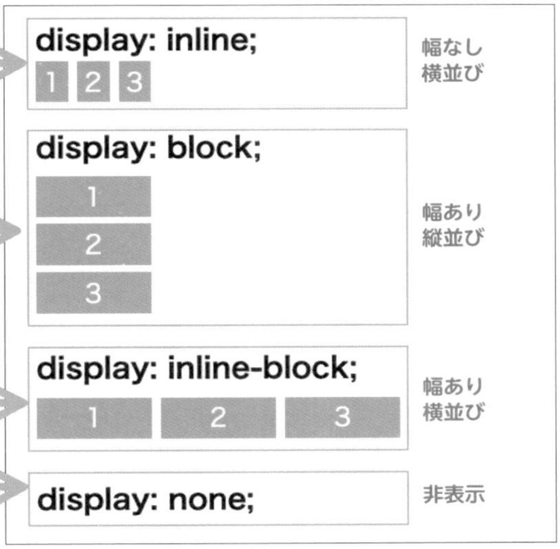

何のための非表示？

「display: none;」はただ隠すのではなく、「表示を切り替える」目的で多く使われます。

例えば、パソコンでは画像や写真は横向きが一般的ですが、スマートフォンでは縦向きにしたほうが見やすいことがあるので、スマートフォン表示用の画像とパソコン表示用の画像を作成し、メディアクエリを用いてアクセスするデバイスに応じて画像を切り替える、といった手法です図2。

WORD メディアクエリ

メディアの種類や、画面幅の大きさごとにCSSを書き分ける手法。画面幅の大きなパソコンと小さなスマートフォンでは見え方や見る人の環境も違うので、それぞれに最適なレイアウトをするために使う。

図2 画像の切り替え

パソコンで見やすい画像でも、スマートフォンでは見づらい場合があるので、
・スマートフォン表示用の画像
・パソコン表示用の画像
の2つを作成し、メディアクエリを用いて、常にどちらか一方を「display: none;」、もう一方を「display: block;」にする。

ほかにも、スマートフォンサイトによく見られる、メニューボタンをタップするとナビゲーションメニューが表示されるという表現にも「display: none;」がうまく使われています。JavaScriptで、メニュー部分のdisplayプロパティの値をnoneからblockに切り替えることで「消えたり現れたり」と表現しています。※違う方法で実装しているケースもあります。

memo

「display: none;」を使った要素は、ユーザーからは見えなくなりますが、コード自体は残っていてコンピューターに読み込まれています。以前はそれを悪用して、検索エンジンの検索結果の順位を上げるためサイトに関係のないコンテンツを意図的に入れ込み、「display: none;」で非表示にするスパム行為が横行したことがありました。現在は、ユーザーに見せている情報とコンピューターに見せている情報が乖離していればスパム行為とみなされ、Googleからペナルティを受けることがあります。画像もなるべく切り替えないで済むように心掛けましょう。

Lesson 6

22 ブロックをレイアウトするさまざまな方法

15 min

THEME テーマ　Webページをレイアウトしていくための仕組みは数種類あります。それぞれの特性を理解し、目的に合った方法を選べるようになりましょう。

ブロックをレイアウトする方法

デフォルトでは縦に積まれていくブロックを、図1のように横並びにしたり重ねたりと動かしていくには、いくつかの方法があります。

図1 ブロックのレイアウト

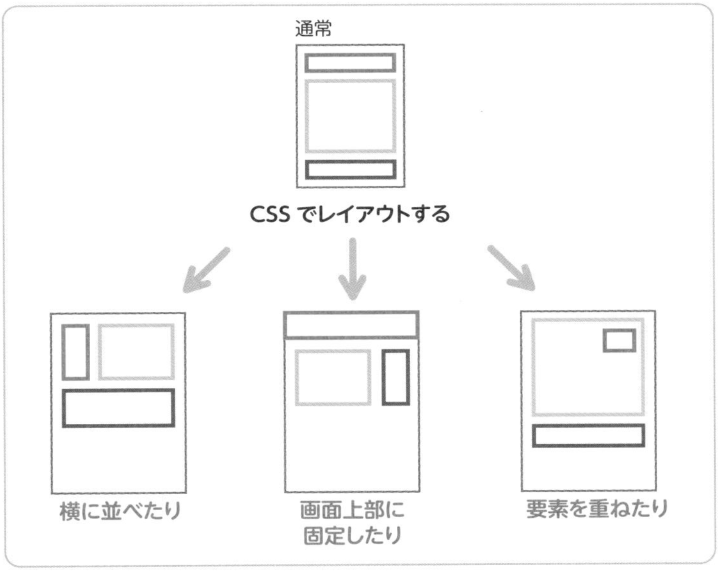

現在多く用いられる手法は、Flexible Box Layout Module（以下「flexbox」）です。1行書くだけで要素を横並びにでき、さらにカスタマイズ性にも富んでいます。レスポンシブWebデザインととても相性のよい手法です。

209ページ、**Lesson6-23**参照。

ほかの方法として、CSS Grid Layout Module（以下「CSS Grid」）があります。横並びだけでなく、二次元グリッドを作り、それに合わせたグリッドレイアウトが可能です 図2 。

216ページ、**Lesson6-24**参照。

図2 flexboxとCSS Grid

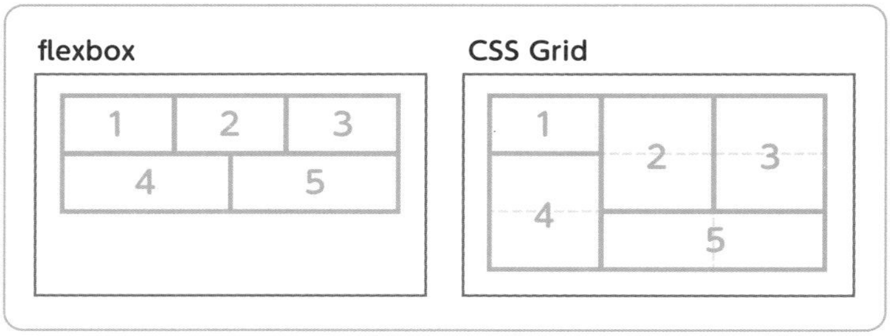

memo

2010年代前半までは、要素をレイアウトする際にはfloat（フロート）というプロパティを使ったレイアウト手法が主流でしたが、近年ではflexboxとCSS Gridが中心に使われることがほとんどです。

要素を自由な位置に配置する

positionプロパティは横並びとは違い、要素同士を重ねたり、ずらしたり、親要素から飛び出したりと、自由な配置をします。メニューボタンやページトップに戻るボタンのように、スクロールしても画面に固定させる指定もpositionで行います。

220ページ、**Lesson6-25**参照。

このように、作りたいレイアウトによってさまざまな方法があります。それぞれの特徴を知り、目的に合った方法を取り入れましょう。

Lesson 6

23

120 min

flexboxを使ったレイアウト

THEME テーマ

Flexible Box Layout Module（以下「flexbox」）を使うとさまざまなレイアウトが可能になります。使い方を身につけて、レイアウトの幅を広げましょう。

flexboxの基本

● display: flex;

横並びにしたい要素の親要素にこの1行を書くだけで、親要素の直下にある子要素が左から横並びになります 図1。デフォルトでは下記のような設定になっていて、いずれもカスタマイズが可能です。

- カラム落ちしない
- 幅はアイテムの内容量によって自動で決まる
- 高さは一番長いアイテムに揃う

図1 「display: flex;」の適用前と後

HTML

```
<ul class="container">
  <li class="item1"><a href="#"> トップ </a></li>
  <li class="item2"><a href="#"> 店舗紹介 </a></li>
  <li class="item3"><a href="#"> ブログ </a></li>
  <li class="item4"><a href="#"> お問い合わせ </a></li>
</ul>
```

CSS

```
.container { display: flex; }
```

※横並び以外のCSS記述は省略しています。

表示結果

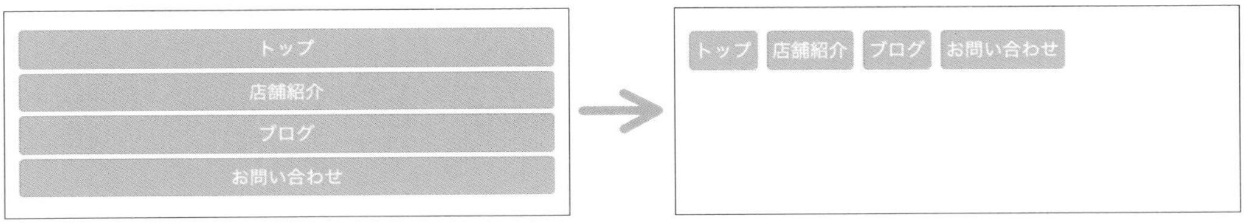

フレックスコンテナとフレックスアイテム

「display: flex;」を指定している要素（親要素）を「フレックスコンテナ」と呼び、フレックスコンテナの直下にある要素（子要素）を「フレックスアイテム」と呼びます 図2。ポイントは、「display: flex;」を指定した場合、その内側の要素にまでフレックスアイテムとして影響が及ぶことで、この挙動を掴むことが大切です。

> **memo**
> 以降では「フレックスコンテナ」を「コンテナ」、「フレックスアイテム」を「アイテム」と呼ぶことにします。

図2 フレックスコンテナとフレックスアイテム

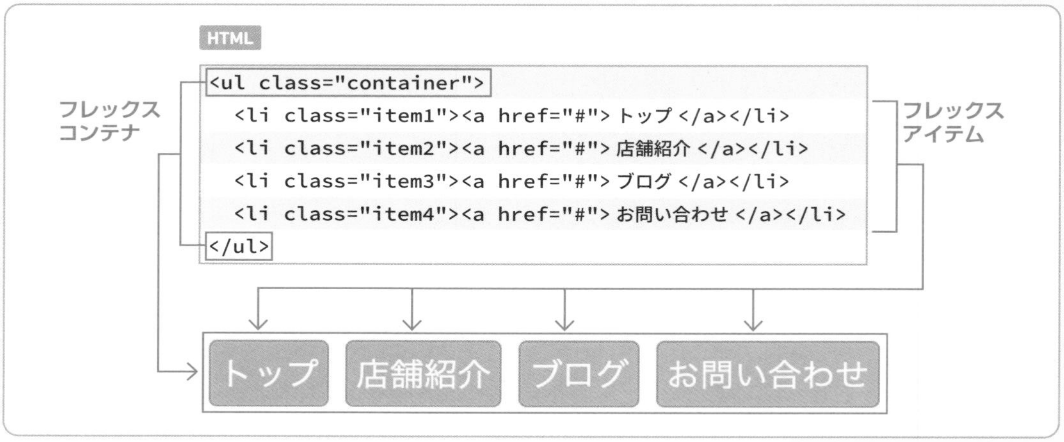

カスタマイズ1：並べる向きを変える

- flex-direction: [row/row-reverse/column/column-reverse];
- 初期値：row（左から横並び）

コンテナに対して指定します。rowは左から横並びで、row-reverseは右から横並びになります 図3。また、columnは上から縦並びで、column-reverseは下から縦並びになります。

カスタマイズ2：カラム落ちさせる

- flex-wrap: [nowrap/wrap/wrap-reverse];
- 初期値：nowrap（カラム落ちさせない）

コンテナに対して指定します。ナビゲーションのように1行に収めたい場合はnowrap、記事一覧やギャラリーのように複数行にわたる場合はwrapにします。wrap-reverseは複数行で下から積み上がっていく形になります 図4。

図3 flex-directionの値と並び順

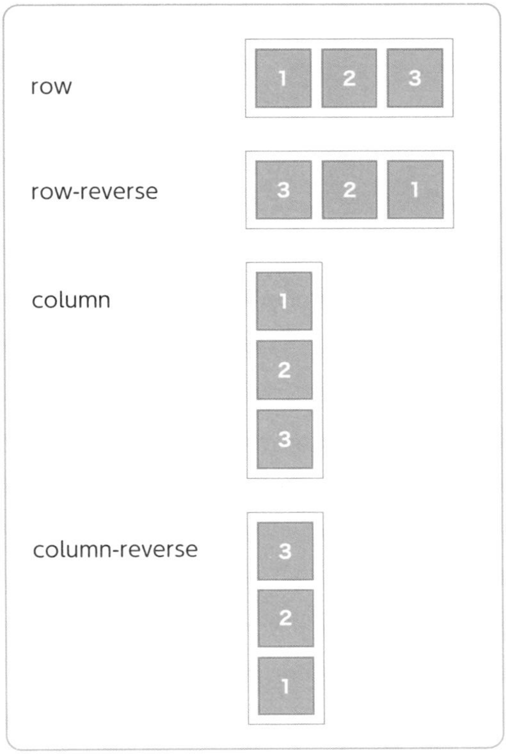

図4 flex-wrap

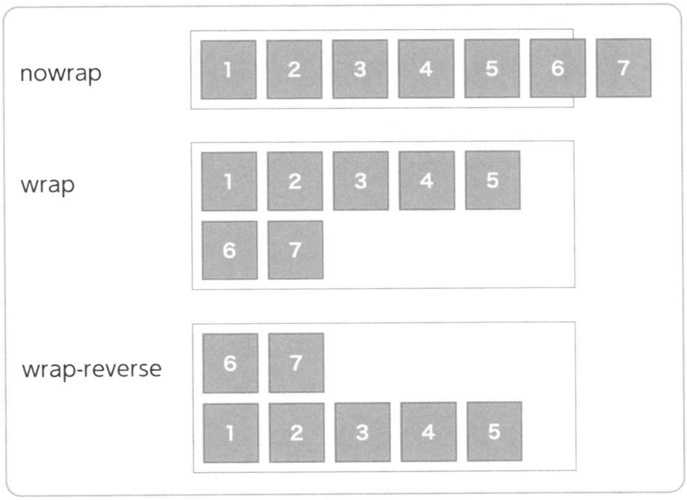

カスタマイズ3：配置位置を変える

配置を制御するプロパティとして、水平方向を制御するjustify-contentプロパティ、垂直方向を制御するalign-itemsプロパティ、要素間の余白を制御するgapプロパティがあります。

- justify-content: [flex-start/center/flex-end/space-between/space-around/他];
- 初期値：flex-start（水平方向左揃え）

コンテナに対して指定します。flex-startはアイテムの左配置、centerは中央配置、flex-endは右配置となります。また、均等配置についての値は2種類あり、space-betweenではコンテナの左端から右端まで均等にアイテムを配置し、space-aroundは左端・右端にも余白を作ります 図5。

図5 justify-contentプロパティの位置

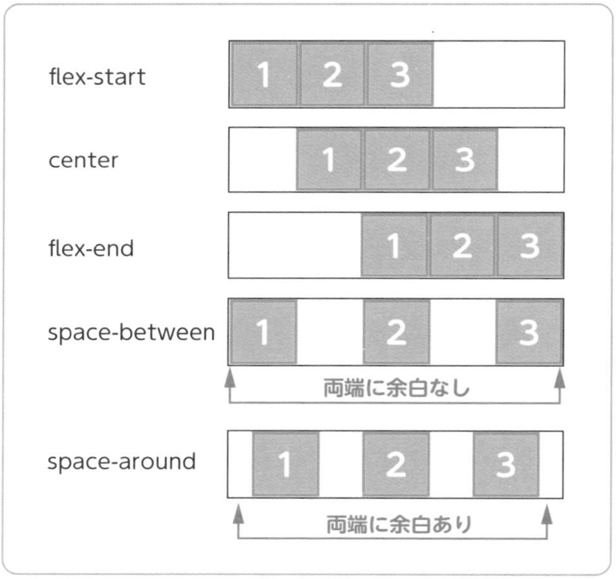

- align-items: [stretch/start/center/end/ほか];
- 初期値：stretch

コンテナに対して指定します。初期値のstretchは、アイテムがコンテナの高さいっぱいまで広がります。startはアイテムがコンテナの上配置になり、centerは中央、endは下配置となります 図6。

POINT

justify-contentを「水平方向」、align-itemsを「垂直方向」と表していますが、これは210ページで扱ったflex-directionプロパティの値が「row」のとき、つまりデフォルト設定のときの方向です。「flex-direction: column;」となる場合は、justify-contentは「垂直方向」、align-itemsは「水平方向」となります。

図6 align-itemsプロパティの値と位置

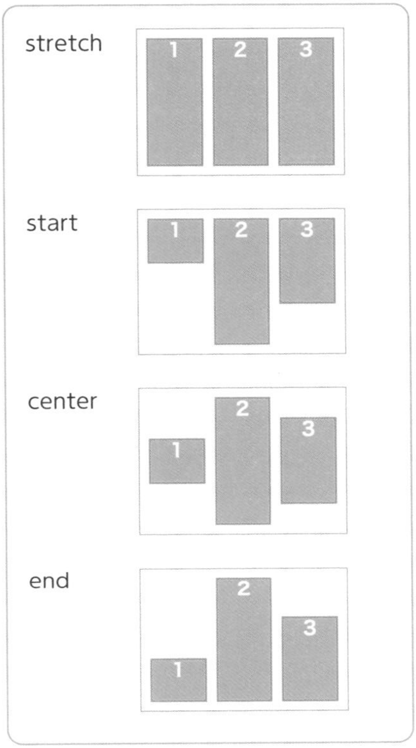

「align-items: stretch;」はカード状の情報を並べるレイアウトなどで、テキスト量で高さが変わってしまうようなレイアウトの高さを揃えたいときに有効です図7。

図7 「align-items: stretch;」の挙動

● gap: [サイズ];

コンテナに指定したgapプロパティは、アイテムとアイテムの隙間を指定できます。値を2つ指定した場合は最初の値が垂直方向、後の値が水平方向の隙間、1つ指定した場合は両方の隙間となります 図8 。

図8 gapプロパティの指定による隙間

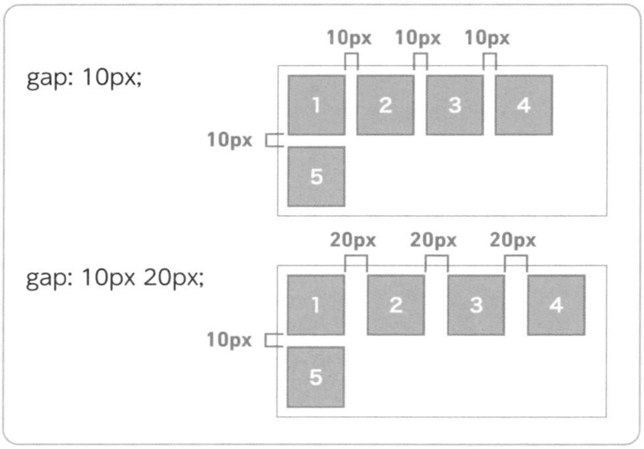

カスタマイズ4：アイテムの幅を指定する

● flex: [幅の伸びる比率] [幅の縮む比率] [基本幅];
● 初期値：0 1 auto

アイテムに対して指定します。flex-grow（伸びる比率）、flex-shrink（縮む比率）、flex-basis（基本幅）のショートハンドプロパティです。

flex-basis（基本幅）はpxや%で指定しますが、必ずしもその幅になるわけではなく、伸縮の比率と掛け合ってコンテナに収まるように調整されます。

コンテナ内にできた余白は、flex-growの比率で各アイテムに割り振られます 図9 。逆にアイテムがコンテナをはみ出してしまう場合は、flex-shrinkの比率で縮めます 図10 。

memo

gapプロパティはCSS Gridを使う際のアイテム間の隙間の調整にも適用できます（218ページ、Lesson6-24）。

memo

各比率には正の整数を使います。flex-shrinkを0にしてしまうと、flex-basisの値によってはコンテナをはみ出したままになってしまうので、1以上にしておくのがよいでしょう。

図9 **アイテムの伸びる比率**

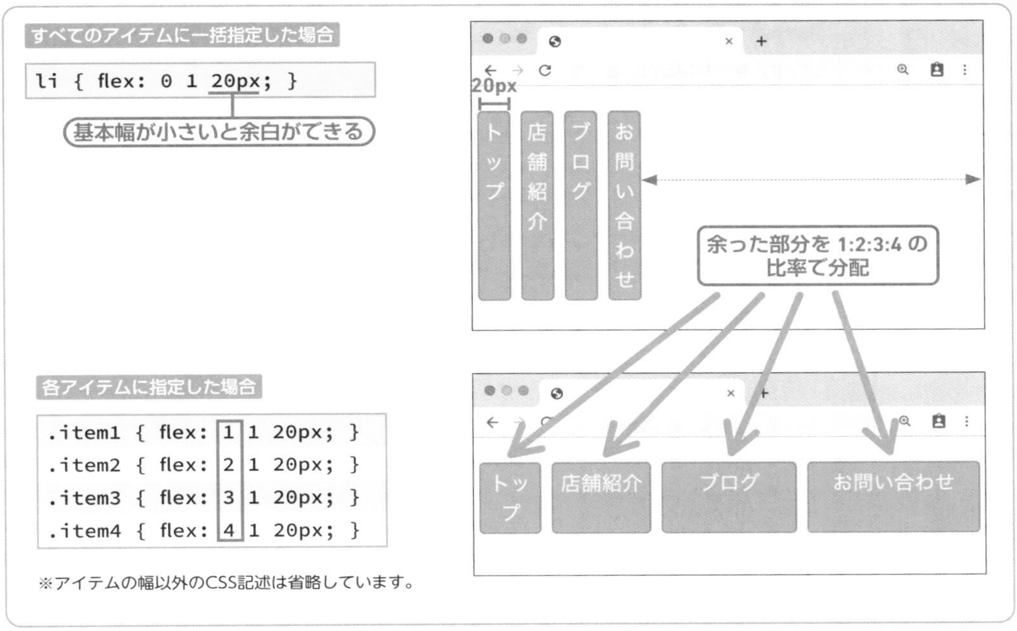

図10 **アイテムの縮む比率**

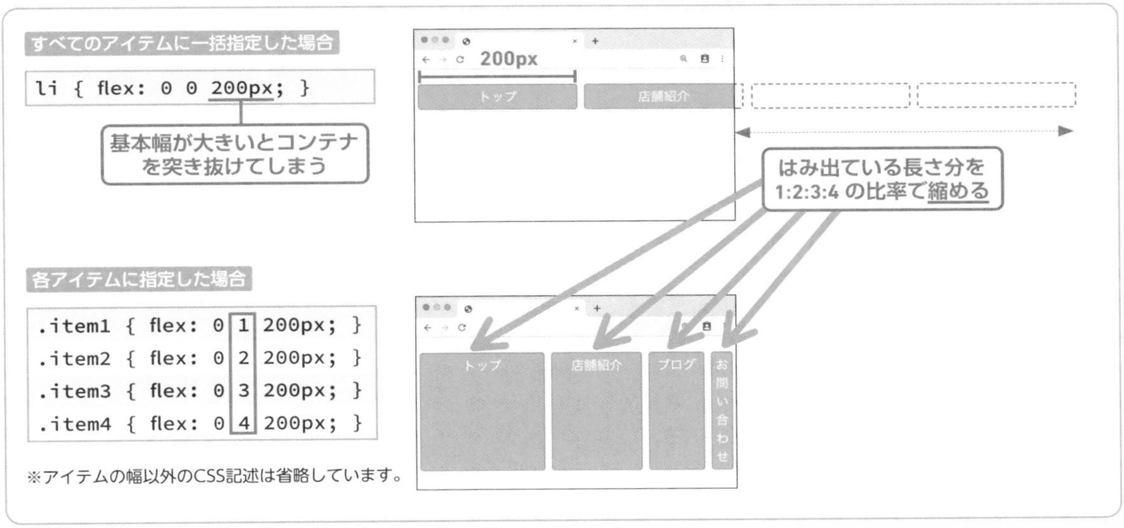

ここでの「1:2:3:4」は「縮む比率」であることに注意が必要です。比率1のアイテムよりも比率4のアイテムのほうが4倍よく縮む、というふうに考えます。

memo

例えば、レスポンシブWebデザインで、スマートフォン表示ではコンテンツを縦配置にし、パソコン表示では横配置にしたいときなどは、flexboxを上手に使いこなすと意図したレイアウトを実現できます。flexboxは覚える項目が多く難しいと感じるかもしれませんが、その分高機能で自由度も高い仕組みといえます。

Lesson 6

24

90 min

CSS Gridで二次元的レイアウト

THEME テーマ 新しいレイアウトシステムのCSS Gridを使ってみましょう。CSS Gridを使うと、子要素をグリッド状に配置でき、自由度の高いレイアウトが可能です。

CSS Gridとは

CSS Grid Layout Module（以下「CSS Grid」）とは、グリッドと呼ばれる見えない罫線を生成し、マス目を使ってレイアウトするシステムです。2015年ごろから存在していましたが、仕様が不安定だったり、各Webブラウザのサポートの問題もあり、あまり実用的ではありませんでした。現在は最新ブラウザでサポートされています。

グリッドの土台を作る

- display: grid;

グリッドレイアウトで配置したい要素の親要素（以下「コンテナ」）にこの1行を書くことで、コンテナの直下にある要素（以下「アイテム」）にグリッドレイアウトを適用できます。

- grid-template-columns: [列の数とそれぞれの列幅];
- grid-template-rows: [行の数とそれぞれの行高];

これらのプロパティも、コンテナに対して指定します。grid-template-columnsプロパティはカラム（列）の幅を左から指定し、grid-template-rowsプロパティはロウ（行）の高さを上から指定します。指定の数だけ列や行が生成されます。単位はpxや%も使えますが、CSS Gridの大きな強みとしてfrという可変の単位が使えます。例えば列幅に「1fr 2fr」と指定すると、2つの列が作られ、幅は1:2の比率で割り振られます 図1。

同様に、列幅に「1fr 2fr 1fr」と指定すれば、幅の比率を1:2:1として3つの列を作ることもできます。「100px 1fr」と指定すると、1列目は固定幅（100px）、2列目は可変というグリッドになります。

memo
グリッドの土台にする要素を「グリッドコンテナ」、その要素の直下にある要素を「グリッドアイテム」といいます。ここでは、単に「コンテナ」「アイテム」と呼ぶことにします。この「コンテナ」と「アイテム」の関係性は、flexboxの仕組みと似ていると考えてよいでしょう。

図1 グリッドの土台の作成

HTML

```
<div class="wrapper">
  <div class="item1">1. ヘッダー </div>
  <div class="item2">2. メイン </div>
  <div class="item3">3. サイドバー </div>
</div>
```

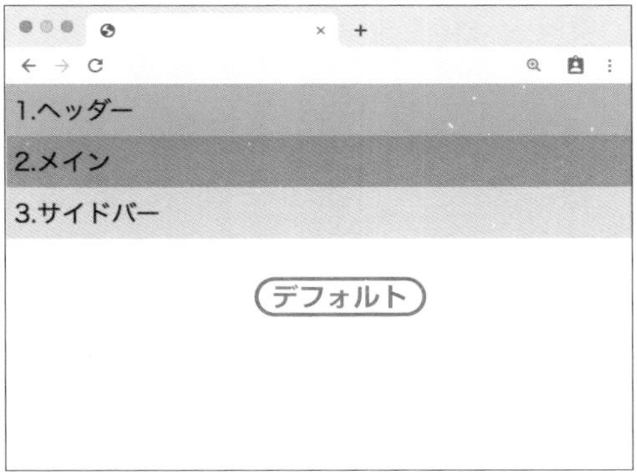

CSS

```
.wrapper {
  display: grid;

  grid-template-rows: 50px 200px;
  grid-template-columns: 1fr 2fr;
 }
```

列と行の数およびサイズ

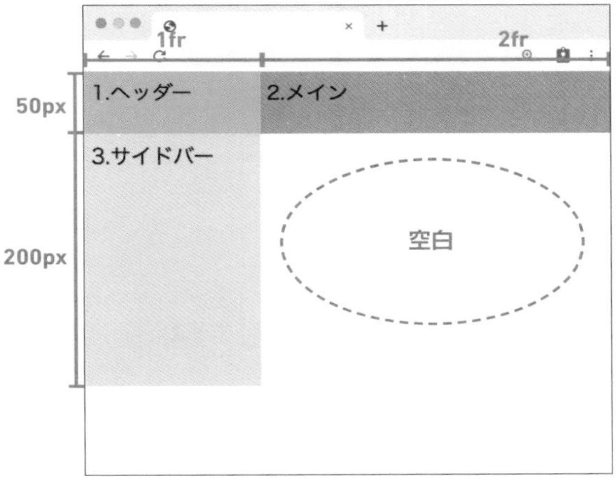

※グリッド以外のCSS記述は省略しています。

アイテムの配置

グリッドができたら、次はアイテムを配置していきます。グリッドは 図2 のように見えない罫線を持っており、各アイテムに「罫線の何番から何番まで」という形で位置を指定します。

- grid-row: [開始軸 / 終了軸];
- grid-column: [開始軸 / 終了軸];

これらのプロパティは、アイテムに対して指定します。grid-rowは、「grid-row: 1/2;」と記述すると、 図2 でいう[1]から[2]までの範囲を指します。また、「grid-column: 1/3;」と指定すると①から③の範囲を指します 図3 。

図2 グリッドの考え方とIEの場合

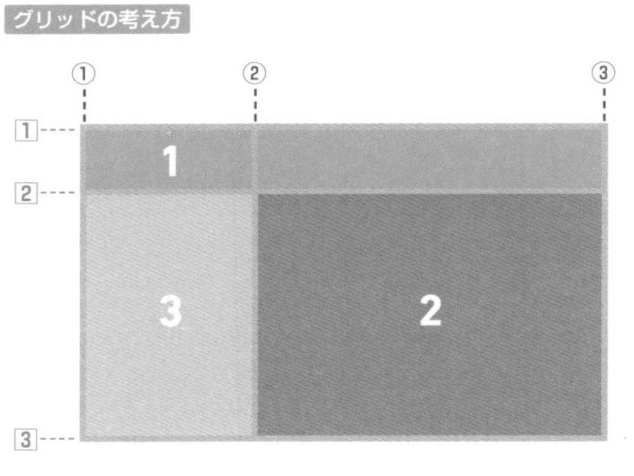

図3 グリッドのアイテムの配置

CSS

```
.item1 {
  grid-row: 1/2;
  grid-column: 1/3;
}
 .item2 {
  grid-row: 2/3;
  grid-column: 2/3;
}
 .item3 {
  grid-row: 2/3;
  grid-column: 1/2;
}
```

grid-row: 1/2; [1]〜[2]
grid-column: 1/3; ①〜③
grid-row: 2/3; [2]〜[3]
grid-column: 2/3; ②〜③
grid-row: 2/3; [2]〜[3]
grid-column: 1/2; ①〜②

※ここでの①や[1]などの番号は、図2の番号に対応しています。

完成

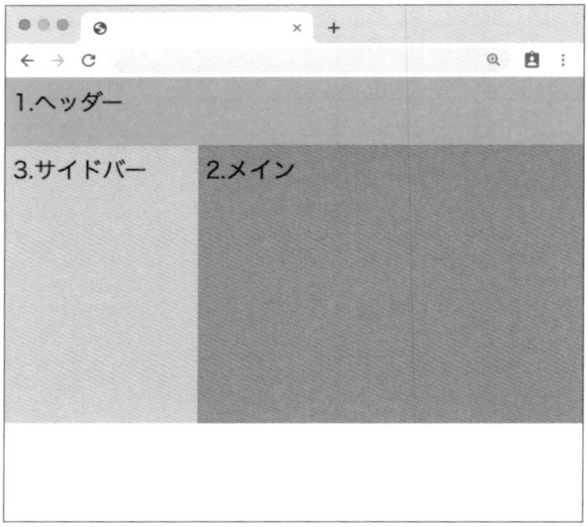

※アイテムの配置以外のCSS記述は省略しています。

グリッドにアイテムを配置

CSS Gridで2つの列や2つの行にまたがるアイテムを配置した例が図4です。図4の例では、アイテムの隙間はgapプロパティで設定しています。

図5はタイル状にアイテムを並べたレイアウトの例です。このように、複数の行や列にまたがらない場合、アイテムへのgrid-rowやgrid-columnの記述は不要となります。

図4 2つの行や列にまたがるアイテム

CSS

```
.grid {
  display: grid;
  grid-template-rows: 120px 120px 120px;
  grid-template-columns: 1fr 1fr 1fr;
  gap: 1em;
}
.item1 {
  grid-row: 1/2;
  grid-column: 1/2;
}
.item2 {
  grid-row: 1/3;
  grid-column: 2/3;
}
.item3 {
  grid-row: 1/3;
  grid-column: 3/4;
}
.item4 {
  grid-row: 2/4;
  grid-column: 1/2;
}
.item5 {
  grid-row: 3/4;
  grid-column: 2/4;
}
```

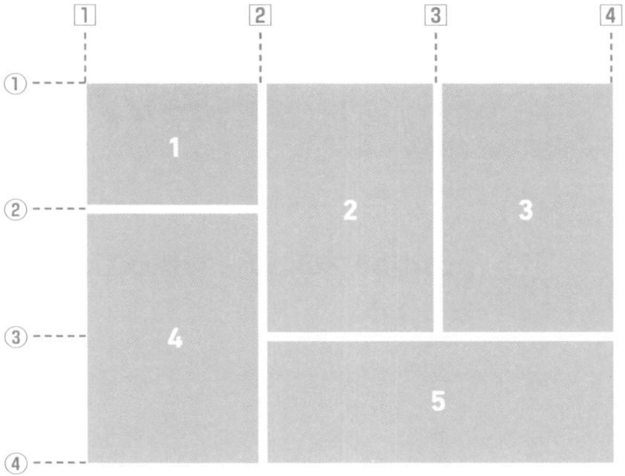

完成図

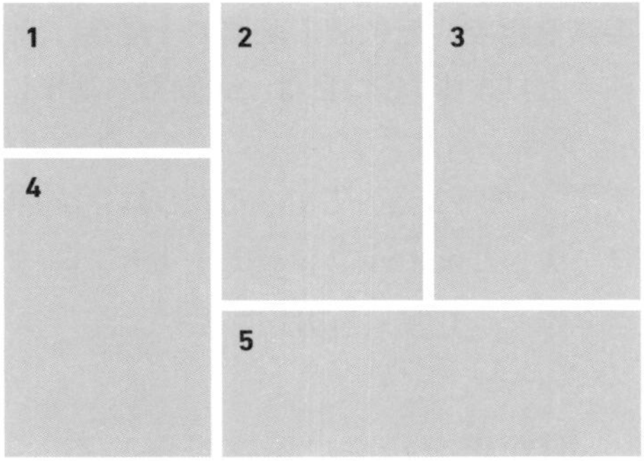

※グリッド関連以外のCSS記述は省略しています。

図5 タイル状にアイテムを並べたレイアウト

CSS

```
.grid {
  display: grid;
  grid-template-columns: 1fr 1fr 1fr;
  gap: 1em;
  max-width: 600px;
}
```

※グリッド関連以外のCSS記述は省略しています。

完成図

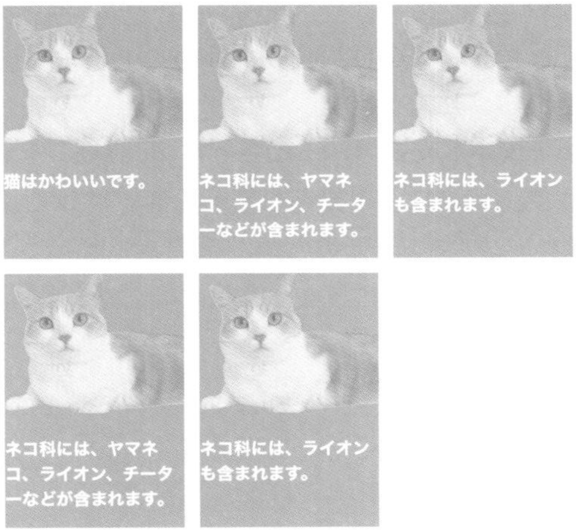

Lesson 6 25

60 min

positionを使った要素の自由配置

THEME テーマ positionプロパティを使って、要素の位置をずらしたり、画面上に固定したりしてみましょう。

要素の自由配置

要素を指定した位置に配置する場合、大きく分けて次の2つの手法をとります。1つ目は、親要素を基準に位置を決める「絶対配置」、もう一つはスクロールしてもウィンドウ内の指定の位置に固定する「固定配置」です。これらは、positionプロパティと、topプロパティとbottomプロパティ、leftプロパティとrightプロパティなどを組み合わせて実現します。

親要素を基準に位置を決める

- position: absolute;

absolute（絶対的）な指定です。動かしたい要素に指定し、その親要素に「position: relative;」を指定することで、親要素を位置の基準とします。topプロパティやleftプロパティもrelativeになっている要素を基準に、そこからどの程度の位置に配置されるのかを決めるものとなります。親要素に「position: relative;」を設定した結果が 図1 、意図的に「position: relative;」を設定していない結果が 図2 です。

absoluteを使用した要素は、高さ・幅が「存在しないもの」として扱われます。つまり、親要素や兄弟要素に対して、レイヤーが重なる挙動になります。このため、親要素に認識されなくなり、親要素の高さが縮んでしまったよう状態になります 図3 。

WORD レイヤー（layer）

「層」のことで、重なり順を表す際に用いられる概念。

図1 「position: relative;」を親要素に設定している場合

HTML

```
<div>
  <img src="cat.jpg" alt="寝ているねこの写真" width="200" height="200">
</div>
```

CSS

```
div { position: relative;}
img {
  position: absolute;
  top: 40px;
  left: 80px;
}
```

※position以外のCSS記述は省略しています。

表示結果

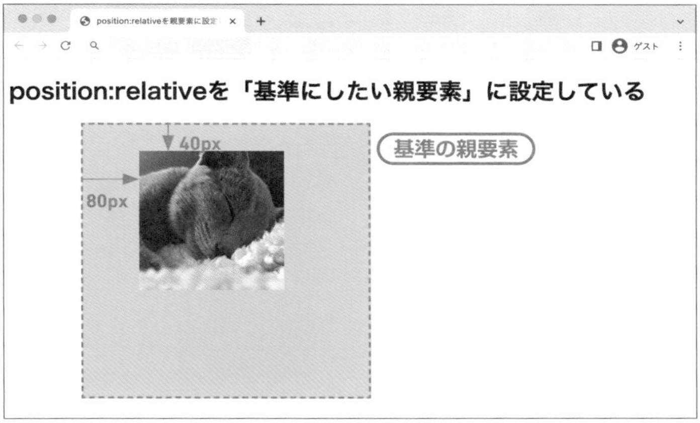

図2 「position: relative;」を親要素に設定していない場合

CSS

```
div {
  /* position: relative; */
}
img {
  position: absolute;
  top: 40px;
  left: 80px;
}
```

コメントアウトされているため、適用されない

※position以外のCSS記述は省略しています。

表示結果

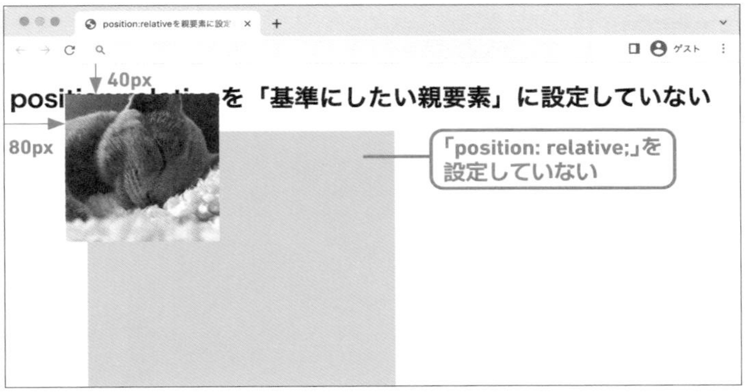

図3 要素の高さが認識されない

CSS

```
div {
  position: relative;
}
.is-height {
  height: 300px;
}
img {
  position: absolute;
  top: 40px;
  left: 80px;
}
```

親要素にheightを指定

※position以外のCSS記述は省略しています。

表示結果

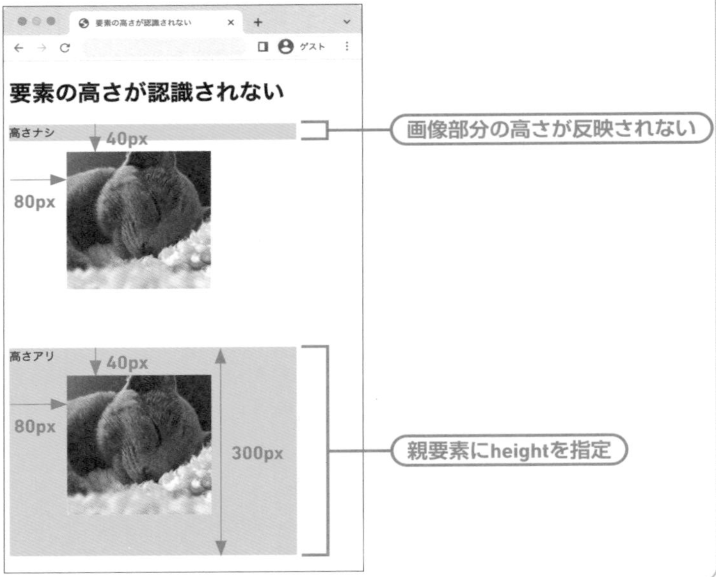

ウィンドウに固定する

● position: fixed;

Webブラウザのウィンドウを基準にし、スクロールしても位置が固定される指定です。グローバルナビゲーションや、図4のようなページトップに戻るボタンなどによく使われます。これもabsolute同様、レイヤーが重なる状態になります。

memo

positionを使って動かしたもの同士を重ねた際に、重なり順が想定と異なる場合があります。レイヤーの重なり順を決めるにはz-indexプロパティを使いましょう。値には整数を入れ、数字が大きいほうが上になります。初期値は0です。

図4 ウィンドウに固定

CSS

```
.pagetop {
  position: fixed;
  bottom: 20px;
  right: 20px;
}
```

ウィンドウのフチからの距離

※position以外のCSS記述は省略しています。

表示結果

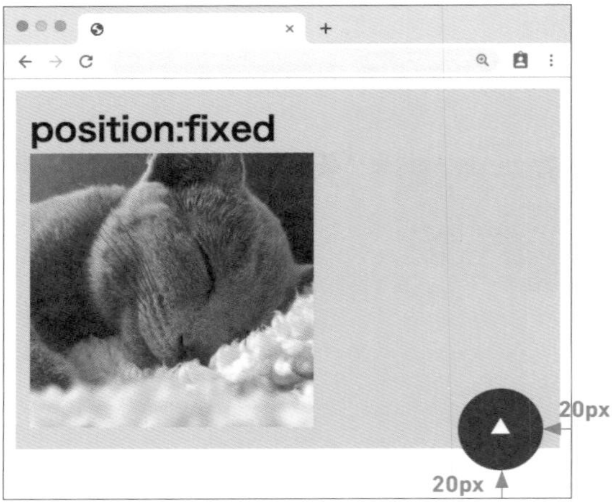

Challenge チャレンジしてみよう！ CSSで要素をレイアウトしてみよう

ここでは、既存のWebページにCSSを追加で指定して、ヘッダーの位置を動かし、縦並びだったセクションを横並びにしてみましょう。

STEP 1

現在のスタイルを確認する

まず「doc」フォルダ内にある「index.html」をWebブラウザで開いて、現在のスタイルを確認しましょう 図1。

「doc」フォルダ内にある「css」フォルダには「basic.css」というファイルが入っており、それによって途中までスタイルが指定されています。そこに新たなCSSファイルを追加して、仕上げとなるスタイルを書いていきます。

図1 スタイル変更前と完成形のWebページ

上がスタイル変更前、下が完成形のWebページ。

STEP 2
CSSファイルを作成し、読み込む

「css」フォルダ内に「style.css」という空のテキストファイルを作成します。

次にエディターで「index.html」を開き、<head>タグ内の「basic.css」を読み込むコードの下に、「style.css」を読み込むコードを追加します 図2 。

図2 CSSファイルを読み込む

```
<head>
  <meta charset="UTF-8">
  <meta name="viewport"
content="width=device-width">
  <title> 簡単！肉じゃがの作り方 </title>
  <link rel="stylesheet" href="css/
basic.css">
  <link rel="stylesheet" href="css/
style.css">
</head>
```

STEP 3
ヘッダーの位置を動かす

ここでは以下の作業を行います 図3 。

- <article>タグを移動の基準にする
- <header>タグ（オレンジの帯の部分）を上から40px、左から0pxの位置に動かす

まず基準となる位置を決めるため、<article>タグに「position: relative;」を指定します。次に、動かしたい<header>タグに「position: absolute;」を指定し、同時にtop/leftプロパティで位置を指定します 図4 。

ブラウザ上でページの更新をかけ、 図3 のように写真とヘッダーが重なっているか確認しましょう。

図3 ヘッダーの位置を動かす

図4 ヘッダーの位置を動かすCSS

```
article {
  position: relative;
}

header {
  position: absolute;
  top: 40px;
  left: 0;
}
```

memo

<header>タグには幅を指定していないため、親要素の幅いっぱいのサイズになっていますが（前ページの 図1 上を参照）、positionを使ってレイヤー1枚分浮いた状態にすると、子要素にぴったり合うサイズに自動的に変わります（ 図1 下を参照）。

STEP 4
<section>を横並びにする

ここでは以下の作業を行います。

- <section>2つを囲む<div>タグを追加し、必要に応じてクラス名をつける
- アイテムを横並びにする
- アイテムを等間隔に配置し、コンテナ内の左端・右端にも余白をつくる

<section>タグを横並びにする（＝アイテムにする）には、コンテナが必要です。材料セクションと手順セクションを囲む<div>タグを作り、わかりやすいクラス名をつけます（ここでは.flexContainerとしています）。コンテナに「display: flex;」を指定し、ブラウザを更新して確認します。この時点では<section>タグ2つが左揃えで横並びになっています。これを等間隔に並べて、かつ左右に余白を作る指定は「justify-content: space-around;」です。これもコンテナに指定します。

以上のHTMLとCSSは図5、表示結果は図6の通りです。

図5 <section>を横並びにするHTMLとCSS

HTML

```
<div class="flexContainer">
  <section>
    <h2> 材料 </h2>
    ～（省略）～
  </section>
  <section>
    <h2> 手順 </h2>
    ～（省略）～
  </section>
</div>
```

アイテム
アイテム
コンテナ

CSS

```
.flexContainer {
  display: flex;
  justify-content: space-around;
}
```

図6 図5の表示結果

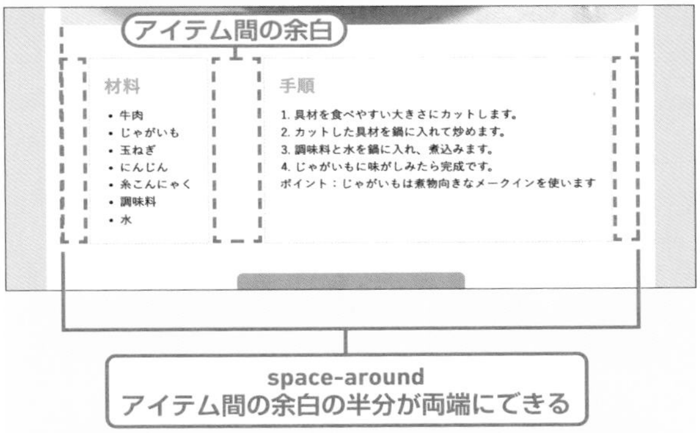

Lesson 6

26

60 min

リストタグでナビゲーションを作る

THEME テーマ リストタグを使った箇条書きの状態から、グローバルナビゲーションを作ることができるようになりましょう。

グローバルナビゲーション

サイトのナビゲーションは通常、<nav>タグとリストタグを使います。箇条書きリストはデフォルトだと文頭にマーカー（・）がついているので、ナビゲーションを作る流れとしては、まずマーカーを削除／変更し、そのあと色をつけたり横並びにしたりなど、整えていきます。ナビゲーション部分のHTMLと、HTMLのみの表示（デフォルト表示）、スタイル適用後の表示はそれぞれ図1で確認してください。

図1 ナビゲーションのスタイリング

HTML

```
<nav class="globalNav">
  <ul>
    <li class="navItem"><a href="#">TOP</a></li>
    <li class="navItem"><a href="#">WORK</a></li>
    <li class="navItem"><a href="#">BLOG</a></li>
    <li class="navItem"><a href="#">CONTACT</a></li>
  </ul>
</nav>
```

デフォルト表示

スタイル適用

マーカーを指定する

● list-style: [リストマーカーに関する一括指定];

list-styleプロパティは、list-style-type（マーカーの種類）、list-style-image（マーカーに画像を使う場合にパスを参照）などを一括で指定するショートハンドプロパティです。必要ない値は省略できます。

マーカーの種類は、デフォルトの黒丸（disc）のほかに、白丸(circle)や四角(square)を指定できます。noneを指定すれば、マーカーなしになります。

list-styleプロパティは<ul>タグに対して指定することで、その子要素である<li>タグに対して一括してCSS指定を適用できます。また、<ul>タグの左側にはもともとマーカーの分の余白も設定されているので、マーカーをnoneにする場合はpadding-leftも0にしておきましょう。

> **memo**
> list-styleプロパティでマーカーに画像を使うと、画像のサイズが変更できないので少し不便です。そのため、値をnoneにして、<li>タグの::beforeに背景画像としてマーカー画像を指定することが多いです。

リストをスタイリングする

グローバルナビゲーションに対してスタイル指定するCSSが次ページ 図2 です。パソコン用サイトでは横並びのナビゲーションが多く見られます（縦並びももちろんあります）。1行で横並びにするにはflexboxが便利でしょう。「.globalNav ul」に対して「display: flex;」と「justify-content: center;」を指定しています。

> **POINT**
> セレクタ「.globalNav ul」はclassセレクタと子孫セレクタを組み合わせたもので、class「.globalNav」のついた要素内の<ul>タグが対象になります。この場合、フレックスコンテナとなるのが<ul>タグ、フレックスアイテムとなるのが<li>タグです。

最後の子要素にだけスタイルを適用する

図2 では要素の区切りにボーダーを使っていますが、.navItemに左ボーダーをつけていくと最後の.navItemの右側のボーダーが足りません。そこで、:last-of-typeという疑似クラスを使って最後の.navItemにだけ右ボーダーを追加します。図2 のうち、赤文字の箇所が右ボーダーを追加するスタイル指定となります。

> **memo**
> 同様に:first-of-typeや、:nth-of-type(n)という疑似クラスもあります(nは任意の整数)。例えばp:nth-of-type(3)は兄弟要素の中で3個目の<p>タグという意味になります。

図2 最後の子要素にだけスタイルを適用

CSS

```
body { margin: 0; }

.globalNav {
  width: 100%;
  margin-top: 20px;
  background: #333;
}

.globalNav ul {
  padding: 10px 0;
  list-style: none;
  display: flex;
  justify-content: center;
}

.navItem {
  border-left:1px solid #999;
  text-align: center;
  flex: 0 1 22%;
}
.navItem:last-of-type {
  border-right: 1px solid #999;
}

.navItem a {
  display: block;
  line-height: 1;
  color: #fff;
  text-decoration: none;
}
```

ナビゲーションの黒い帯の指定

リストマーカーの削除

flexbox の指定

左ボーダーの指定

アイテムの基本幅などの指定

最後の .navItem だけに右ボーダーの指定

<a> タグ（クリック可能範囲）の装飾指定

表示結果

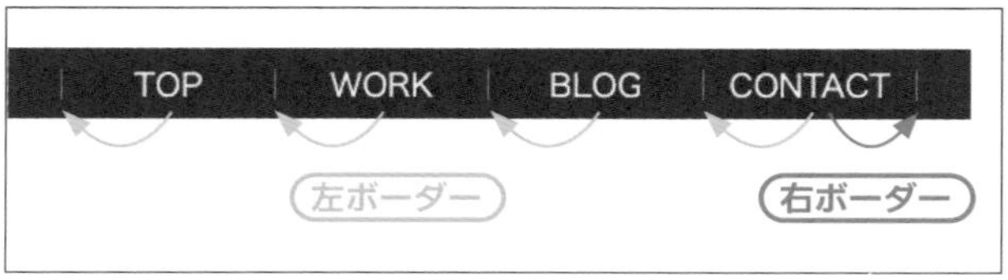

Lesson 6

27

60 min

テーブルをデザインする

THEME テーマ

テーブル（表組み）は情報を見やすくまとめたものですが、ひと目でわかるように配色や余白、文字のサイズなどに気をつけてデザインする必要があります。

境界線の設定をする

Lesson5-13（→131ページ）では<table>タグに「border= "1"」を記述してテーブルの枠を表示させていましたが、CSSでスタイリングする場合は<th>タグや<td>タグに対しborderプロパティで指定します。各行だけに境界線をつけたいときは、<tr>タグへ指定することもできます。

また、デフォルトのスタイルでは境界線同士に隙間があるので、図1のような2つの指定を書いて余白を詰めておきましょう。隙間を使ったデザインの場合は、書く必要はありません。

図1 デザインする前の設定

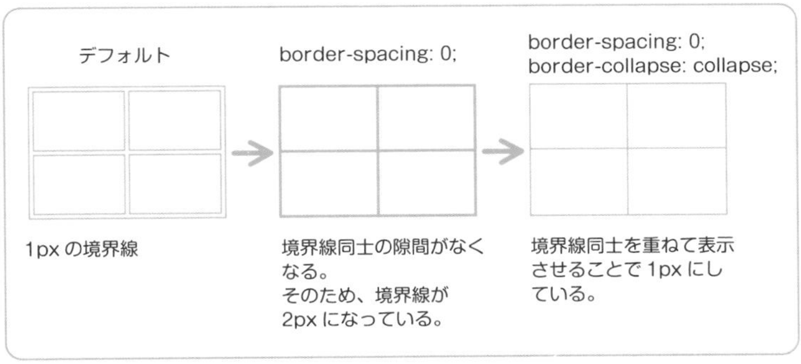

各列の幅を決めるアルゴリズム

table-layoutプロパティは<table>タグに対して指定します。値をautoにすると、各列の文字量によって自動的に列幅が配分されます。fixedでは、1行目を読み込んだ段階で幅が決まります。fixedにしておけば、必要に応じてwidthで各列の幅を指定できます 図2。

図2 テーブルデザイン例1

HTML

```
<table>
  <caption> 採用情報 </caption>
  <tr>
    <th> 募集職種 </th>
    <td>Web デザイナー </td>
  </tr>
  <tr>
    <th> 勤務地 </th>
    <td> 東京本社 </td>
  </tr>
  <tr>
    <th> 応募資格 </th>
      <td>HTML/CSS による Web サイト制作の知識
<br> ※実務経験不問 </td>
  </tr>
</table>
```

CSS

```
table {
  border-spacing: 0;
  border-collapse: collapse;
  table-layout: fixed;
  width: 100%;
}

th, td {
  border: 1px solid #aaa;
  padding: 10px 20px;
}

th {
  width: 35%;
  background: #069;
  color: #fff;
  font-weight: bold;
  text-align: center;
}

td { text-align: left; }
```

セルの共通設定をしたあとに個別の指定を書く

情報に応じて中央揃えや左揃えを使い分ける

表示結果

採用情報

募集職種	Webデザイナー
勤務地	東京本社
応募資格	HTML/CSSによるWebサイト制作の知識 ※実務経験不問

この例では「table-layout: fixed;」にして、<th>タグに「width: 35%;」を指定したので、テーブルの左列が35%の幅になり、右列に残り65%の幅が割り振られています。

memo

テキストの水平方向の位置揃えをするにはtext-alignを使いますが、セル内の垂直方向の位置はvertical-alignを使って揃えます。値はtop/middle/bottom（上揃え／中央揃え／下揃え）などを指定できます。

memo

borderは文字情報を邪魔しないように、細くしたり文字色より薄くすると可読性が上がります。

背景の色を交互に変える

テーブルの背景の色を行ごとに交互に変えるには、<tr>タグの奇数番目・偶数番目それぞれに異なる背景色を指定します。ここでは「n番目の」という意味の疑似クラス「:nth-of-type(n)」を使います。例えば「tr:nth-of-type(1);」とすれば、テーブルの1行目（1番目の<tr>タグ）だけを指しますが、( )内にoddを入れることで奇数、evenを入れることで偶数の行を指す、という使い方ができます 図3。

> memo
> 疑似クラス「:nth-of-type(n)」はテーブルでの表現だけでなく、交互に繰り返されるパターンを適用したいレイアウトでは有用なクラスです。

図3 テーブルデザイン例2

CSS

```
tr:nth-of-type(odd) { background: #ccc; }
tr:nth-of-type(even) { background: #ddd; }
```

奇数番目の<tr>タグ

偶数番目の<tr>タグ

表示結果

採用情報

募集職種	Webデザイナー
勤務地	東京本社
応募資格	HTML/CSSによるWebサイト制作の知識 ※実務経験不問
選考方法	書類審査および面接

偶数はoddの代わりに「2n」、奇数はevenの代わりに「2n+1」という書き方もできます。同様に3の倍数は「3n」と表せます。

> memo
> テーブルを用いたレイアウトやデザインは、パソコン表示で3列以上になる際、スマートフォンでの表示が難しくなるケースがあります。レスポンシブWebデザインでは、どのように実装するのかを事前に決めておくとよいでしょう。

Lesson 6
28
90 min

フォームをデザインする

THEME テーマ
これまで学んだことを使って、フォームをデザインしてみましょう。フォームのスタイルを指定するセレクタの使い方は少し難しいですが、ここまで学んできたことのよい復習になります。

デフォルトスタイルの違いを知る

フォームパーツのデフォルトスタイルは、ボタンが丸みを帯びていたり、グラデーションになっていたり、ラジオボタンの色が違ったりなど、Webブラウザごとに大きく異なります 図1。サイトのテイストに合わせて見た目を変える際、既存のリセットCSSを利用してデザインしていく方法もありますが、CSSの記述に慣れるまではデフォルトスタイルを活かして上書きしていくとよいでしょう。

フォームはユーザーが操作するものなので、見た目のかっこよさよりも、使いやすさを第一に考えてデザインします。必ず実際に入力したりボタンを押したりして、自分で検証しましょう。

図1 デフォルトスタイルの違い

デザイン例1

Lesson5-18（→143ページ）で紹介した通り、<input>タグはtype属性の値を変えることで、文字入力フィールド、チェックボックスやラジオボタン、送信ボタンなど、さまざまな種類のフォーム部品を表すことができます。しかしその反面、「<input>タグへのスタイル指定」をすると、文字入力フィールドにも、チェックボックスやラジオボタンにも同じスタイルが適用されてしまうという不都合があります。

そこで、「属性セレクタ」を使って部品ごとのスタイルを指定します。属性セレクタでは、例えば「input[type="text"] { …… }」のように記述することで、「<input>タグのtype属性の値がtextである部品（＝文字入力フィールド）へのスタイル指定」を行うことができます 図2。

図2 フォームのデザイン例1

CSS

```
p::before {
  content: "■";
  margin-right: 4px;
  color: #ef626c;
}

input[type="text"], select, textarea {
  background: #fff;
  border: none;
  width: 100%;
  padding: 10px;
  border-radius: 5px;
}

.job { margin-right: 2em; }


textarea { height: 8em; }

input[type="submit"] {
  background: #ef626c;
  border: none;
  width: 100%;
  padding: 10px;
  margin: 20px 0;
  border-radius: 5px;
  color: #fff;
}
```

項目名のマーク

属性セレクタ

共通の指定はまとめて書く

選択肢の間隔

送信ボタンのスタイル

表示結果

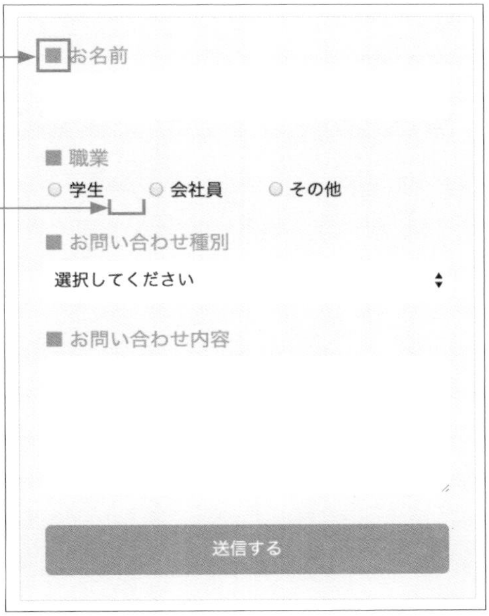

デザイン例2

フォームの構造には、<p>タグや<div>タグを使ったマークアップ以外にも<dl>タグを使うこともできます。<dt>タグに項目名、<dd>タグに入力欄、といった形です。<dl>タグを使うと「パソコン向けには2カラム、スマートフォン向けには1カラム」という切り替えも可能です 図3 。以前は<table>タグを使ったデザインもありましたが、それだと1カラムに切り替えることができないのでレスポンシブWebデザインには向いていません。

134ページ、**Lesson5-14**参照。

memo

レスポンシブWebデザインを用いた初歩的なWebサイトの作り方は、271ページ〜、Lesson8で解説しています。

図3 <dl>タグを使ったデザイン

図3 のフォームのHTMLを 図4 に、CSSを 図5 に示します。

図4 図3のフォームのHTML

```
<form action="program.php" method="post">
<dl>
  <div class="formItem">
    <dt><label for="userName">お名前</label></dt>
    <dd><input type="text" name="userName" id="userName"></dd>
  </div>
  <div class="formItem">
    <dt>職業</dt>
    <dd>
      <label class="job"><input type="radio" name="job" value="学生">学生</label>
      <label class="job"><input type="radio" name="job" value="会社員">会社員</label>
      <label class="job"><input type="radio" name="job" value="その他">その他</label>
    </dd>
  </div>
  <div class="formItem">
    <dt><label for="messageType">お問い合わせ種別</label></dt>
    <dd>
      <select name="messageType" id="messageType">
        <option value="選択してください">選択してください</option>
        <option value="選択肢1">選択肢1</option>
        <option value="選択肢2">選択肢2</option>
      </select>
    </dd>
  </div>
  <div class="formItem">
    <dt><label for="message">お問い合わせ内容</label></dt>
    <dd><textarea name="message" id="message"></textarea></dd>
  </div>
</dl>
<div class="btn"><input type="submit" value="送信する"></div>
</form>
```

赤い囲み枠で示している範囲が、パソコン表示では横並び、スマートフォン表示では縦並びとなる部分です。

図5 図3のフォームのCSS

```
* {
  box-sizing: border-box;
}
body {
  color: #333;
  background: #ddd;
}

form {
  margin: 10px;
  padding: 20px;
  background: #fff;
}
dl {
  margin: 0;
}
.formItem {
  display: flex;
  margin-bottom: 2em;
  align-items: center;
}
dt {
  flex: 0 1 200px;
  margin-right: 1em;
  font-weight: bold;
  color: #158;
}
dd {
  flex: 1 1 auto;
  margin-left: 0;
}
```

共通指定

フォームエリアの指定

フォームごとの共通指定。ここで flexbox を使うことでコンテナとなり、子要素である <dt> タグ、<dd> タグが横並びとなる。

<dt> タグ（各項目名）、<dd> タグ（各フォームパーツを入れているタグ）の指定

```
input[type="text"], textarea {
  border: 1px solid #999;
  width: 100%;
  padding: 10px;
  border-radius: 5px;
}
.job {
  margin-right: .8em;
}
select {
  background: #fff;
  width: 100%;
  padding: 10px;
  border-radius: 5px;
}
textarea {
  display: block;
  height: 5em;
}
.btn {
  text-align: center;
}
input[type="submit"] {
  background: #158;
  border: none;
  width: 100%;
  padding: 10px;
  border-radius: 5px;
  color: #fff;
}

@media screen and (max-width: 768px) {
  .formItem {
    display: block;
  }
  dt {
    margin-bottom: 4px;
  }
  dd {
    margin-left: 0;
  }
  .job {
    margin-right: .8em;
  }
}
```

各フォームパーツの指定

送信ボタンの指定

display: flex; にしていた .formItem を、display: block; にすることで子要素（<dt><dd>）の横並びが解除される。

ウィンドウ幅が 768px 以下になったときに適用されるスタイルをこの中に書く。
※ 768px 以下とは一般的なタブレットやスマートフォンに適用させるサイズ

Challenge
チャレンジしてみよう！

背景画像やナビゲーションを表現しよう

ここでは、既存のWebページにCSSを追加で指定して、Webページ全体に背景画像を表示したり、リストを横並びにしてグローバルナビゲーションに変更したりしてみましょう。

STEP 1

現在のスタイルを確認する

まず「doc」フォルダ内にある「index.html」をWebブラウザで開いて、現在のスタイルを確認しましょう 図1。

「doc」フォルダ内にある「css」フォルダには「basic.css」というファイルが入っており、それによって途中までスタイルが指定されています。そこに新たなCSSファイルを追加して、仕上げとなるスタイルを書いていきます。

図1 スタイル変更前と完成形のWebページ

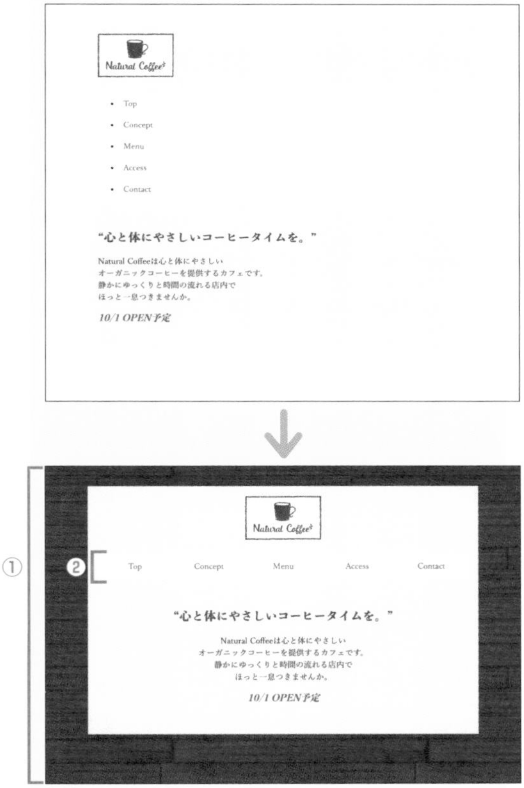

上がスタイル変更前、下が完成形のWebページ。①body要素に背景画像を指定し、②flexboxを使ってリストをもとにグローバルナビゲーションを作成します。

STEP 2

CSSファイルを作成し、読み込む

「css」フォルダ内に「style.css」という空のテキストファイルを作成します。

次にエディターで「index.html」を開き、<head>タグ内の「basic.css」を読み込むコードの下に、「style.css」を読み込むコードを追加します 図2。

図2 CSSファイルを読み込む

```
<head>
  <meta charset="UTF-8">
  <meta name="viewport" content="width=device-width,initial-scale=1">
  <title>Natural Coffee | 心と体にやさしいコーヒータイムを。</title>
  <meta name="description" content="心と体にやさしいオーガニックコーヒーを提供するNatural Coffee。">
  <link rel="stylesheet" href="css/basic.css">
  <link rel="stylesheet" href="css/style.css">
</head>
```

STEP 3

ページ全体に背景画像を表示する

ここでは以下の作業を行います。

- <body>タグに背景画像（wood.jpg 図3）と背景色(#504643)を指定する
- 全体の要素を中央揃えにする

背景画像はパスに気をつけましょう。「style.css」から見た相対パスを書くので、階層を一度上がる「../」から書きはじめます。中央揃えの「text-align: center;」は、<body>に指定することで文書内のテキストをすべて中央揃えにします 図4。

図3 背景画像「wood.jpg」

図4 ページ全体に背景画像を表示し、全体の要素を中央揃えにするCSS

```
body {
  background: url(../images/wood.jpg)
#504643 left top repeat;
  text-align: center;
}
```

画像に近い色を指定

なんらかの理由で背景画像が表示されなかった場合のために、背景色も指定します。背景色は、背景画像に近い色を指定します。

STEP 4

グローバルナビゲーションを作成する

ここでは以下の作業を行います。

- リストのマーカーを削除する
- <li>タグを横並びにする
- アイテムをすべて同じ幅にして隙間なく配置する

リストのマーカーを削除するには、「list-style: none;」と指定します。リストマーカーは<li>タグについているように見えますが、<ul>タグに関する指定です。また、デフォルトではマーカー分の左パディングが指定されているので、「padding-left: 0;」でそれを0にします。

次に、<ul>タグをコンテナとして「display: flex;」の指定をします。そして「アイテムをすべて同じ幅にして隙間なく配置」するので、幅の指定をします。要素が5つなので基本幅は20%、伸び比率、縮み比率は1にしておきます 図5。

図5 グローバルナビゲーションを作成するCSS

```
ul {
  list-style: none;
  padding-left: 0;
  display: flex;
}
li {
  flex: 1 1 20%;
}
```

memo

HTML内では、<!--と-->で囲んだ範囲にコメントを残すことができます。CSSは/*と*/で囲まれた範囲がコメントになります。コード上には残っていて第三者からも見える状態なので、大切な情報は書いてはいけません。Column（→302ページ）参照。

Lesson 7

シングルページのサイトを作る

HTMLとCSSを使って実際にWebサイトを制作してみる章です。最初は、1ページで完結するシンプルなお店のサイトを作ってみます。ここまで学んだことを活用しながら、実制作ならではのポイントを身につけてください。

読む　練習　制作　公開　運用

Lesson 7
01
15 min

制作現場での進め方を見てみよう

THEME テーマ
サンプルとなるWebサイトの作成に入る前に、実際の制作現場ではどんな風に仕事が進んでいくのかを見ていきます。一連のワークフローの中で、自分の担当パートだけではなく、前後の工程や全体を見渡せるとよいでしょう。

実務でのワークフロー

Lesson7では、カフェを想定したWebサイトを作っていきますが、HTMLやCSSを書きはじめる前に、実際の制作現場ではどんな風に仕事が進むのかを、ざっと紹介します。

実務のWebサイト制作は、「企画・設計」→「ビジュアルデザイン（デザインカンプ作成）」→「実装（コーディング）」→「テスト」→「公開」というワークフローが一般的です 図1。

WORD コーディング
HTMLやCSSのソースコードを書いていくこと。「実装」ともいう。

20ページ、Lesson1-04参照。

図1 一般的な制作ワークフロー

なるべく「手戻り」を発生させない

図1のようなワークフローをどれだけの人数で分業するかは、案件の規模によってまちまちです。大規模なサイトになると各工程を別々の人が担当しますし、小さなサイトであれば、すべてを2～3人で行うケースも珍しくありません。

作るサイトの規模やスタッフの人数に関わらず、重要なのは前の工程への手戻りをなるべく発生させないことです。

例えば、ビジュアルデザインに進んだ段階で企画内容が変わると、デザインをやり直さなければなりません。また、コーディン

POINT
クライアント（依頼主）から請け負う案件であれば、後工程に進んでからクライアントの大幅修正が入ってしまい作業が逆戻りする事態を極力避けるよう、要所要所で必ずクライアントの確認を取り、了承を得ながら進めていきます。

グを進めている最中にデザインに変更が発生すると、すでに完了したコーディングが無駄になることもあります 図2。

デザインが途中段階でもコーディングを進めてしまえば、時間の節約になると思うかもしれません。けれども、形が定まっていないため、感覚だけでコーディングすることになり、結果クライアントが納得せずにデザインからやり直しになるなど、あまり良い結果にはなりません。

図2 見切り発車すると手戻りが発生する

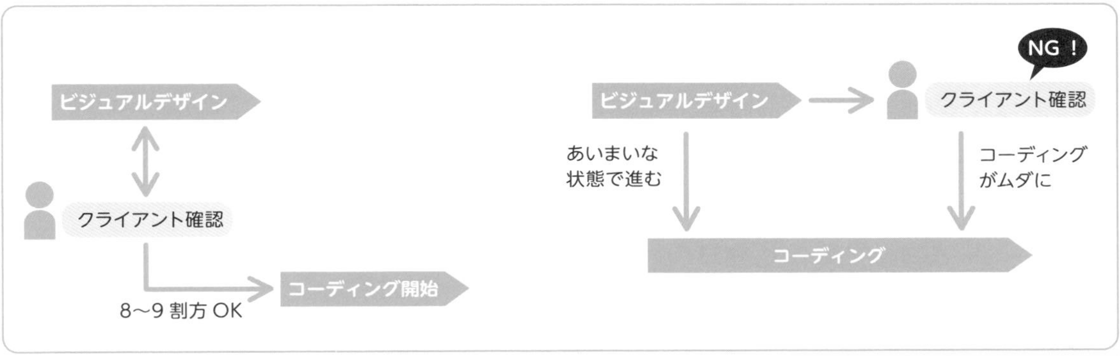

ビジュアルデザインの段階でクライアントの8〜9割方のOKをもらい、コーディングに入るとよいでしょう。その後の修正は、テキストや画像の差し替え程度に抑えるのがベストです。

このように、Webサイトを作る上では事前にさまざまな設計をしておくことがとても大切です。要所要所の事前設計をおろそかにすると後工程で修正や手戻りが発生し、結果として不要な時間や労力を使ってしまいます。

前後の工程の進めやすさも考える

図1のワークフローで、Webデザイナーが担当するのは主に「ビジュアルデザイン」と「コーディング」です。デザインとコーディングを1人が受け持つこともあれば、別々の人が担当することもあります。別々の人が行う場合は、PhotoshopやIllustrator、XDなどのグラフィックソフトで作成したビジュアルデザインをもとに、コーディングの担当者がHTMLやCSSを実装する流れになります。

自分がどの部分を担当するにせよ、大事なのは全体の工程を理解することです。デザイナーだからビジュアルデザインだけ作ればいい、HTMLとCSSのコーディングだけやればいいわけではありません。自分の前後の工程を受け持つ人がどうしたら効率的に作業を進められるかも考えましょう。そして、常にユーザーの立場で考える視点も重要になります。

POINT

Webサイトを作って納めたら終わりではなく、公開後も更新・運用を任されることもあります。情報設計やビジュアルデザインを受け持つ人は、更新・運用時のしやすさも考えて設計しなければなりません。

Lesson 7
02
60 min

完成イメージと全体構造の確認

THEME テーマ

シンプルな1ページだけのWebサイトを作るにあたり、まずは全体の構造を考えてみてください。そして、テキストや画像などの素材を、HTMLやCSSを使ってどうやって完成形に持っていくか、イメージしましょう。

ビジュアルデザインから大枠の構造を汲み取る

ここで作っていくのは、図1の1ページで完結するWebサイトです。街にあるようなカフェのサイトをイメージしています。実務としてWebデザインを行うようになると、こうしたお店のWebサイトを作ってほしいという依頼も多いでしょう。

ここからは図1のサンプルサイトを題材に、なるべく実務に近い形で制作を進めてみます。Lesson7-01で説明したワークフローの中で、企画・構成・情報設計がおおむね決まり、ビジュアルデザイン（デザインカンプ）がすでにできている段階からはじめると考えてください。デザインカンプをもとにHTMLとCSSを使ってコーディングしていきます。

デザインカンプができたら、まずページの大枠の構造を確認します。図1のサイトはページの上からヘッダーがあり、メインイメージ（写真）があり、その下にナビゲーションがあります。さらに、「About」「Menu」「Photos」「Access」のブロックがあり、一番下にフッターという構造になっています図2。

実務でサイトを作るときも、ビジュアルデザインが固まってすぐにHTMLを書きはじめるのではなく、いったんWebページを大枠の構造で捉えるようにしましょう。そして、個々の情報を意味づけするにはどのタグが最適か、どこからどこまでを情報のまとまりとして扱うか、どうやってマークアップしていくのがよいかを考えていくのです。

POINT

自分でデザインとコーディングの両方を担当するにしても、コーディングだけ受け持つにしても、ソースコードをいきなり書かずに、1度ビジュアルデザインを客観的な視点で眺めてください。そして、どこをどうマークアップし、コーディングしていくとよいか、頭の中で考えたり紙に描いたりして大枠の設計を組み立ててください。

memo

制作現場では、ビジュアルデザインの完成イメージのことを「デザインカンプ」、略して「カンプ」と呼んだりします。単にデザイン、ビジュアルということもあり、呼び方はまちまちです。サンプルのデザインカンプはAdobe XDで作成しました。制作現場によってはPhotoshopやIllustratorが使われたりもします。

図1 Webページの完成形

図2 Webページの大枠の構造

素材として必要なテキストや画像の確認

デザインカンプで大枠の構造を確認するのと同時に、どこにどんなテキストが入るのか、画像はどのぐらいの大きさで使うのかを洗い出します。サンプルでは図3のように構成されています。

図3 どこにどんな素材が使われているかを確認

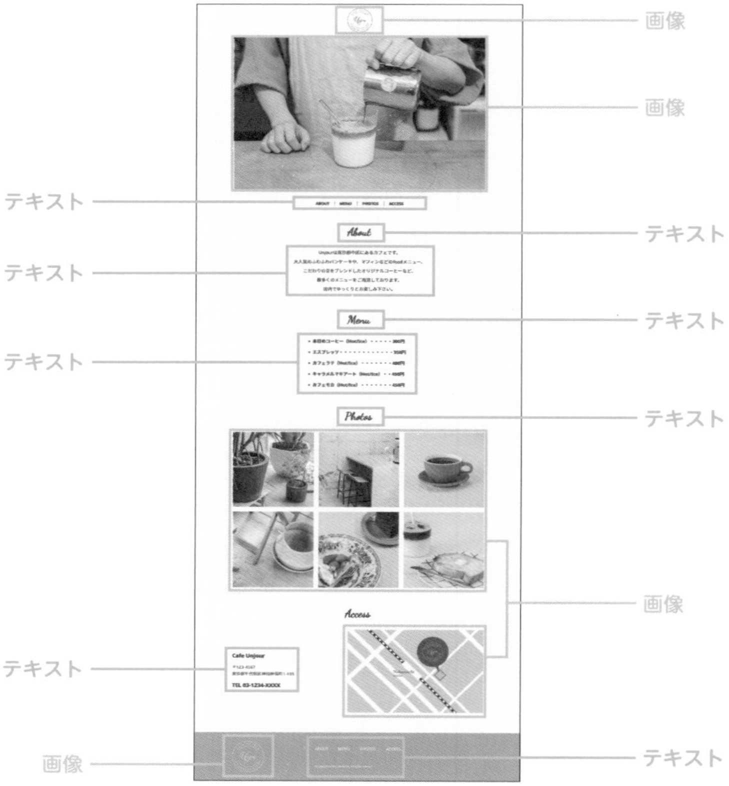

ここでポイントになるのはテキストと画像の使い分けです。メインイメージや文章のように、テキストか画像かが明確なところは問題ありませんが、例えばこのサンプルでは、サイト全体と見出し部分に別々のWebフォントを使っています（→251ページで後述）。見出しに特徴のあるWebフォントを取り入れ、画像を使わずテキストのままでデザインのアクセントにしています。

見出しを画像にすれば、デザインの自由度は高くなりますが、更新のしやすさや検索エンジン最適化の面からは、テキストのほうがベターです。また、ユーザビリティ、アクセシビリティなども考慮しながら、テキストと画像の使い分けを考える必要があります。

memo

Webフォントについては73ページ、Lesson3-07の解説も参考にしてください。

POINT

もし見出しを頻繁に変えたいのであれば、そのたびに画像を書き出すのは煩雑ですので、テキストにしておくほうがよいでしょう。また、検索エンジンはその画像が何の画像かまでは読み取れません。alt属性（代替テキスト）で伝えることはできますが、検索エンジンは基本的にどんな画像かを読み取ることは苦手です。

画像書き出し時の形式やサイズ

テキストにする部分と画像にする部分を決めたら、実際に素材として使う画像を書き出していきます。どこにどんな画像を使うかによって適切なファイル形式を選び、画質と容量のバランスをとって書き出してください。

サンプルでは、サイトロゴは背景が透明のPNG形式の画像になっています図4。このサンプルには使われていませんが、元の画像がベクター形式で作られているものや特殊なフォントを画像化した見出しなどは、SVG形式の画像にしてもよいでしょう。

POINT

写真画像は大きいサイズにすればするほどデータの容量も大きくなり、表示に時間がかかりますので、実際に使用するサイズの2倍程度にとどめましょう。Retinaディスプレイに対応する場合は、2〜3倍程度の大きさが必要になります。

84ページ、**Lesson4-05**参照。

図4 PNG形式で書き出したサイトのロゴ画像

サイトのロゴ画像

フッターに使用しているロゴ画像
（実際の画像は背景透明）

メインイメージや「Photos」の写真画像は実際の使用ピクセル数の2倍程度の大きさで書き出しています図5。

実際の制作現場では、写真などはデザインカンプに埋め込んだものから書き出すものもあれば、カンプとは別にある元写真のデータから個別に書き出すものもあります。

写真などのJPEG形式の画像は、従来のようにピクセル等倍（使用サイズの等倍）で使用すると、最近の高解像度ディスプレイでは、画像がぼやけて見えます。実際に使用するサイズの2倍程度のピクセル数で書き出すとよいでしょう。

memo

Adobe XDなど、アプリケーションによっては、デザインカンプの中に画像を埋め込み、そこから直接画像を書き出せる機能もあります。

図5 JPEGで書き出した画像

メインイメージの画像（top.jpg）。幅2000×高さ1278pixel程度で書き出しています。

「Photos」で使う写真画像。幅640×高さ640pixel程度で書き出しています。

Lesson 7
03

90 min

HTMLのマークアップ①
下準備とページの大枠

THEME テーマ
テキスト原稿をHTMLファイルに貼り付け、HTMLのコーディングに入ります。まずは、ページの骨組みとなる大枠からマークアップしますが、その前にいくつか下準備すると、あとの作業を効率的に進められます。

データを収納するフォルダを作成する

HTMLのコーディングに入る前の下準備として、Webサイトのデータを収納するフォルダ(ディレクトリ)を作ります。サンプルでは「Lesson7_sample」というフォルダの中にindex.htmlを用意し、CSSファイルを保存する「css」ディレクトリ、画像類を収納する「img」ディレクトリを作成しています図1。

図1 サンプルサイトのフォルダ構造

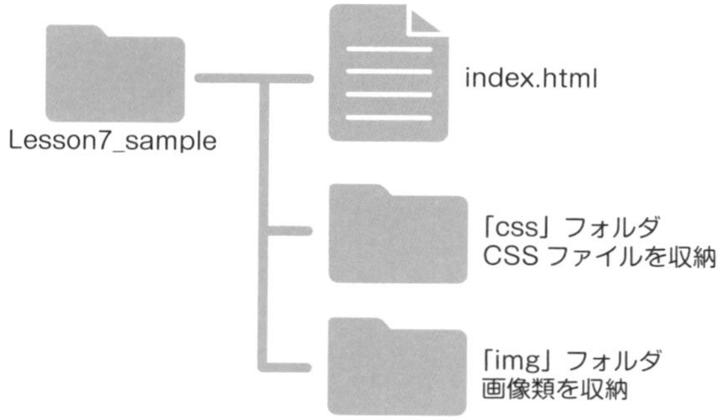

基本となるフォルダ構造

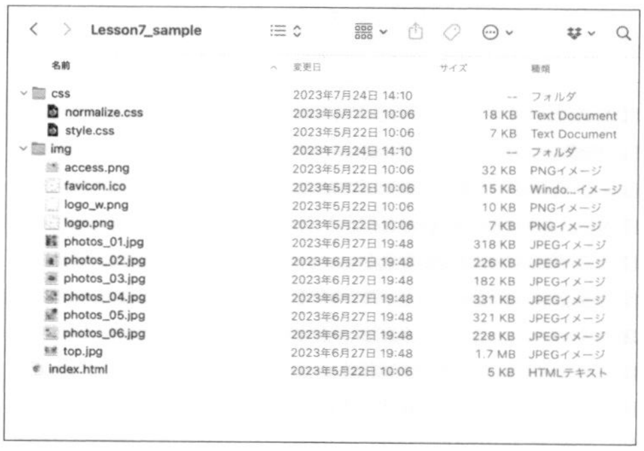

実際にファイルを格納したところ

通常、サイトのデータを収納するフォルダの構造はWebサイトのページ構成と同じにします。最上層にトップページ（index.html）があり、下位ページのHTMLファイルは下層フォルダに収納するのが基本形です。

ここで制作するサンプルサイトは1ページだけで完結する「シングルページ」と呼ばれるものですので、データを収納するフォルダの構造もシンプルですが、JavaScriptファイルがあれば、それを保存する「js」ディレクトリ（フォルダ）も用意するなど、! HTMLのページ数や使用しているファイルによってフォルダ構造も変わります。

index.htmlのベース

テキスト原稿を貼り付ける前のindex.htmlのベースは図2です。

このサンプルではHTMLファイルはindex.htmlの1枚だけですので、必ずしもHTMLのテンプレートを用意しなくてもかまいませんが、HTMLが複数になる場合は図2のようなテンプレートをもとに、各ページのHTMLファイルを作成していきます。

図2 index.htmlのベースになるHTML

```
<!DOCTYPE html>
<html lang="ja">
<head>
<meta charset="UTF-8">
<title> ページタイトル </title>
</head>

<body>
ここにテキスト原稿を貼り付ける
</body>
</html>
```

HTMLのテンプレートはおおよそこのような状態で用意されますが、細かい部分はサイトによって異なります。

! POINT

サイトの規模が大きく、ページごとにフォルダを作ると膨大な数になってしまう場合は、カテゴリごとに分けるなどします。好きな構造で作ればいいわけではなく、誰が見てもわかりやすい構造にしなければなりません。

ページ構造の確認とテキスト原稿の整理

index.htmlにテキスト原稿を貼り付ける前に、ページ全体の構造をもう少し詳しく確認してみましょう。サンプルは図3の構造になっています。

図3 サンプルサイトの構造

HTMLに貼り付けたあとマークアップしやすいよう、サイトのページ構造に合わせてテキスト原稿を整えます。不要な空きスペースを削除する、内容のまとまりごとに改行を入れて見やすくするなども、ここで行います。整形済みのテキスト原稿は図4のような状態です。

POINT

HTMLの構造を意識して、あらかじめ原稿となるテキストを整えておくことで、マークアップがしやすくなります。クライアントなどから提供されるテキストが、そのままHTMLに貼り付けられる状態で来ることはほとんどありません。場合によっては、複数のテキストファイルから必要な内容だけを取り出して、1つの原稿にするなどの編集も必要になります。

図4 テキスト原稿(整えた状態)

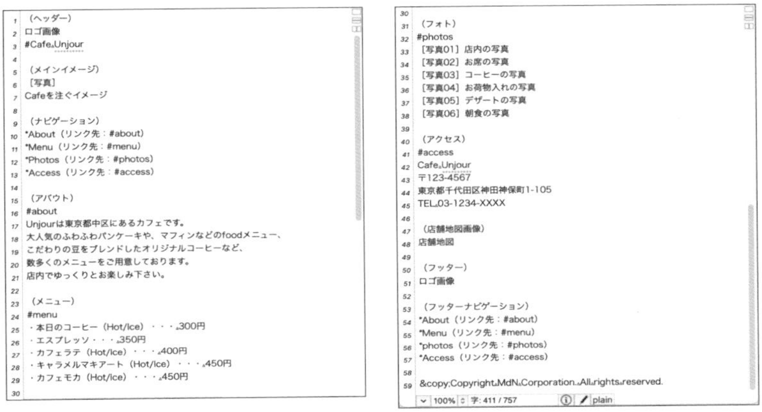

```
（ヘッダー）
ロゴ画像
#Cafe Unjour

（メインイメージ）
［写真］
Cafeを注ぐイメージ

（ナビゲーション）
*About（リンク先：#about）
*Menu（リンク先：#menu）
*Photos（リンク先：#photos）
*Access（リンク先：#access）

（アバウト）
#about
Unjourは東京都中区にあるカフェです。
大人気のふわふわパンケーキや、マフィンなどのfoodメニュー、
こだわりの豆をブレンドしたオリジナルコーヒーなど、
数多くのメニューをご用意しております。
店内でゆっくりとお楽しみ下さい。

（メニュー）
#menu
・本日のコーヒー（Hot/Ice）・・・ 300円
・エスプレッソ・・・ 350円
・カフェラテ（Hot/Ice）・・・ 400円
・キャラメルマキアート（Hot/Ice）・・・ 450円
・カフェモカ（Hot/Ice）・・・ 450円

（フォト）
#photos
［写真01］店内の写真
［写真02］お席の写真
［写真03］コーヒーの写真
［写真04］お荷物入れの写真
［写真05］デザートの写真
［写真06］朝食の写真

（アクセス）
#access
Cafe Unjour
〒123-4567
東京都千代田区神田神保町1-105
TEL 03-1234-XXXX

（店舗地図画像）
店舗地図

（フッター）
ロゴ画像

（フッターナビゲーション）
*About（リンク先：#about）
*Menu（リンク先：#menu）
*photos（リンク先：#photos）
*Access（リンク先：#access）

&copy;Copyright MdN Corporation. All rights reserved.
```


図3で確認したページ構造の順番にテキストを整えています。アンカーリンクとなる部分には、この段階で「#」でリンク名を入れておきました。

head要素を編集する

さっそく<body>内をマークアップしていきたいところですが、その前に<head>内の編集を行います。<title>タグにページのタイトルを入れ、<meta>タグを使ってページのキーワードと説明を加えます図5。

POINT

複数のWebページがある場合は、<title>タグや<meta>タグを入れた状態のHTMLファイルを、全ページ共通のテンプレートにするとよいでしょう。テンプレートをベースに、ほかのHTMLファイルも量産できます。

図5 ページタイトルやキーワード、説明を追記した

```
<!DOCTYPE html>
<html lang="ja">
<head>
<meta charset="UTF-8">
<title>Cafe Unjour</title>
<meta name="description" content="Cafe Unjourの
ホームページです。">
<link rel="shortcut icon" href="img/favicon.ico">
</head>

<body>
ここにテキスト原稿を貼り付ける
</body>
</html>
```

ページタイトル
ページの説明

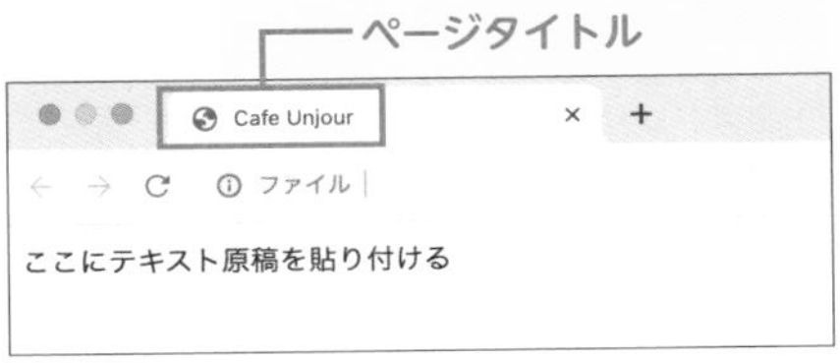

ヘッダー、メインコンテンツ、フッターの箱を作る

<body>〜</body>に図4のテキスト原稿を貼り付けてマークアップに入ります。内容に合わせて、最適なタグを使ってマークアップしていけば、さほど難しいものではありません。

最初に、!ページの大枠となるヘッダー、メインコンテンツ、フッターをマークアップします。

次に、<main>〜</main>の箱の中に、メインイメージ、ナビゲーション、アバウト、メニュー、フォト、アクセスの箱を作ります。メインイメージは<figure>タグ、ナビゲーションは<nav>タグ、それ以外は<section>タグでマークアップしました図6 図7。

POINT

ページの骨組みとなる大きな箱を作り、その中に小さな箱を作っていくのがマークアップの基本の手順です。図6のマークアップした箱の構造と、図3の構造を見比べてみてください。同じような箱の構造になっていることがわかるはずです。

WORD <figure>タグ

写真、図表、ソースコードなどの情報のまとまりをマークアップする。<figcaption>タグを使ってキャプションをつけることができる。

図6 大枠を作ったあと<main>の中身をマークアップ

```
<body>
<header>
(ヘッダー)
ロゴ画像
#Cafe Unjour
</header>

<main>
<figure>
(メインイメージ)
[写真]
Cafe を注ぐイメージ
</figure>

<nav>
(ナビゲーション)
*About (リンク先:#about)
*Menu (リンク先:#menu)
*Photos (リンク先:#photos)
*Access (リンク先:#access)
</nav>

<section>
(アバウト)
#about
Unjour は東京都中区にあるカフェです。
大人気のふわふわパンケーキや、マフィンなどの food
メニュー、
こだわりの豆をブレンドしたオリジナルコーヒーなど、
数多くのメニューをご用意しております。
店内でゆっくりとお楽しみ下さい。
</section>

<section>
(メニュー)
#menu
・本日のコーヒー (Hot/Ice)・・・ 300 円
・エスプレッソ・・・ 350 円
・カフェラテ (Hot/Ice)・・・ 400 円
・キャラメルマキアート (Hot/Ice)・・・ 450 円
・カフェモカ (Hot/Ice)・・・ 450 円
</section>

<section>
(フォト)
#photos
[写真 01] 店内の写真
[写真 02] お席の写真
[写真 03] コーヒーの写真
[写真 04] お荷物入れの写真
[写真 05] デザートの写真
[写真 06] 朝食の写真
</section>

<section>
(アクセス)
#access
Cafe Unjour
〒123-4567
東京都千代田区神田神保町 1-105
TEL 03-1234-XXXX
(店舗地図画像)
店舗地図
</section>
</main>

<footer>
(フッター)
ロゴ画像
(フッターナビゲーション)
*About (リンク先:#about)
*Menu (リンク先:#menu)
*Photos (リンク先:#photos)
*Access (リンク先:#access)

&copy;Copyright MdN Corporation. All
rights reserved.
</footer>
</body>
```

図7 マークアップ前(左)とマークアップ後(右)

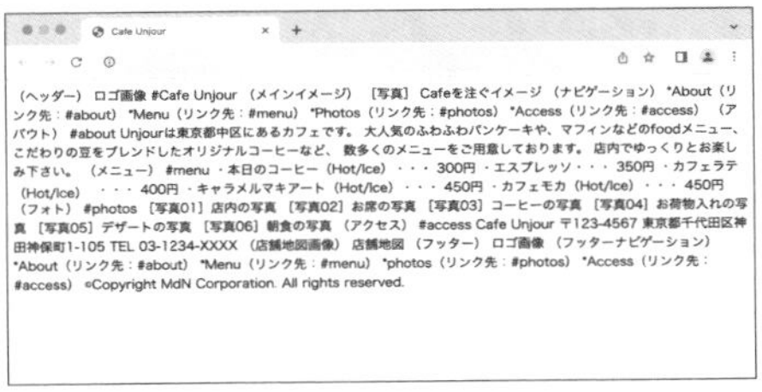

<body>～</body>の中にテキストを貼り付けただけの表示。

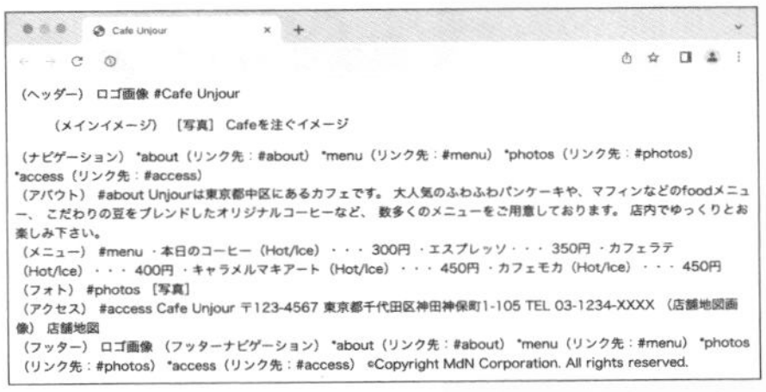

ここまで終えてブラウザで表示してみると、マークアップに従って改行されているはずです。

Google Fontsのリンクを追加

このサンプルでは、フォントの表示にWebフォントのひとつ、「Goole Fonts」を使っています。Goole Fontsを読み込むためのリンクを<head>タグ内に記述します 図8。サンプルでは、サイト全体に「Noto Sans」「Noto Sans Japanese」、見出し部分に「Dancing Script」というフォントを使っており、これらのフォントをウエイト違いで数種類読み込んでいます。

memo

Google FontsはGoogleが提供しているWebフォントのサービスで、無料で利用できます。数は限られますが、日本語のフォントも用意されています。Webフォントについては73ページ、Lesson3-07の解説も参照してください。

・Google Fonts
https://fonts.google.com/

図8 Webフォントを読み込むリンク

```
<link rel="preconnect" href="https://fonts.googleapis.com">
<link rel="preconnect" href="https://fonts.gstatic.com" crossorigin>
<link href="https://fonts.googleapis.com/css2?family=Dancing+Script&family=Noto+Sans+JP:wght@400;
700&family=Noto+Sans:wght@400;700&display=swap" rel="stylesheet">
```

</head>タグの直前に記述します。

Google Fonts上で使用したいフォントを選びます。膨大な数のフォントがあるため、フォント名や言語などで絞り込むといいでしょう。フォントファミリーの一覧が表示されるので、右側にあるボタン(図9-①)で使うものを追加していきます。複数のウエイトや異なるフォントをまとめて選ぶことが可能です。

画面の右上にある「View selected families」(図9-②)をクリックすると、選んだフォントを適用するHTML(<link>タグ)とCSSが自動的に出力されているのでコピーして、<head>タグ内に貼り付けます 図10。

WORD ウエイト

フォントの太さのこと。フォントの中には、ウエイトの違うものが複数存在するものもあれば、1種類のウエイトしかないものもある。ウエイトの異なる同じフォントのグループをフォントファミリーやファミリーと呼ぶ。

memo

図10で出力されるCSSのソースを、259ページで行うCSSのフォント指定にも使用しています。

図9 Google Fontsで「Noto Sans」を表示

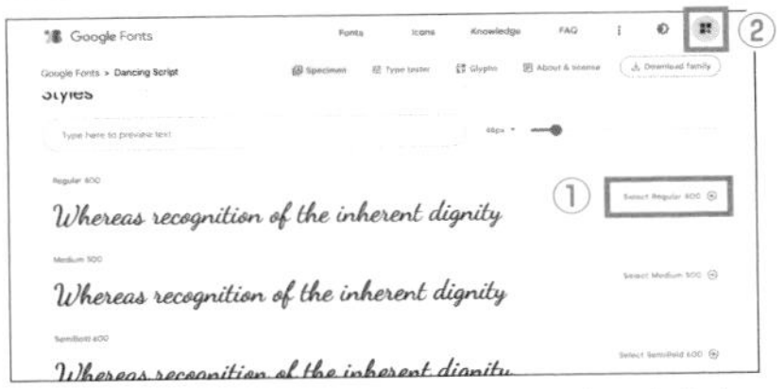

右側にある+ボタンをクリックすると選択できます。

図10 出力されるソースコードをコピーする

図はサンプルで使うフォントをすべて選択したところ

Lesson 7

04

120 min

HTMLのマークアップ②
各セクションを作り込む

THEME テーマ

ページの構造に応じて大きな箱→小さな箱とマークアップしたら、次に小さな箱の中身をマークアップしていきます。小さな箱の中にさらに小さな箱を作り、常に階層構造(箱の構造)を意識しながら進めてください。

ヘッダーをマークアップする

ヘッダー内にはロゴ画像が入ります。ページの一番大きな見出しにあたる部分ですので、<h1>タグでマークアップします 図1 。ロゴ画像はPNG形式の画像ファイルを使っているので、<img>タグで画像ファイルを指定し、alt属性にサイトの名前「Cafe Unjour」を入れています。

図1 <header>内のマークアップ

```
<header>
(ヘッダー)
ロゴ画像
#Cafe Unjour
</header>
```

→

```
<header>
  <h1>
    <img src="img/logo.png" alt="Cafe Unjour" width="100"
    height="100">
  </h1>
</header>
```

メインイメージをマークアップする

メインイメージは写真を載せるので、<figure>タグの中に<img>を書いて画像のファイル名を指定します 図2 。alt属性は写真の内容がわかるよう「Cafe Unjour」としています。width(幅)とheight(高さ)で画像の表示サイズを指定しました。

図2 メインイメージのマークアップ

```
<figure>
(メインイメージ)
[ 写真 ]
Cafe Unjourの写真
</figure>
```

→

```
<figure>
  <img src="img/top.jpg" alt="Cafe Unjourの写真" width="1000"
  height="639">
</figure>
```

ナビゲーションをマークアップする

ナビゲーションは<nav>タグの中に<ul>タグを書き、各項目を<li>タグでマークアップします図3。この部分はページ内の各コンテンツにリンクする部分ですので、<li>タグの中に<a>タグを使ってアンカーリンクを設定します。

図3 <nav>内のマークアップ

```
<nav>
(ナビゲーション)
*About (リンク先:#about)
*Menu (リンク先:#menu)
*Photos (リンク先:#photos)
*Access (リンク先:#access)
</nav>
```

→

```
<nav>
  <ul>
    <li><a href="#about">About</a></li>
    <li><a href="#menu">Menu</a></li>
    <li><a href="#photos">Photos</a></li>
    <li><a href="#access">Access</a></li>
  </ul>
</nav>
```

4つのセクションをマークアップ

次に「About」「Menu」「Photos」「Access」の4つのセクション部分をマークアップしていきます。それぞれの<section>タグには、ナビゲーションのアンカーリンク先となるid属性をつけます。

各セクションの<h2>見出し部分はHTML内のテキストをWebフォント「Dancing Script」で表示しています。

POINT

ナビゲーションのアンカーリンク(href属性の値)と、<section>タグのid属性値を対応させます。アンカーリンクの名称は「About」セクションであれば「#about」のように、誰にでもわかりやすいものを設定します。

251ページ、**Lesson7-03**参照。

「About」セクションをマークアップする

「About」のセクションは、このお店についての紹介文が入る部分です。セクションの見出しとなる部分は<h2>タグで括ります。

紹介文は段落を示す<p>タグで括り、文章の区切りのあとに改行を意味する
タグを記述します図4。

図4 「about」セクションのマークアップ

```
<section>
(アバウト)
#about
Unjour は東京都中区にあるカフェです。
大人気のふわふわパンケーキや、マフィンなどの food メニュー、
こだわりの豆をブレンドしたオリジナルコーヒーなど、
数多くのメニューをご用意しております。
店内でゆっくりとお楽しみ下さい。
</section>
```

→

```
<section id="about">
  <h2>About</h2>
  <p>Unjour は東京都中区にあるカフェです。<br>
    大人気のふわふわパンケーキや、マフィンなどの food メニュー、<br>
    こだわりの豆をブレンドしたオリジナルコーヒーなど、<br>
    数多くのメニューをご用意しております。<br>
    店内でゆっくりとお楽しみ下さい。</p>
</section>
```

「Menu」セクションをマークアップする

同じように、セクションの見出し部分は<h2>タグをマークアップします。メニューのリストの部分には<ul>タグと<li>タグを使います図5。

図5 「Menu」セクションのマークアップ

```
<section>
（メニュー）
#menu
・本日のコーヒー（Hot/Ice）・・・ 300円
・エスプレッソ・・・ 350円
・カフェラテ（Hot/Ice）・・・ 400円
・キャラメルマキアート（Hot/Ice）・・・ 450円
・カフェモカ（Hot/Ice）・・・ 450円
</section>
```

```
<section id="menu">
  <h2>Menu</h2>
  <ul>
    <li>本日のコーヒー（Hot/Ice）・・・・・300円</li>
    <li>エスプレッソ・・・・・・・・・・・・350円</li>
    <li>カフェラテ（Hot/Ice）・・・・・・・400円</li>
    <li>キャラメルマキアート（Hot/Ice）・・450円</li>
    <li>カフェモカ（Hot/Ice）・・・・・・・450円</li>
  </ul>
</section>
```

「Photos」セクションをマークアップする

見出し部分は「About」「Menu」と同様です。

このセクションには、写真6点とそれぞれの説明キャプションという内容です。

このセクションでは6点の写真を一覧とし、リストとして扱います。<section>タグの内側にまず<ul>タグの箱を作り、さらにそれぞれの写真をリストの項目を意味する<li>タグでマークアップします図6。

図6 「Photos」セクションのマークアップ

```
<section>
（フォト）
#photos
[写真01] 店内の写真
[写真02] お席の写真
[写真03] コーヒーの写真
[写真04] お荷物入れの写真
[写真05] デザートの写真
[写真06] 朝食の写真
</section>
```

```
<section id="photos">
  <h2>Photos</h2>
  <ul>
    <li>
      <img src="img/photos_01.jpg" alt="店内の写真" width="320" height="320">
    </li>
    <li>
      <img src="img/photos_02.jpg" alt="お席の写真" width="320" height="320">
    </li>
    <li>
      <img src="img/photos_03.jpg" alt="コーヒーの写真" width="320" height="320">
    </li>
    <li>
      <img src="img/photos_04.jpg" alt="お荷物入れの写真" width="320" height="320">
    </li>
    <li>
      <img src="img/photos_05.jpg" alt="デザートの写真" width="320" height="320">
    </li>
    <li>
      <img src="img/photos_06.jpg" alt="朝食の写真" width="320" height="320">
    </li>
  </ul>
</section>
```

「Access」セクションをマークアップする

「Access」セクションには店名と、連絡先となる住所・電話番号と地図を載せます。

住所・電話番号は<address>タグで括り、意味を強調したい店名と電話番号は<strong>タグでマークアップします。地図の部分は画像を載せるので、<figure>タグと<img>タグでマークアップします。

Lesson7-02 図1のサンプルの完成形（→243ページ）を確認すると、店名・住所・電話番号と地図が左右横並びになっています。この配置をCSSで行うために、h2要素以外の内容を<div> ～ </div>で囲みます 図7。

memo

<address>タグはWebサイトの問い合わせ先（連絡先）に使用するものです。サンプルでは、お店の住所・電話番号を問い合わせ先として扱っています。例えば、お店のサイトでもサイトについての問い合わせ先は制作会社という場合もあるので、<address>タグの使い方に注意しましょう。

図7 「Access」セクションのマークアップ

```
<section>
(アクセス)
#access
Cafe Unjour
〒123-4567
東京都千代田区神田神保町1-105
TEL 03-1234-XXXX
(店舗地図画像)
店舗地図
</section>
</main>
```

→

```
<section id="access">
  <h2 class="heading">Access</h2>
  <div>
    <address>
      <strong>Cafe Unjour</strong>
        〒123-4567<br>
        東京都千代田区神田神保町1-105<br>
      <strong>TEL 03-1234-XXXX</strong>
    </address>
    <figure>
      <img src="img/access.png" alt="店舗地図"
      width="540" height="344">
    </figure>
  </div>
</section>
```

フッターをマークアップする

フッターにはロゴ画像とナビゲーション、コピーライト表記が入ります。

フッター内のロゴ画像は、<img>タグを<p>タグで囲んでいます。ナビゲーションは<nav>タグで囲み、さらに<ul>タグと<li>タグでマークアップします。<li>タグの中に<a>タグでアンカーリンクを設定します。コピーライト表記は<small>タグでマークアップしたあと、<small>タグ全体を<p>タグで囲んでいます図8。

フッターの最終的な配置はロゴ画像とナビゲーション、コピーライト表記が横並びになるため、CSSで横並びの配置を行うために、<footer></footer>の内側を<div>タグで囲みます。

これで、すべてのマークアップがいったん終了しました。ブラウザで表示してみると、図9のようになります。

memo

地図の画像(access.png)はAdobe XDを使って作成しました。幅540×高さ344pixelで作成し、そのままの大きさで表示しています。

図8 フッターのマークアップ

```
<footer>
(フッター)
ロゴ画像
(フッターナビゲーション)
*About (リンク先:#about)
*Menu (リンク先:#menu)
*Photos (リンク先:#photos)
*Access (リンク先:#access)

&copy;Copyright MdN Corporation. All rights
reserved.
</footer>
```

↓

```
<footer>
<div>
  <p>
    <img src="img/logo_w.png" alt="Cafe
    Unjour" width="130" height="130">
  </p>
  <nav>
    <ul>
      <li><a href="#about">About</a></li>
      <li><a href="#menu">Menu</a></li>
      <li><a href="#photos">Photos</a></li>
      <li><a href="#access">Access</a></li>
    </ul>
  </nav>
  <p><small>&copy;Copyright MdN Corporation.
  All rights reserved.</small></p>
</div>
</footer>
```

図9 フッターまでマークアップしたブラウザ表示

Lesson 7
05
90 min

CSSのコーディング①
ページ全体のスタイル指定

THEME テーマ
HTMLのマークアップがひと通り終わったら、CSSでページのレイアウトや装飾を行っていきます。HTMLで大きな箱→小さな箱の順にマークアップしたように、CSSも全体共通→細かい部分の順で指定していくのが基本形です。

リセットCSSを読み込む

サンプルのCSSファイルは、「css」フォルダの中に「style.css」というファイル名で作成し、HTMLに<link>タグを追記して読み込みます。

style.cssにCSSを書いていく前に、ちょっとした「地ならし」作業を行いましょう。リセットCSSを使ってWebブラウザの「初期スタイルのリセット」をする作業です。

168ページ、Lesson6-07参照。

サンプルではリセットCSSとして「normalize.css」を使用しているので、<head>内に<link>タグを書いてリンクします 図1。これで、CSSのコーディングをずっと効率よく進められるようになります。

POINT
リンクさせるファイルは読み込む順に書きます。style.cssよりも先にリセットCSSを読み込ませたいので、リセットCSSのリンクを先に記述します。

図1 HTMLにCSSファイルのリンクを追記

```
<head>
<meta charset="UTF-8">
<title>Cafe Unjour</title>
<meta name="description" content="Cafe Unjourのホームページです。">

<!-- Webフォントのリンクを省略 -->

<link rel="stylesheet" href="css/normalize.css">
<link rel="stylesheet" href="css/style.css">
</head>
```

「normalize.css」と「style.css」をリンクしました。

- 各ブラウザの初期状態を統一する
- 各種ブラウザが全て同じルールで表示できるようになる

リセットCSSには上記のようなメリットがあり、Web制作の現場では実用的に使われていますが、はじめてサイトを作るときにはあまり情報がないため、つまずきやすいポイントになります。

ページや要素全体に適用するCSSを書く

「style.css」の1行目には文字化けを防ぐために文字コードを指定します。

次に、HTMLの各要素に対して初期スタイルを設定します。全称セレクタ「*」で「box-sizing: border-box;」としているのは、パディング（内余白）やボーダー（境界線）などがwidth（横幅）に加算されなくなる指定です。さらに、<body>全体に対して、フォント、文字サイズ、行送り（行間）、文字色、背景色の指定をしました図2。

図2 <body>全体の初期スタイルを指定

```
@charset "utf-8";

/* 初期スタイル調整 */
 * {
  box-sizing: border-box;
}

body {
  font-family: "Noto Sans", "Noto Sans JP", sans-serif;
  font-size: 16px;
  line-height: 1.5;
  color: #333333;
  background-color: #faf9f4;
}
```

「box-sizing: border-box;」の指定

例えば、ボックス全体の幅を100pxにしたいとき、ボックスのパディングが10px、ボーダーが1pxあるとすると、「width: 78px; padding: 10px; border: 1px;」などのように、width（内容の幅）をパディング（内余白）とボーダーの合計が100pxになるよう計算しなければなりません。

すべての要素に「box-sizing: border-box;」を指定すると、そういった細かな計算をせずに、「width: 100px; padding: 10px; border: 1px;」と指定すればよくなります。

また、「width: 50%;」など、幅を%で指定した際、パディングやボーダーが入ることでレイアウトやデザインが崩れるため、「box-sizing: border-box;」の指定はそういった事象を防ぐ対策にもなります。

POINT

各要素に対して一括でスタイルを指定して問題ないものは、CSSの冒頭でまとめて調整しておきます。最終的には、さらに細かくスタイルを調整していきますが、あとから必要に応じてHTMLにclass属性を追記しながら、classセレクタで上書きしていくと効率的です。

memo

図2のfont-familyプロパティで指定しているのは、Google Fontsの「Noto Sans」「Noto Sans Japanese」です。この部分のソースコードは、Lesson7-03 図10（→251ページ）でHTMLと同時に自動的に出力されるものをベースにしています。「"Noto Sans", "Noto Sans JP", sans-serif;」は、何かの理由で2つのフォントが読み込めない場合に、代替として「sans-serif」というフォントを使用するという記述です。

190ページ、**Lesson6-15**参照。

各要素の初期スタイルを指定

<body>全体の初期スタイルを指定したあとは、各要素に対して一括で初期スタイルを指定しています 図3。

このサンプルでは、「About」「Menu」「Photos」「Access」の4つのセクションで使われている見出し(<h2>タグ)には、共通スタイルとしてmargin-topとmargin-bottomで上下のマージン(外余白)と行の高さを指定しています 図3-①。

198ページ、**Lesson6-19**参照。

サンプルで実際に使用している見出しは<h2>だけですが、初期スタイルの調整のため、後から見出しの種類が増えてもいいように、図3-①ではすべての見出しタグを記述しています。

リンクテキストには、文字色や通常リンク時に文字の装飾を「なし」にする指定を、マウスカーソルが重なった状態で文字にアンダーラインを表示するスタイルを指定しました 図3-②。

また、img要素には幅を「max-width: 100%;」、高さを「height: auto;」と記述しています 図3-③。画像(img要素)が親要素に対して最大幅100%で表示され、高さは画像の縦横比を変えず、自動的に最小サイズで表示される指定です。「vertical-align: middle;」では、垂直方向の配置を中央揃えになるよう指定しています。

191ページ、**Lesson6-16**参照。

図4が初期スタイルの調整を適用したブラウザ表示です。

memo

max-widthプロパティは幅の最大値を指定するプロパティです。値は数値にpxなどの単位をつけるか、親に対する割合を%で指定します。幅の最小値を指定するmin-widthプロパティもあります。

図3 各要素の初期スタイルを指定

```
h1, h2, h3, h4, h5, h6 {
  margin-top: 0;
  margin-bottom: 20px;
  line-height: 1.2;
}

a {
  color: #333333;
  text-decoration: none;
}
a:hover {
  text-decoration: underline;
}

p {
  margin-top: 0;
  margin-bottom: 20px;
}

ul {
  padding: 0;
  margin-top: 0;
  margin-bottom: 20px;
  list-style: none;
}

figure {
  margin: 0;
}

img {
  max-width: 100%;
  height: auto;
  vertical-align: middle;
}

address {
  font-style: normal;
}
```

①見出しの上下の外余白や行の高さを設定

②リンクテキストの文字色や装飾を指定

③画像の幅・高さや配置の指定

主に要素セレクタで、各要素全体に対して初期スタイルを調整しています。

図4 この時点でのブラウザ表示

257ページの 図9 と見比べてください。ページ全体で左側の余白がなくなり、背景に色がついています。

Lesson 7

06

180 min

CSSのコーディング②
細かなスタイルの指定

THEME テーマ

<body>全体や各要素の初期スタイルを調整したあとは、細部のスタイル指定を行って作り込んでいきます。HTMLの各要素にclass属性を追記しながら、スタイルを上書き指定していきます。

ヘッダーとロゴ画像のスタイル指定

サンプルのHTML（index.html）の上から順に、各ブロックやセクション、要素のスタイルを細かく調整していきます。スタイルを調整したい要素にHTMLでclass属性を追記しながら、CSSではclassセレクタを使ってスタイルを上書きする流れです。

まずはヘッダーからです。HTMLでは<header>タグに「class="header"」、<h1>タグに「class="logo"」を追記します。

このサンプルはサイト全体を横幅1000pxの想定で作成しているので、classセレクタ「.header」を使ってヘッダーの横幅（width）を「1000px」と指定します。また、ヘッダーを上下・左右ともに中央揃えに配置したいので「margin: 0 auto;」とし、パディング（内余白）は上下を15px、左右を0としています。

ロゴ画像はclassセレクタ「.logo」で「text-align: center;」として、<header>内の中央に配置にしています 図1。

WORD classセレクタ

HTMLでclass属性をつけられた特定の要素を対象にするもの。「.○○○」のように「.（ピリオド）class名」で記述し、HTMLにはスタイリングを適用する目印として、class属性「class="○○○"」をつける。Lesson6-04（→161ページ）参照。

POINT

「margin: 0 auto;」は上下のマージンを0に、左右のマージンはauto（自動）にする指定です。header要素が、親要素のbody要素に対して中央に配置されます。

POINT

ロゴ画像そのものはインラインの性質を持つimg要素のため、親要素である<h1>タグ（ブロックボックスの性質）に、text-alignプロパティを使用しています。Lesson6-11（→181ページ）参照。

図1 ヘッダーとロゴ画像のスタイル指定

HTML

```
<header class="header">
  <h1 class="logo">
    <img src="img/logo.png"
    alt="Cafe Unjour" width="100"
    height="100">
  </h1>
</header>
```

CSS

```
/* ヘッダー */
.header {
  width: 1000px;
  padding: 15px 0;
  margin: 0 auto;
}
/* ロゴ */
.logo {
  margin: 0;
  text-align: center;
}
```

メインコンテンツ全体とメインイメージのスタイル指定

HTMLでは<main>に「class="main"」を、<figure>に「class="top"」を追記します。

メインコンテンツ全体をマークアップしている<main>にも、<header>と同じように「width: 1000px;」として横幅を固定し、上下左右中央に揃えるために「margin: 0 auto;」と指定します。

メインイメージ（img要素）の配置は、親要素である<figure>に対してclassセレクタ「.top」で、下のマージン（margin-bottom）を「50px」にしています 図2。

図2 <main>全体とメインイメージに対する指定

HTML

```
<main class="main">
<figure class="top">
  <img src="img/top.jpg" alt="Cafe
  Unjour の写真 " width="1000"
  height="639">
</figure>
```

CSS

```
/* メインコンテンツ */
.main {
  width: 1000px;
  margin: 0 auto;
}
/* トップ */
.top {
  margin-bottom: 50px;
}
```

ナビゲーションのスタイル指定

ナビゲーションを囲む<nav>タグに「class="nav"」を追記し、classセレクタ「.nav」で下のマージン（margin-bottom）を指定します。

<ul>タグには「class="nav-list"」を追記します。そして、「display: flex;」で、ul要素（コンテナ）の子要素であるli要素（アイテム）を横並びにしています。

209ページ、**Lesson6-23**参照。

「justify-content: center;」の記述は、コンテンツに対してアイテムを水平方向中央揃えで配置する指定です。そのほかに、フォントの太さと行の高さを指定しています。

ナビゲーションの項目であるli要素同士の間の「｜」（縦棒）は左の境界線（border-left）で表現しています。さらに、最初のli要素（About）の左側には「｜」を表示したくないので疑似クラスを利用し、セレクタ「.nav-list li:first-child」という指定で、左側のボーダー（border-left）を表示しないようにしました 図3。

POINT

疑似クラス「:first-child」は、ある要素内で最初に記述されている子要素を対象にスタイルを適用するものです。セレクタ「.nav-list li:first-child」はclass名「nav-list」とついた要素内で最初の子要素を示し、ここでは<ul>内の最初の<li>が対象になります。

図3 ナビゲーションに対する指定

HTML

```
<nav class="nav">
<ul class="nav-list">
  <li><a href="#about">About</
a></li>
  <li><a href="#menu">Menu</
a></li>
  <li><a
href="#photos">Photos</a></li>
  <li><a
href="#access">Access</a></li>
</ul>
</nav>
```

CSS

```
/* ナビ */
.nav {
  margin-bottom: 80px;
}
.nav-list {
  display: flex;
  justify-content: center;
  font-weight: 700;
  line-height: 1.25;
  text-transform: uppercase;
}
.nav-list li {
  padding: 0 20px;
  border-left: 1px solid #333333;
}
/* 最初の li 要素 */
.nav-list li:first-child {
  border-left: none;
}
```

<nav>の子要素である<ul>に対して適用

<ul>の子要素<li>をアイテムとして扱い、横並びにする

テキストの英字をすべて大文字にする

疑似クラスを使って指定

4つの<section>のスタイル指定

次に、「About」「Menu」「Photos」「Access」の4つのセクションに共通するスタイル指定を行います 図4。まず、HTMLで4つの<section>タグに class名「section」を記述した上で、classセレクタ「.section」で、下のマージンを80pxとしています。さらに、「About」「Menu」にはそれぞれ別のclass名をつけておき（図4 青字部分）、後述する個別のスタイル指定の対象とします。

<h2>タグには「class="heading"」を追記します。CSSでは<h2>見出しに対して、font-familyプロパティでフォントを指定しています。「"Dancing Script", cursive;」は、Google Fonts上の「Dancing Script」を何かの理由で読み込めない場合、代替として「cursive」というフォントで表示する指定です。この記述はGoogle Fonts上からコピーしたものになります。

このほかに、下のマージンや「text-align: center;」で水平方向中央揃えの指定を行いました。

POINT

同じclass名は、同一ページの中で複数の箇所で使うことができます。図4 のclass名「section」「heading」のように、複数に共通のスタイルを適用したい場合にも使われます。

POINT

1つの要素に複数のclass名をつけることもできるため、ここではclass名を「class="section about"」のように2つ設定し、「.section」で4つのセクションに共通のスタイル、「.about」で個別のスタイルを適用しています。「Menu」のセクションも同様です。

251ページ、**Lesson7-03**参照。

図4 4つのセクションに共通のスタイル指定

HTML

```
<section class="section about" id="about">
<h2 class="heading"> ~ </h2>
<p> ~ </p>
</section>

<section class="section menu" id="menu">
<h2 class="heading"> ~ </h2>
<ul> ~ <ul>
</section>

<section class="section" id="photos">
<h2 class="heading"> ~ </h2>
<ul> ~ </ul>
</section>

<section class="section" id="access">
<h2 class="heading"> ~ </h2>
<div> ~ </div>
</section>
```

CSS

```
/* セクション */
.section {
  margin-bottom: 80px;
}

/* 見出し */
.heading {
  margin-bottom: 40px;
  font-family: "Dancing Script",
  cursive;
  font-size: 45px;
  line-height: 1.2;
  text-align: center;
}
```

「About」セクションの指定

図4で<section>タグにつけた2つ目のclass名「about」を使ったclassセレクタで全体を中央揃えにしています。また、セレクタ「.about p」(class属性値「about」内のp要素)に対して、フォントサイズと行の高さを指定しました 図5。

図5 「about」のスタイル指定

HTML

```
<section class="section about" id="about">
  <h2 class="heading">About</h2>
  <p> (省略) </p>
</section>
```

CSS

```
.about {
  text-align: center;
}
.about p {
  font-size: 18px;
  line-height: 2.1;
}
```

「Menu」セクションの指定

<section>タグにつけたclass名「menu」で中央揃えの指定をして、子要素の<h2>と<ul>を<section>に対して左右中央に配置します 図6。

<section>の内側の<ul>タグに「class="menu-list"」を追記し、セレクタ「.menu-list」に「display: inline-block」を指定します。さらに、<li></li>内のテキストを<ul>のボックスの中で左揃えにしたいので「text-align: left」を指定しています。このようにすることで、<li></li>内のテキストの長さが変わっても、<ul>は中央、<li>は左揃えを保つことができます。「list-style: disc;」は<li>のリストマーカーを黒丸にする指定です。

> **memo**
>
> <ul>を「inline-block」にするとwidthが自動的に定まります。「inline-block」としてwidthを設定しない場合は、<ul>の幅はinlineのときと同じように要素内容がぎりぎり収まる最小サイズになるためです(204ページ、Lesson6-21参照)。仮に、<ul>を「block」にすると、中央揃えにするためにはwidthを指定する必要があります。その場合は、<li></li>内のテキストが増えるたびにwidthを変更する必要があります。

227ページ、Lesson6-26参照。

図6 「menu」のスタイル指定

HTML

```
<section class="section menu" id="menu">
  <h2 class="heading">Menu</h2>
  <ul class="menu-list">
    <li>本日のコーヒー（Hot/Ice）・・・・・300円</li>
    <li>エスプレッソ・・・・・・・・・・・・・350円</li>
    <li>カフェラテ（Hot/Ice）・・・・・・・400円</li>
    <li>キャラメルマキアート（Hot/Ice）・・450円</li>
    <li>カフェモカ（Hot/Ice）・・・・・・・450円</li>
  </ul>
</section>
```

CSS

```
/* メニュー */
.menu {
  text-align: center;
}
.menu-list {
  display: inline-block;
  margin-bottom: 0;
  font-size: 18px;
  font-weight: 700;
  line-height: 2.5;
  text-align: left;
  list-style: disc;
}
```

display: inline-block; — li要素内のテキストを横並びにする

text-align: left; — 左揃えに配置

list-style: disc; — リストマークの指定

「Photos」セクションの指定

<section>タグ内にある<ul>タグに「class="photos-list"」を追記します。

CSSでは、classセレクタ「.photos-list」に対して「display: grid;」を指定します。これで、コンテナである<ul>（親要素）の直下にある<li>（子要素）がアイテムとして扱われ、6点の写真をグリッド状に配置されます。

216ページ、Lesson6-24参照。

「gap」プロパティで子要素の間の余白を指定しています。

「grid-template-columns」プロティでは値を「1fr 1fr 1fr」とすることで、子要素が1列に3つ、「1:1:1」の割合で配置されるようにしています 図7。

図7 「photos」のスタイル指定

HTML

```
<section class="section" id="photos">
  <h2 class="heading">Photos</h2>
  <ul class="photos-list">
    <li><img></li>
    <li><img></li>
    <li><img></li>
    <li><img></li>
    <li><img></li>
    <li><img></li>
  </ul>
</section>
```

CSS

```
/* フォト */
.photos-list {
  display: grid;
  gap: 20px;
  grid-template-columns: 1fr 1fr 1fr;
}
```

display: grid; → <li>がアイテムとなり、横並びに

gap: 20px; → <li>同士の余白

grid-template-columns: 1fr 1fr 1fr; → 列の数とそれぞれの列幅の指定

<img>タグのsrc属性などの記述は省略しています。

「Access」セクションの指定

HTMLで、<address>タグと<figure>タグを<div>～</div>で括ります。追加した<div>タグには「class="access-row"」をつけます。

CSSでは、classセレクタ「.access-row」に対して、「display: flex;」を指定します。これで、コンテナである<div>の直下にある子要素<address>と<figure>がアイテムとして扱われ、左右横並びに配置されます(次ページ 図8)。

「justify-content」プロパティでは、コンテナ内でアイテムの両端が「余白なし」(space-between)で配置されるようにしています。

<address>タグには「class="access-address"」を追加し、CSSのセレクタ「.access-address」で行の高さや文字間を調整しています。

また、セレクタ「.access-address strong」はclass名「access-address」のついた要素内のstrong要素が対象となります。strong要素はデフォルトでインラインボックスの性質を持っていますが、「display: block;」を指定することでブロックボックスの性質に切り替え、住所と電話番号が縦並びに配置されるようにしました。

POINT

255ページ(Lesson7-04)で<div>タグを追加したのは、<address>タグと<figure>タグを<div>～</div>の箱の中に入れ、<div>タグを親要素、<address>タグと<figure>タグを子要素として扱い、「display: flex;」を適用するためです。

209ページ、**Lesson6-23**参照。

図8 「Access」のスタイル指定

HTML

```
<section class="section"
id="access">
  <h2 class="heading">Access</h2>
  <div class="access-row">
    <address class="access-
    address">
      <strong>Cafe Unjour</strong>
      〒 123-4567<br>
      東京都千代田区神田神保町 1-105<br>
      <strong>TEL 03-1234-XXXX</
      strong>
    </address>
    <figure>
      <img src="img/access.png"
      alt=" 店舗地図 " width="540"
      height="344">
    </figure>
  </div>
</section>
```

CSS

```
/* アクセス */
.access-row {
  display: flex;
  align-items: center;
  justify-content: space-between;
}
.access-address {
  line-height: 1.75;
  letter-spacing: 0.05em;
}
.access-address strong {
  display: block;
  margin: 15px 0;
  font-size: 22px;
  letter-spacing: 0;
}
```

display: flex; ― 子要素をアイテムとして扱い、左右横並びに配置

justify-content: space-between; ― アイテムの水平方向の両端を「余白なし」に

display: block; ― <strong>をブロックとして扱い、縦並びに配置

フッターのスタイル指定

フッターのHTMLの構造は図9です。

HTMLで<footer>タグに「class="footer"」を追記し、セレクタ「.footer」で「min-width: 1000px;」を指定しています図10。そのほかに、パディング（内余白）やマージン（外余白）、背景色（background-color）を設定しています。「margin: 0 auto;」では、上下の外余白を0に、左右の外余白をautoとして、親要素に対してフッターを上下左右の中央に配置しています。

図9 フッターのタグの構造

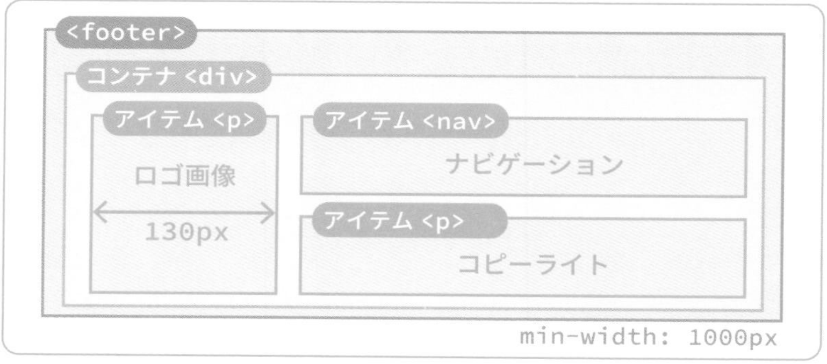

POINT

min-widthプロパティは要素の最小幅を指定するものです。ここではfooter要素に対して「min-width: 1000px;」を指定し、フッターの横幅が1000pxより小さくならないようにしています。こうすることで、ページを表示するブラウザウィンドウの左右幅が1000px以下になってもレイアウトを保ち、1000px以上になっても横いっぱいに広がるようにしています。

図10 フッターに対するスタイル指定

HTML

```
<footer class="footer">
<div class="footer-container">
  <p class="footer-logo">
    <img src="img/logo_w.png" alt="Cafe Unjour" width="130" height="130">
  </p>
  <nav class="footer-nav">
    <ul class="footer-nav-list">
      <li><a href="#about">ABOUT</a></li>
      <li><a href="#menu">MENU</a></li>
      <li><a href="#photos">PHOTOS</a></li>
      <li><a href="#access">ACCESS</a></li>
    </ul>
  </nav>
  <p class="copyright"><small>&copy;Copyright MdN Corporation. All rights
  reserved.</small></p>
</div>
</footer>
```

CSS

```
/* フッター */
.footer {
  min-width: 1000px;
  padding: 35px 0;
  margin: 0 auto;
  background-color: #afa4a0;
}
.footer-container {
  display: grid;
  width: 1000px;
  margin: 0 auto;
  grid-template-rows: 90px 40px;
  grid-template-columns: 330px 1fr;
}
.footer-logo {
  margin: 0;
  grid-row: 1 / 3;        1〜3
  grid-column: 1 / 2;     ①〜②
}
.footer-nav {
  padding-top: 20px;
  grid-row: 1 / 2;        1〜2
  grid-column: 2 / 3;     ②〜③
}
.footer-nav-list {
  display: flex;
}
.footer-nav li {
  margin-right: 40px;
}
```

- display: grid; → 子要素をグリッドアイテムとして扱う
- grid-template-rows: 90px 40px; → グリッドアイテムの行の高さの指定
- grid-template-columns: 330px 1fr; → グリッドアイテムの列の幅の指定
- display: flex; → 子要素(<li>)をフレックスアイテムとして扱い左右横並びに

```
.footer-nav a {
  color: #ffffff;
  text-transform: uppercase;
}

/* コピーライト */
.copyright {
  margin: 0;
  color: #ffffff;
  grid-row: 2 / 3;        2〜3
  grid-column: 2 / 3;     ②〜③
}
.copyright small {
  font-size: 10px;
}
```

また、<footer>タグの直下に<div>タグを追加して、ロゴ画像の<p>タグ・<nav>タグ・コピーライトの<p>タグを<div>～</div>で括り、追加した<div>タグには「class="footer-container"」をつけます(図10 HTMLの青字部分)。

CSSではセレクタ「.footer-container」を使い、コンテナ(親要素)となる<div>タグ「display: grid;」を指定します。子要素である<p>タグと<nav>タグがアイテムとして扱われ、グリッド状に配置されます。

216ページ、Lesson6-24参照。

ロゴ画像の<p>タグには「class="footer-logo"」を、<nav>タグには「class="footer-nav"」を追加します。

<p>タグを対象したclassセレクタ「.footer-logo」では、「grid-row: 1 / 3;」で行(垂直方向)の配置、「grid-column: 1 / 2;」の指定で列(水平方向)の配置を指定しています。

217ページ、Lesson6-24参照。

<nav>タグを対象したclassセレクタ「.footer-nav」では、「grid-row: 1 / 2;」で行の配置、「grid-column: 2 / 3;」で列の配置を指定しています。コピーライトの<p>タグを対象したclassセレクタ「.copyright」では、「grid-row: 2 / 3;」で行(垂直方向)の配置、「grid-column: 2 / 3;」で列(水平方向)の配置を指定しています 図11。

また、<ul>タグには「class="footer-nav-list」を追加しています。そして、classセレクタ「.footer-nav-list」で「display: flex;」を指定し、子要素である<li>タグがアイテムとして扱われ、左右横並びに配置されるようにしています。

図11 グリッドの行・列の配置

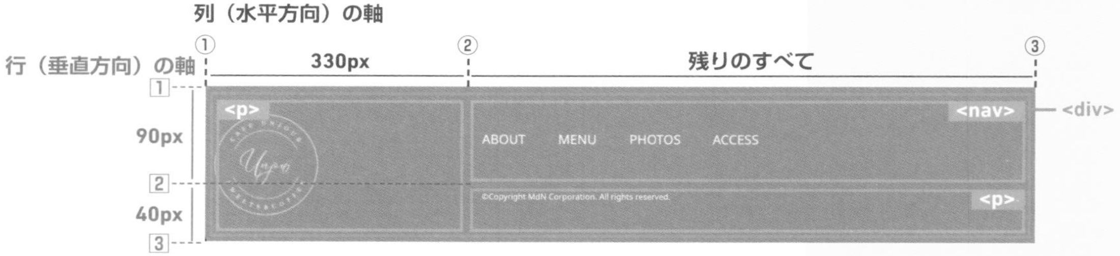

Lesson 8

レスポンシブ対応サイトを作る

ブラウザウィンドウの幅によって表示が切り替わるレスポンシブWebデザインに対応したWebサイトを、モバイルファーストの手法で作ってみます。この章でサンプルとして作るのは動物園をイメージしたサイトです。

読む　練習　制作　公開　運用

Lesson 8 01 45min

レスポンシブWebデザインでサンプルサイトを作る準備

THEME テーマ　レスポンシブWebデザインのサイトを作るためには、ブレイクポイントなどの事前設計が重要です。まず、制作現場で使われている手法はどんなものかを見ていきます。

レスポンシブWebデザインを実現する手法

Lesson8では、制作現場の手順になるべく近い形で、レスポンシブWebデザインに対応したサイトを作成してみます。

レスポンシブWebデザインを実現する手法は複数ありますが、サンプルサイトを作る上で取り入れているのは以下の手法です。

- フルードWebデザイン（Fluid Web Design）
- フルードイメージ（Fluid Image）
- メディアクエリ（Media Query）

フルードWebデザイン

ボックスのサイズをなるべく固定せず、ブラウザウィンドウの横幅に合わせてページのレイアウトも変化するように作る手法です。フルード（fluid）には「液体、流動的な」などの意味があります。

HTMLのタグやCSSのスタイルによっては、幅を固定しないとレイアウトが難しいものもあります。こうした機能やタグを使っているならば、フルードWebデザインを取り入れることが可能なのか、事前に検討しながらページを設計する必要があります。

フルードイメージ

フルードイメージは、フルードWebデザインで使われる手法のひとつです。画像のサイズを縦横比は保ったままで、ウィンドウサイズに合わせて拡大・縮小させるものです。CSSのスタイル指定だけで実装できます。

WORD レスポンシブWebデザイン

PC用、スマートフォン用など、各デバイス別に最適化したコンテンツを用意するのではなく、1つのHTMLソースをベースにして、多様な環境での閲覧に対応できるようにする制作手法。50ページ、Lesson2-08参照。

memo

要素を格子状に並べる「グリッドレイアウト」と「フルードWebデザイン」を合わせた「フルードグリッド」も、レスポンシブWebデザインの手法のひとつです。フルードグリッドでは、ブラウザウィンドウの幅に応じてグリッドの幅が変化します。

メディアクエリ

あらかじめ指定した表示幅に応じて、適用するCSSを切り替える技術です。通常の書き方でベースとなるスタイルを記述したあと、メディアクエリを使って「@media screen and (条件指定){ ～ }」の{ ～ }内に、上書きするスタイルを記述していきます。

例えば 図1 では表示幅が768px以下（最大値で768px）のときだけ、クラスセレクタ「.header-container」を対象に、高さやパディングの指定をしています。

図1 メディアクエリの記述例(CSS)

```
.header-container {
  display: flex;
  align-items: center;
  justify-content: space-between;
  width: 100%;
  max-width: 1040px;
  padding: 25px 20px;
  margin: 0 auto;
}

@media screen and (max-width: 768px) {
  .header-container {
    height: 60px;
    padding: 0 20px;
  }
}
```

「.header-container」に対してベースになるスタイルを記述したあと、メディアクエリで幅が「768px以下」になった場合に上書きするスタイルを指定しています。

レスポンシブWebデザインでは、このようにCSSを切り替えるために設定した表示幅をブレイクポイントといいます。図1 の場合は、表示幅が768pxを境にしてCSSが切り替わるので、ブレイクポイントは768pxということになります。

WORD ブレイクポイント

レスポンシブWebデザインに対応したWebサイトでは、あるピクセルサイズを境目としてCSSのスタイルが切り替わる。この境目となるピクセルサイズのことをブレイクポイントと呼ぶ。

サンプルサイトの完成イメージ

Lesson8 でサンプルとして作るのは、動物園のWebサイトを想定したものです。トップページと「入園料」「お問い合わせ」の3ページで構成されます。ページの横幅の上限を1040pxで設計しています。

サンプルのブレイクポイントの考え方

サンプルでは、レイアウトが切り替わるブレイクポイントは768pxに設定します。トップページは、表示幅768px以下ではシングルカラム（1カラム）で表示し、表示幅が768pxより大きくなると3カラムのレイアウトに表示が切り替わる設計です図2。CSSでは先にベースとなる表示幅768pxより大きい場合（主にPC用）のスタイル指定を行います。そのあとで、表示幅768px以下（主にスマートフォンやタブレットなど）のスタイル指定をメディアクエリで上書きするという流れです。

768pxというのは、スマートフォンとタブレットのランドスケープ表示（横長表示）を概ねカバーするサイズです。小型のものには768px以下のレイアウトを適用し、それ以外の768pxより大きいものには、PCと同じCSSを適用します。

POINT

Web制作の現場ではモバイルファーストと呼ばれる手法で、スマートフォン表示のCSSから設計していく場面が多くなります。このサンプルではLesson7からの学習の流れとCSSのスタイリングの難易度を考慮し、PC表示のスタイル指定を先に行っています。CSSに慣れてきたらスマートフォン表示→PC表示の順でCSSを書いてみてください。

WORD モバイルファースト

51ページのWORD参照。

図2 完成イメージ（左：幅768pxより大きい場合、右：幅768px以下）

トップページ

主に大型のタブレットやPCに対応。

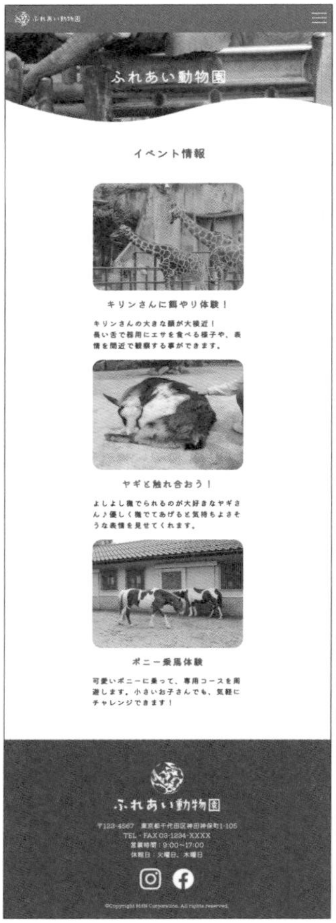

主にスマートフォンとタブレットに対応します。

「入園料」ページ

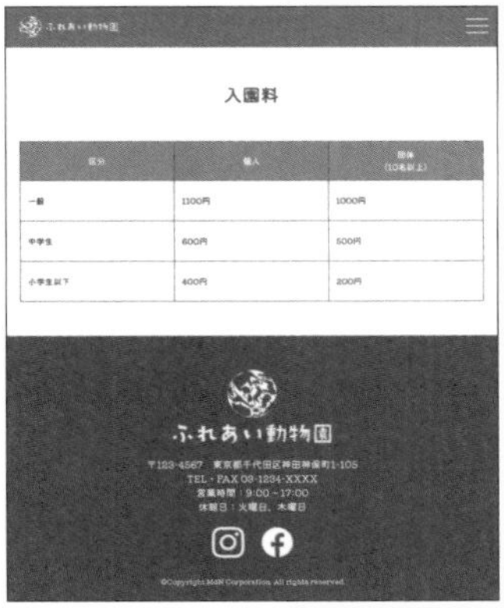

テーブルを使ったページをレスポンシブ対応するときは、できるだけシンプルなテーブルにするのがポイントです。

「お問い合わせ」ページ

お問い合わせフォームの見出し項目と入力欄が縦並びに変わります。

以降は便宜的に、ベースになる表示幅が768pxより大きい場合をPC表示、768px以下の場合をスマートフォン表示と呼んでいきます。

memo

端末ごとの画面サイズは多岐に渡りますが、個々の機種に合わせてスタイルを指定していてはキリがありません。ブレイクポイントは1つ、ないし2つ設定するのが一般的です。

Lesson 8
02
240 min

動物園のサイトを作る①
共通部分のHTMLとCSS

THEME テーマ

レスポンシブWebデザインに対応した動物園のサイトを作っていきます。完成イメージをもとにページ全体の構造とHTMLの共通部分を確認して、マークアップを進めましょう。

サンプルのフォルダ構成を確認する

Lesson8-01の図2（→274 ～ 275ページ）の完成イメージをもとに、データを収納していくフォルダを作成しましょう。トップページと下層ページ「入園料」「お問い合わせ」で構成されますので、図1のような階層構造になります。CSSファイルは全ページ共通で「style.css」にまとめて記述し、画像は各ページごとに収納します。

完成イメージをもとに、素材となる画像やテキストを用意します。このプロセスはLesson7-02（→242ページ）と同様の手順です。

memo

画像の書き出しについては、Lesson4の94～98ページも参考にしてください。

図1 サンプルサイトのフォルダ構成

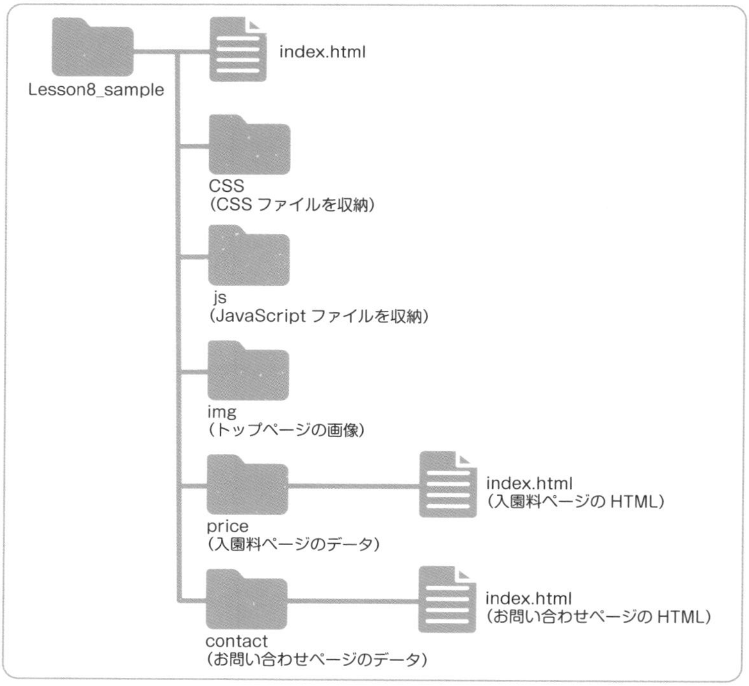

トップページのメインイメージで使用する画像は、PC表示用（top.png）とスマートフォン表示用（top_sp.png）の、サイズの違う2種類を用意しています。PC表示用のメインイメージは表示するピクセル数の2～3倍程度（幅2732×高さ756px）で書き出しました。下部を波状に切り取っているためPNG形式になっています。トップページのメインコンテンツで使う3点の画像は角を丸く切り抜いています。サイトのロゴ画像は白で背景が透明になっています。細かな点はサンプルデータを確認してください。

HTMLファイルのテンプレート化

ここからはHTMLのコーディングに入ります。

完成イメージで各ページの構造を確認すると、全ページで共通するのはヘッダーとフッターです。

同じようなソースを何度も書かなくてもいいように、図2のようなHTMLファイルのテンプレートを作成します。

図2 HTMLファイルのテンプレート例

```
<!DOCTYPE html>
<html lang="ja">
<head>
<meta charset="UTF-8">
<title>ふれあい動物園</title>

<meta name="description" content="“ふれあい動物園の公式ホームページです。”>

<meta name="viewport" content="width=device-width, initial-scale=1, shrink-to-fit=no">
<meta name="format-detection" content="telephone=no">

<link rel="shortcut icon" href="img/favicon.ico">

<link rel="preconnect" href="https://fonts.googleapis.com">
<link rel="preconnect" href="https://fonts.gstatic.com" crossorigin>
<link href="https://fonts.googleapis.com/css2?family=Kiwi+Maru
:wght@500&display=swap" rel="stylesheet">

<link rel="stylesheet" href="css/normalize.css">
<link rel="stylesheet" href="css/style.css">
</head>

<body>
<header>
（ヘッダーを記述する）
</header>

<main>
（メインコンテンツを記述する）
</main>

<footer>
（フッターを記述する）
</footer>
</body>
</html>
```

レスポンシブ関連の記述
ファビコンのリンク
Webフォントのリンク
CSSファイルのリンク

<meta> タグの記述

<meta>タグでレスポンシブ対応に関する記述を入れています。<meta>タグのname属性の値に「viewport」を指定すると表示領域に関する定義となり、content属性では表示幅を定義します。

113ページ、Lesson5-06参照。

レスポンシブ対応する際には次のように記述することが多く、「width=device-width」は「幅は端末やブラウザに合わせる」という意味になります。

```
<meta name="viewport" content="width=device-width">
```

図2の<meta>タグにはファビコン画像のリンクも記述しています。ファビコンの画像は、「favicon.ico」というファイル名の画像です図3。

WORD ファビコン

「サイトアイコン」とも呼ばれる。Webサイトをブラウザで開いたときにページタイトルを表示するタブや、ブックマーク登録した際のサイト名リストなどに表示される小さな画像。

図3 サンプルサイトのファビコン画像

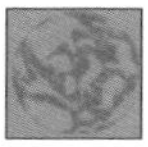

ファビコン画像「favicon.ico」はサイズ48×48pxで作成。

POINT

ICO形式のファビコン画像は、画像編集ソフトで作ることは難しいため、専用のWebサービスを利用するとよいでしょう。「ファビコン 作成」などのキーワードで検索すると見つかるはずです。

CSSファイルはLesson7-05（→258ページ）と同様にリセットCSS（normalize.css）と「style.css」をリンクしています。このサンプル独自のスタイル指定はstyle.cssに書いていきます。

共通部分のHTMLとCSS①：ヘッダー

ここからは全ページに共通する部分のHTMLとCSSをいっしょに解説していきます。

POINT

Lesson7ではHTMLをマークアップしてから、CSSを書く流れでしたが、慣れてくると2つを並行して進められるようになります。HTMLを終わらせてからCSSを書く場合でも、どんなスタイリングをしていくか念頭に置きながらマークアップするようにしましょう。

前述したHTMLのテンプレートからトップページ用のindex.htmlを作成し、<body> ～ </body>内をマークアップしながら、同時にstyle.cssでスタイル指定を行う作業手順です。

なお、style.cssの冒頭では<body>全体や各要素の初期スタイルの調整を行っています。基本的にはLesson7-05（→259 ～ 261ページ）と同じように、文字色やサイズ、リンクのスタイル、マージン（外余白）やパディング（内余白）などを一括で調整しているものですので、細かな点はサンプルデータを確認してください。

ヘッダー全体とサイトのロゴ画像

では、共通部分のヘッダーから解説していきます。ヘッダーでは、<header> ～ </header>内にサイトのロゴ画像とナビゲーションを記述します図4。

ヘッダー内は、ロゴ画像とナビゲーションが横並びに配置されます。「display:flex;」を使用して横並びにするため、<head>タグの中に<div>タグを記述し、class「heder-continer」とつけます。CSSでは「.header-container」に対して、「display:flex;」を指定します。パディング（内余白）を上下25px、左右20pxとし、マージンを上下0、左右autoにすることで、表示幅が変動しても水平方向中央に配置されるようにしています。

ロゴ画像は<img>タグで画像を指定し、ページタイトルにあたるため、<h1>タグでマークアップしています。また、ロゴをクリックするとトップページに移動するよう、<a>タグでindex.htmlへのリンクを記述しています。

POINT

ロゴとナビゲーションを横並びにするため、<div>タグで囲み、「display: flex;」を指定することで、<div>をコンテナ、ロゴとナビゲーションをアイテムとして扱えるようにしています。「display: flex;」については、209ページ、Lesson6-23参照。

図4 ヘッダーとロゴ画像

HTML

```
<header class="header">
<div class="header-container">
<h1 class="logo">
  <a href="index.html">
  <img src="img/logo.png" alt="ふれあい動
  物園" width="311" height="70">
  </a>
</h1>
（ナビゲーションのHTMLが入る）
</div>
</header>
```

CSS

```
/* ヘッダー */
.header {
  background-color: #2e804a;
}

/* ヘッダーの内側 */
.header-container {
  display: flex;
  align-items: center;
  justify-content: space-between;
  width: 100%;
  max-width: 1040px;
  padding: 25px 20px;
  margin: 0 auto;
}

/* ロゴ */
.logo {
  margin: 0;
  text-align: center;
}
```

子要素の<h1>と<nav>を横並びに配置

ロゴ画像を水平方向中央に配置

ナビゲーション

ナビゲーションはこのサンプルでCSSのスタイル指定が一番複雑な部分です。ナビゲーションは、ウィンドウ幅が768pxを境目に表示が切り替わるようにします図5。

図5 ナビゲーションのPC表示(左)とスマートフォン表示(右)

ウィンドウ幅が768px以下になると、表示が自動的に切り替わります。

PC表示ではナビゲーションのメニュー項目が最初から表示されていますが、スマートフォン表示ではハンバーガーメニューのボタンに切り替わり、メニューボタンをタップするとメニュー項目の表示/非表示が切り替わる仕組みになっています。ここで作成するサンプルでは、ハンバーガーメニューを実装したナビゲーションの表示の切り替えをなるべく簡単に実装できるよう、jQueryの「Drawer (drawer.js)」というプラグインを利用します。

Drawerの公式サイトにアクセスすると、「Step 1 : Link required files」と書かれた部分に、ファイルを3種類ダウンロードして使用する形式のものと、CDN用のソースコードが用意されています。ファイルをダウンロードしてサンプルに組み込むことも可能ですが、CDNのほうが使い方が簡単なため、こちらを利用します。

WORD jQuery

「ジェイクエリー」と読む。JavaScriptのライブラリ。ライブラリについては56ページのWORD参照。

WORD プラグイン

ソフトウェアの機能を拡張するためのプログラム。プラグインは基本的には単体では機能しない。

WORD CDN

Contents Delivery Network (コンテンツデリバリーネットワーク)の略。インターネット経由のファイル配信サービスのことで、ファイルをそのつどダウンロードをしなくても、サーバー上にあるファイルを読み込んで使用できる仕組みを指す。Webサイト上のコンテンツを迅速に表示・配信できる利点がある。

CSS ファイルをリンク

CDNのソースコードは図6のようなものです。①の部分はDrawerのCSSを読み込むリンクです。まずこれをサンプルのindex.htmlのリンクを記述している部分に貼り付けます。また、ハンバーガーメニューは、スマートフォン表示(幅768px以下)のみ使用するため、貼り付けたDrawerの<link>内に、図7の赤字部分の記述を加えます。

図6 CDNのソースコード(Drawerの公式サイト内)

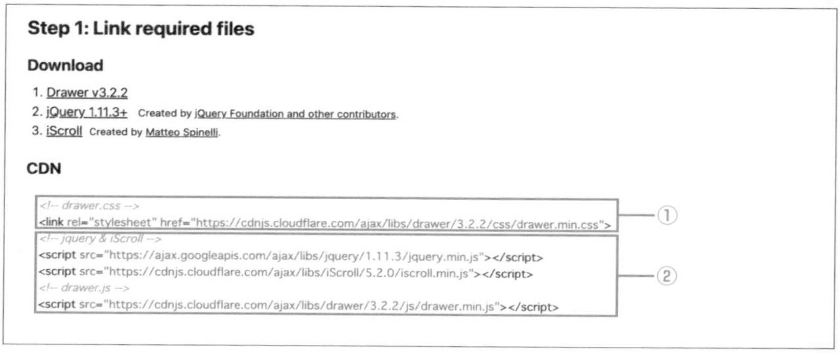

図7 図6の①部分を貼り付ける(index.hml)

```
<link rel="stylesheet" href="css/normalize.css">
<link rel="stylesheet" href="https://cdnjs.cloudflare.com/ajax/libs/drawer/3.2.2/
css/drawer.min.css" media="screen and (max-width: 768px)">  記述を追加
<link rel="stylesheet" href="css/style.css">
```

CSSファイルのリンクは読み込む順に記載するルールのため、「normalize.css」とサンプル用のオリジナルのCSSである「style.css」のリンクの間に貼り付けます。

JavaScript ファイルの読み込み

次に、JavaScriptファイルを読み込みます。図6-②の部分を、index.htmlの</body>タグの直前に貼り付けます図8。ここでは、Drawerの元のソースコードでは、jQueryのバージョンが「1.11.3」となっていますが、古いバージョンのため、セキュリティ面の安全を考慮して、執筆時点で一番新しいバージョンである「3.7.0」に変更しました。

図8 図6の②部分を貼り付ける(index.hml)

```
<!-- jquery & iScroll -->
<script src="https://ajax.googleapis.com/ajax/libs/jquery/3.7.0/jquery.min.
js"></script>
<script src="https://cdnjs.cloudflare.com/ajax/libs/iScroll/5.2.0/iscroll.min.
js"></script>
<!-- drawer.js -->
<script src="https://cdnjs.cloudflare.com/ajax/libs/drawer/3.2.2/js/drawer.min.
js"></script>
</body>
```

jQueryのバージョンの記述を「1.11.3」から「3.7.0」に書き換えています。

次に、Drawerを実装するため、HTMLに必要なマークアップを行います。公式サイトに「Step2：Markup」として掲載されている見本を参考に、HTMLにclass名をつけていきます図9 図10。

POINT

図9では<body>タグにclass「drawer drawer--right」を記述していますが、Drawerの見本では元のclass名が「drawer drawer--left」となっており、メニューボタンがブラウザ画面の左側から表示されます。本書のサンプルでは、メニューボタンを右側に表示したいため、設定をカスタマイズしました。

図9 class名の見本(Drawerの公式サイト内)

Step 2: Markup

```
<body class="drawer drawer--left">
  <header role="banner">
    <button type="button" class="drawer-toggle drawer-hamburger">
      <span class="sr-only">toggle navigation</span>
      <span class="drawer-hamburger-icon"></span>
    </button>
    <nav class="drawer-nav" role="navigation">
      <ul class="drawer-menu">
        <li><a class="drawer-brand" href="#">Brand</a></li>
        <li><a class="drawer-menu-item" href="#">Nav1</a></li>
        <li><a class="drawer-menu-item" href="#">Nav2</a></li>
      </ul>
    </nav>
  </header>
  <main role="main">
    <!-- Page content -->
  </main>
</body>
```

図10 ナビゲーション部分のHTML（左：class名を追加前、右：class名を追加後）

HTML

```html
<body>
  <header class="header">
    <div class="header-container">
      <h1 class="logo">
        <a href="index.html">
        <img src="img/logo.png" alt="ふれあい動物園" width="311" height="70">
        </a>
      </h1>
      <nav> class="drawer-nav">
        <ul>
          <li><a href="index.html">Home</a></li>
          <li><a href="price/index.html">入園料</a></li>
          <li><a href="contact/index.html">お問い合わせ</a></li>
        </ul>
      </nav>
    </div>
  </header>
```

<body>と<nav>・<ul>・<li>タグにそれぞれ、Drawerの公式サイトにある通りのclass名を追加。青字部分は、メニューボタンにあたるbutton要素とspan要素。

HTML

```html
<body class="drawer drawer--right">
  <header class="header">
    <div class="header-container">
      <h1 class="logo">
      (省略)
      </h1>

      <button type="button" class="drawer-toggle drawer-hamburger">
        <span class="sr-only">toggle navigation</span>
        <span class="drawer-hamburger-icon"></span>
      </button>

      <nav class="drawer-nav">
        <ul class="drawer-menu">
          <li><a class="drawer-menu-item" href="index.html">HOME</a></li>
          <li><a class="drawer-menu-item" href="price/index.html">入園料</a></li>
          <li><a class="drawer-menu-item" href="contact/index.html">お問い合わせ</a></li>
        </ul>
      </nav>
    </div>
  </header>
```

「common.js」を作成する

最後に、Drawerを利用するためのJavaScriptファイルを用意します。公式サイトに「Step 3：Call the Drawer」として記述されているJavaScriptのソースコード 図11 をコピーして、「common.js」というファイル名で保存し、「js」フォルダに格納します。そして、index.htmlの</body>タグの直前に、<script>タグを使ってJavaScriptファイルのリンクを記述します 図12。

これで、ハンバーガーメニューの実装は完了です 図13。初心者の方にはやや難しい手順かもしれませんが、Drawerは少ないソースコードで簡単にスマートフォン表示用のハンバーガーメニューを実装できますので、ぜひチャレンジしてみましょう。

113ページ、**Lesson5-06**参照。

POINT

同じハンバーガーメニューをjQueryなどのプラグインを使わずに実装しようとすると、CSSの記述が複雑になったり、あるいはJavaScriptを記述したりする必要があります。DrawerなどのjQueryプラグインであれば、JavaScriptもコピー＆ペーストの範囲で概ね対応でき、HTMLやCSSへのソースコードの追加も比較的単純です。

図11 JavaScriptをコピーして「common.js」として保存する

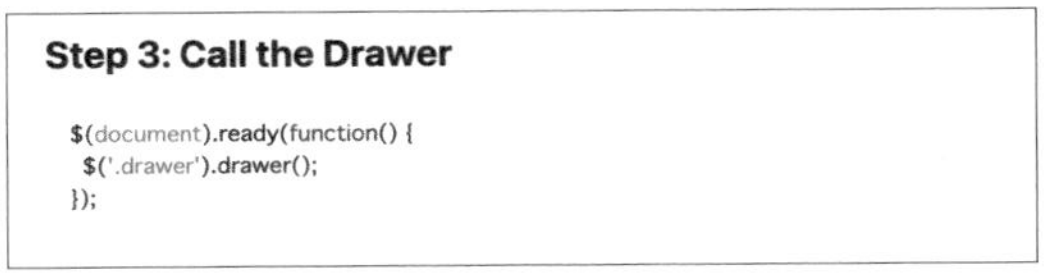


```
$(document).ready(function() {
  $('.drawer').drawer();
});
```

図12 「common.js」のリンクを記述する

```
<!-- jquery & iScroll -->
<script src="https://ajax.googleapis.com/ajax/libs/jquery/1.11.3/jquery.min.js">
</script>
<script src="https://cdnjs.cloudflare.com/ajax/libs/iScroll/5.2.0/iscroll.min.
js"></script>
<!-- drawer.js -->
<script src="https://cdnjs.cloudflare.com/ajax/libs/drawer/3.2.2/js/drawer.min.
js"></script>
<script src="js/common.js"></script>
</body>
```

図8 で先に貼り付けたソースコード（図6 ②）と</body>の間に記述します。

図13 スマートフォン表示（幅768px以下）のナビゲーション

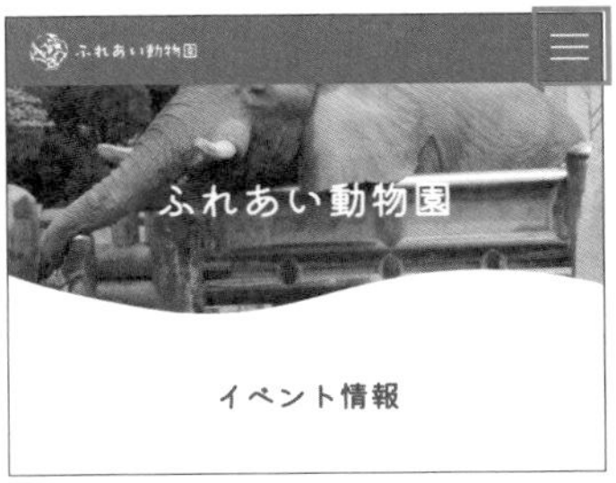

初期表示はメニューが閉じた状態で、メニューボタンだけが表示されます。

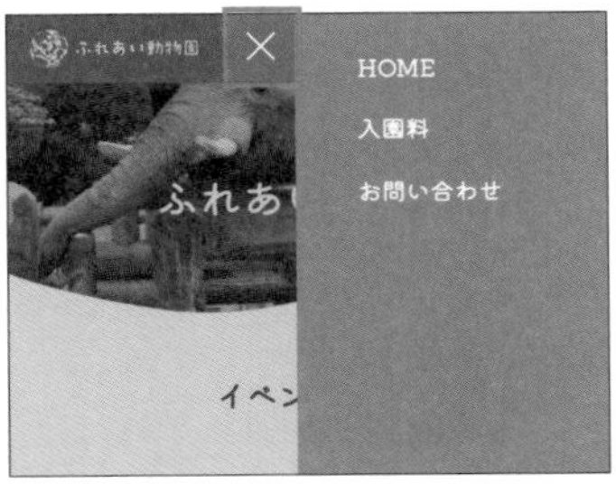

メニューボタンをタップすると、ナビゲーションが開いて項目が表示され、［×］をタップすると項目が再び非表示になります。

ナビゲーションのスタイル指定

CSSは次ページ 図14 のように記述しています。これはベースとなるPC表示用（幅768pxより広い表示）のスタイル指定です。ハンバーガーメニューが表示されるのは幅768px以下のため、PC表示用のCSSでは「.drawer-hamburger」に対して、「display: none;」で非表示にする指定を行っています。「.drawer-hamburger」は 図10 で追加した<span>タグ、つまりメニューボタンが対象になります。

また、「.drawer-menu」（<ul>タグ）に対して「display: flex;」を使って、子要素の<li>を横並びにしています。

図14 ナビゲーション部分のCSS（PC表示用）

```
/* ハンバーガーメニュー */
.drawer-hamburger {
  display: none;
}
/* ナビゲーション */
.drawer-menu {
  display: flex;
  justify-content: flex-end;
  margin: 0;
}
.drawer-menu li {
  margin-left: 40px;
}
/* ナビゲーションのリンク */
.drawer-menu-item {
  font-size: 20px;
  color: #ffffff;
  text-transform: uppercase;
}
/* ナビゲーションのリンク、ホバー時 */
.drawer-menu-item:hover {
  color: #ffffff;
}
```

display: none; — 幅768pxより大きい場合は非表示にする

display: flex; — 子要素の<li>を横並びにする

justify-content: flex-end; — <li>を<ul>に対して右配置に

margin-left: 40px; — <li>の左マージンの指定

共通部分のHTMLとCSS②：フッター

共通部分のフッターは次の構成になっています図15。HTMLとCSSは図16のようになります。

- ロゴ画像（<img>タグ）
- 住所・電話番号（<address>タグ）
- SNSのリンクボタン（<a>タグ）
- コピーライト表記（<small>タグ）

図15 フッターのスマートフォン表示

ロゴ画像（<img>）、SNSのリンクボタン（<a>）、コピーライト表記（<small>）のインラインボックスの性質を持つ要素は、ブロックボックスの性質を持つ<p>タグや<div>タグで囲んでいます。

114ページ、**Lesson5-07**参照。

CSSでは、セレクタ「.footer」でパディング（内余白）を上・左右・下に設定し、文字色と背景色のほか、「text-align: center;」で中央揃えに配置しています。そのほか、マージン（外余白）や文字サイズの設定を行っています。

193ページ、**Lesson6-17**参照。

図16 フッターのHTMLとCSS

HTML

```
<footer class="footer">
  <p class="footer-logo">
    <a href="./index.html">
    <img src="img/logo_footer.png" alt="ふれあい動物園" width="227" height="109">
    </a>
  </p>
  <address class="footer-address">〒123-4567　東京都千代田区神田神保町1-105<br>
    TEL・FAX 03-1234-XXXX<br>
    営業時間：9:00～17:00<br>
    休館日：火曜日、木曜日</address>
  <div class="footer-sns">
    <a href="" target="_blank"><img src="img/icon_instagram.png" alt="instagram" width="46"
    height="46"></a>
    <a href="" target="_blank"><img src="img/icon_facebook.png" alt="facebook" width="46"
    height="46"></a>
  </div>
  <p class="copyright"><small>&copy;Copyright MdN Corporation. All rights reserved.</small></
  p>
</footer>
```

CSS

```
/* フッター */
.footer {
  padding: 50px 0 20px;
  color: #f6f1eb;
  text-align: center;
  background-color: #64491d;
}
.footer-logo {
  margin-bottom: 20px;
}
.footer-address {
  margin: 0 0 20px;
}
.footer-sns {
  margin: 0 0 20px;
  text-align: center;
}
.footer-sns img {
  margin: 0 10px;
}

/* コピーライト */
.copyright {
  margin: 0;
}
.copyright small {
  font-size: 10px;
}
```

（.footer の text-align: center; ）<footer>の中身を水平方向中央揃えに

（.footer-sns の text-align: center; ）SNSのリンク画像を水平方向中央揃えに

（.footer-sns img の margin: 0 10px; ）SNSのリンク画像のマージンの指定

Lesson 8

03

120
min

動物園のサイトを作る②
トップページ

THEME
テーマ

前節で、全ページで共通する部分のHTMLとCSSを書いたあとは、各ページで固有となるメインコンテンツのブロックを作り込んでいきましょう。ここでは、トップページのメインコンテンツをHTMLとCSSでコーディングしていきます。

完成イメージと構造の確認

トップページのメインコンテンツは、次のブロックで構成されています図1。

- メインイメージ（写真）
- 見出し「イベント情報」
- 「写真・見出し・文章」のセットが3つ

図1 トップページのメインコンテンツ

メインコンテンツのHTMLとCSS

HTMLのマークアップ

早速HTMLを見ていきましょう。メインイメージは、見出しになる「ふれあい動物園」を<h2>タグでマークアップし、さらに<div>タグで囲みます（次ページ 図2-①）。<div>につけているclass「top」に対して、CSSでメインイメージを背景画像として読み込み表示します。

見出し「イベント情報」は<h2>でマークアップしたメインイメージの次に大きな扱いの見出しですので、<h3>タグでマークアップします。

「写真・見出し・文章」の3つブロックは<section></section>で囲み、<figure>や<h4>、<p>などでマークアップしました。そして、3つの<section>を<div class="event">で囲みます 図2-②。

さらにCSSでレイアウトを行うため、メインイメージを除く要素を<section></section>で囲んで「class="section"」とします 図2-③。

CSSのスタイル指定

次ページ 図3 の<section class="section">と<h3 class="heading-section">に対するスタイル指定は、ほかのページでも共通となるため、全ページ共通となるフッターのスタイル指定のあとに追記しています。.sectionに対して、最大幅1040px、上下のパディングを100px・左右のパディングを20px、左右のマージンを「auto」として中央揃えの配置にしています。

次ページ 図4 がトップページに固有のスタイル指定です。.top（メインイメージの<div>）に対して、backgroundプロパティで写真を背景画像として読み込む指定を行っています。

また、.eventに「display: gird;」を指定して、子要素となる3つの<section>を横並びにし、3つを等間隔に配置する「grid-template-columns: 1fr 1fr 1fr;」、間隔を指定する「gap: 20px;」といったスタイル指定を行っています。

図2 メインコンテンツのHTML

HTML

```
<main>
<div class="top">
  <h2 class="top-text">ふれあい動物園</h2>
</div>

<section class="section">
  <h3 class="heading-section">イベント情報</h3>
  <div class="event">
    <section class="event-item">
      <figure class="event-image">
        <img src="img/event_01.png" alt="キリンの写真" width="320" height="240">
      </figure>
      <h4 class="event-heading">キリンさんに餌やり体験！</h4>
      <p>キリンさんの大きな顔が大接近！<br>
        長い舌で器用にエサを食べる様子や、表情を間近で観察する事ができます。</p>
    </section>

    <section class="event-item">
      <figure class="event-image">
        <img src="img/event_02.png" alt="ヤギの写真" width="320" height="240">
      </figure>
      <h4 class="event-heading">ヤギと触れ合おう！</h4>
      <p>よしよし撫でられるのが大好きなヤギさん♪優しく撫でてあげると気持ちよさそうな表情を見せてくれます。</p>
    </section>

    <section class="event-item">
      <figure class="event-image">
        <img src="img/event_03.png" alt="ポニーの写真" width="320" height="240">
      </figure>
      <h4 class="event-heading">ポニー乗馬体験</h4>
      <p>可愛いポニーに乗って、専用コースを周遊します。小さいお子さんでも、気軽にチャレンジできます！</p>
    </section>
  </div>
</section>
</main>
```

①: <div class="top"> 〜 </div>

②: <div class="event"> 〜 </div>

③: <section class="section"> 〜 </section>

図3 共通となるスタイルの追記

CSS

```
.section {
  max-width: 1040px;
  padding: 100px 20px;
  margin: 0 auto;
}

.heading-section {
  margin-bottom: 50px;
  font-size: 36px;
  font-weight: 500;
  color: #64491d;
  text-align: center;
}
```

.section：図2-③の<section>への指定

.heading-section：<h3>見出しへの指定

図4 トップページ固有のスタイル指定

CSS

```
/* メインイメージ画像 */
.top {
  display: flex;
  align-items: center;
  justify-content: center;
  height: 378px;
  background: url("../img/top.png")
  center bottom / cover no-repeat;
}
.top-text {
  margin: 0;
  font-size: 60px;
  font-weight: 500;
  color: #ffffff;
  text-align: center;
  letter-spacing: 0.05em;
}

/* イベント情報 */
.event {
  display: grid;
  gap: 20px;
  grid-template-columns: 1fr 1fr 1fr;
  letter-spacing: 0.1em;
}
.event-image {
  margin-bottom: 15px;
}
.event-heading {
  margin-bottom: 15px;
  font-size: 20px;
  color: #64491d;
  text-align: center;
  letter-spacing: 0.1em;
}
```

display: flex;：子要素を横並びに配置

url("../img/top.png")：背景画像（メインイメージ）のファイル名

center bottom：水平方向中央・垂直方向下端に配置

cover no-repeat;：子要素を親要素いっぱいに配置し、繰り返しはしない

.event：図2-②の3つの<seciton>に対する指定

.event-image：<figure>に対する指定

.event-heading：<h4>見出しに対する指定

Lesson 8

04

90 min

動物園のサイトを作る③「入園料」ページ

THEME テーマ

「入園料」ページのメインコンテンツの内部を作り込んでいきます。表組み（テーブル）は、あとあとスマートフォン用のスタイル指定を行うことを念頭に置きながら作成しましょう。

完成イメージと構造の確認

「入園料」ページのメインコンテンツは、次のブロックで構成されています図1。

◎入園料（見出しと表組み）

図1 「入園料」のメインコンテンツ

「入園料」のHTMLとCSS

HTMLでは「入園料」の見出しを<h2>で、料金の表組みが入る部分を<table>タグでマークアップします図2。そして、<h2>と<table>タグを<section>タグで囲みます。この<section>と<h2>は全ページ共通のため、前節図3（→288ページ）のスタイルが適用されます。

図2 「入園料」のHTMLとCSS

HTML

```
<main>
<section class="section">
  <h2 class="heading-section">入園料</h2>
  <table>
  (テーブルが入る)
  </table>
</section>
</main>
```

CSS

```
.section {
  max-width: 1040px;
  padding: 100px 20px;
  margin: 0 auto;
}
```

<section>に対する指定

```
.heading-section {
  margin-bottom: 50px;
  font-size: 36px;
  font-weight: 500;
  color: #64491d;
  text-align: center;
}
```

<h2>見出しに対する指定

テーブルのHTMLとCSS

営業時間の表組みはテーブル（<table>）でマークアップしていきます。<table>内の構造は図3です。

131ページ、**Lesson5-13**参照。

4行×3列のテーブルを、表のヘッダー（見出し行）となる1行目を<thead>タグ、本体となる2～4行目は<tbody>タグで囲んだあと、行ごとに<tr>～<tr>で囲みます。見出しのセルは<th>タグ、データとなるセルは<td>タグでマークアップしました。

POINT

<thead>タグはテーブルのヘッダーとなる行を、<tbody>タグは表の本体をマークアップするものです。このようにグループ化することでテーブルの構造がより明確になります。

図3 テーブルの構造

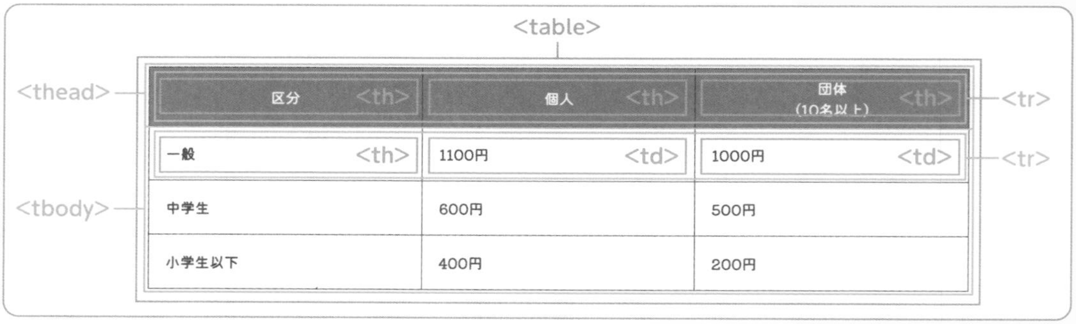

CSSでは、.price-table（<table>）を「width: 100%;」に指定し、親要素の<table>に対して、子要素の<thead>・<tbody>の横幅がいっぱいになるよう配置しています。また、「border-collapse: collapse;」を指定して、テーブルのボーダーを重ねて表示するようにしています。

.price-table tbody th（<table>内の<tbody>の中の<th>タグ）に対して「text-align: left;」を指定することで、文字列をセル内の左揃えで配置しています図4。

POINT

デフォルトの表示では、th要素は文字列がセル内の水平方向中央に、td要素は文字列がセル内の左揃えで配置されます。このテーブルでは、基本はデフォルトの配置を生かしつつ、<tbody>内のth要素（2～4行目の左側のセル）だけスタイル指定で文字列を左揃えの配置にしました。

図4 テーブルのHTMLとCSS

HTML

```
<table class="price-table">
  <thead>
    <tr>
      <th> 区分 </th>
      <th> 個人 </th>
      <th> 団体 <br>（10 名以上）</th>
    </tr>
  </thead>
  <tbody>
    <tr>
      <th> 一般 </th>
      <td>1100 円 </td>
      <td>1000 円 </td>
    </tr>
    <tr>
      <th> 中学生 </th>
      <td>600 円 </td>
      <td>500 円 </td>
    </tr>
    <tr>
      <th> 小学生以下 </th>
      <td>400 円 </td>
      <td>200 円 </td>
    </tr>
  </tbody>
</table>
```

CSS

```
/* テーブル */
.price-table {
  width: 100%;
  font-size: 18px;
  color: #64491d;
  table-layout: fixed;
  border-collapse: collapse;
}
.price-table thead {
  color: #fff;
  background-color: #9d855f;
}

/* セルのスタイル */
.price-table th {
  padding: 10px 20px;
  border: 1px solid #64491d;
}
.price-table td {
  padding: 20px 20px;
  border: 1px solid #64491d;
}
.price-table tbody th {
  text-align: left;
}
```

<table>に対する指定

<thead>に対する指定

<th>に対する指定

<td>に対する指定

<td>に対する指定

図4のように<th>・<td>タグを対象にするなら、例えば「table th」「table td」と子孫セレクタを使ったスタイル指定も可能です。ただその場合、ほかの場所に<table>タグを使う必要が出たとき、<table>そのものにスタイルが適用されていることになり、CSSを書き換えなければなりません。<table>につけたclassを利用し「.price-table th」「.price-table td」のようなclassセレクタを使っておけば、別の<table>が増えた場合にも前のCSSを変更せずにスタイルを追加できます。

Lesson 8
05
90 min

動物園のサイトを作る④「お問い合わせ」ページ

THEME テーマ　メインコンテンツ内部は、ユーザーの入力フォームになります。フォームの項目名（<label>）と入力欄（<input>など）の構造を理解することがポイントです。

完成イメージと構造の確認

「お問い合わせ」ページのメインコンテンツは、見出しとユーザーが入力するフォーム、送信ボタンで構成されます 図1。

図1 「お問い合わせ」ページのメインコンテンツ

入力フォームのHTMLとCSS

<main>タグ内部の<section class="section"> ～ <section>と見出しの<h2>はほかのページと同様、共通のスタイルを適用します。

入力フォーム全体を<form> ～ </form>で囲みます。 フォームの項目名は<label>タグで、入力欄は<div>タグで囲んだあと、<input>タグや<textarea>タグでマークアップします。さらに、項目名と入力欄のセットを<div class="form-group"> ～ <div>で囲んでグループ化します 図2-①。

送信ボタンは、<button>タグでマークアップしたあと、<div

memo
<form>タグのaction属性には、入力内容の送信先となるプログラムファイル（PHPファイルなど）のパスを指定します。141ページ、Lesson5-17参照。サンプルサイトではプログラムを実装していないため、action属性の値は空欄にしています。

POINT
<label>タグのfor属性値と、<input>タグや<textarea>タグのid属性値に同じ値を入れて、項目名と入力欄を関連づけています。

class="form-btn">で囲みます。

CSSでは、.form-groupに対して「display: grid; 」を指定し、項目名と入力欄が横に並ぶようにしています。「grid-template-columns」で、項目名は300px、残りを入力欄にする、列数と列幅の指定を行っています。

また、<input>や<button>には属性セレクタを使ってスタイルを指定しています。セレクタ「input[type="text"]」はtype属性値「text」とついたinput要素を指します。この属性セレクタを疑似クラスと組み合わせ「input[type="text"]:focus」とすると、対象となる要素がフォーカスされた状態を指しています。

同じように「button[type="submit"]:hover」は、type属性値「submit」とついたbutton要素にマウスカーソルが乗っている状態を指します。button要素には**cursorプロパティ**を使ってスタイル指定しています図2。

216ページ、**Lesson6-24**参照。

233ページ、**Lesson6-28**参照。

WORD cursorプロパティ

対象となる要素内にマウスカーソルがあるときの、マウスカーソルの種類を指定する。値をpointerとすると、リンクを示す指差しマークのポインタが表示される。

図2 入力フォームのHTMLとCSS

HTML

```
<main>
<section class="section">
  <h2 class="heading-section">お問い合
わせ</h2>
  <form action="">
  <div class="form-group">——①
    <label for="yourName"
    class="form-label">お名前</label>
    <div>
    <input type="text" name="お名前"
    id="yourName">
    </div>
  </div>

  <div class="form-group">
    <label for="yourEmail"
    class="form-label">E-mail</label>
    <div>
    <input type="email" name="E-Mail"
    id="yourEmail">
    </div>
  </div>

  <div class="form-group">
    <label for="yourInquiry"
    class="form-label">お問い合わせ内容
    </label>
    <div>
    <textarea name="お問い合わせ内容" id
    ="yourInquiry" cols="30"
    rows="10"></textarea>
    </div>
  </div>

  <div class="form-btn">
    <button type="submit">送信する</bu
    tton>
  </div>

  </form>
</section>
</main>
```

CSS

```
.form-group {
  display: grid;
  margin-bottom: 20px;
  grid-template-columns: 300px 1fr;
}

.form-label {
  padding-top: 8px;
  font-size: 18px;
  color: #1d1d1d;
}

.form-btn {
  margin: 30px 0;
  text-align: center;
}

/* フォームの入力欄 */
input[type="text"],
input[type="email"],
textarea {
  width: 100%;
  padding: 10px;
  border: 1px solid #1d1d1d;
}

input[type="text"]:focus,
input[type="email"]:focus,
textarea:focus {
  outline: none;
}

/* 送信ボタン */
button[type="submit"] {
  width: 170px;
  height: 40px;
  font-size: 18px;
  color: #64491D;
  cursor: pointer;
  background: #fff;
  border: 1px solid #64491D;
}
/* 送信ボタンにマウスポインタを重ねたとき */
button[type="submit"]:hover {
  color: #fff;
  background: #64491D;
}
```

①の<div>に対する指定

<label>に対する指定

<button>に対する指定

<input>に対する指定

選択時に線が表示されるのを消す

マウスカーソルの形状を変更

Lesson 8

06

180 min

動物園のサイトを作る⑤ 幅768px以下のスタイル指定

THEME テーマ PC・タブレット用のスタイル指定を終えたら、スマートフォン用のスタイルを追記していきます。必要に応じて、HTMLに<div>タグの追加なども同時に行います。

メディアクエリでブレイクポイントを指定

スマートフォン用（幅768px以下）のスタイル指定を追記していく際も、基本的な記述の流れはPC・タブレット用のスタイル指定と同じです。全ページで共通部分のスタイル指定を行ったあと、各ページの固有部分（メインコンテンツの内部）のスタイル指定を記述します。

また、こうしたスタイルの上書きも、基本的にはHTMLの要素の記述順に沿って書いていくことで、スタイル指定が重複したり不要な指定を書いてしまったりすることを防げます。

まず、style.css内でPC・タブレット用のスタイル指定のあとに、続けて図1のメディアクエリの指定を記述します。

273ページ、**Lesson8-01**参照。

図1 **style.cssにメディアクエリの記述を行う**

```
@media screen and (max-width: 768px) {
(この中にスタイル指定を記述する)
  }
```

このサンプルではブレイクポイントを768pxに設定しますので「max-width: 768px」として、{ }内に表示幅が768px以下で適用するスタイルを追記していきます。

共通部分に追記するスタイル①：ヘッダー

次に、全ページに共通するヘッダーとフッターのスタイル指定を行います。まずはヘッダーからです。

ヘッダーはサイトロゴとナビゲーションで構成され、完成イメージを確認すると、幅768px以下では図2のようにレイアウトやデザインが変化します。

図2 ヘッダーの表示の変化(左：幅768pxより大きい、右：幅768px以下)

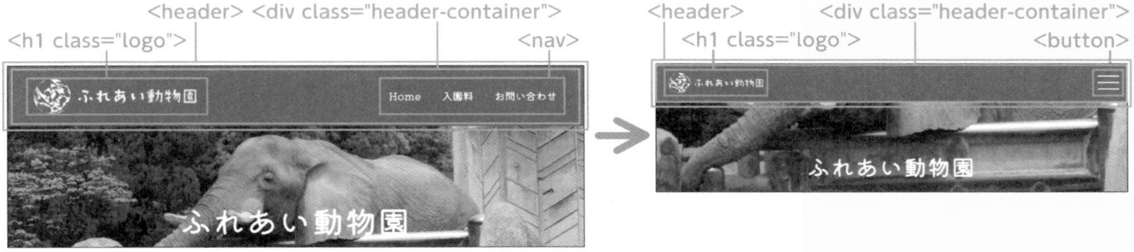

ヘッダー全体とサイトロゴ

まず、ヘッダー全体とサイトロゴのスタイル指定を見ていきます。表示が大きく変化するのは、主にナビゲーションになるため、ヘッダー全体とサイトロゴはパディング(内余白)やheight(高さ)の調整が中心になります図3。

.header-container(<header>内の<div>)は、PC・タブレット用の指定では、パディング(内余白)を上下25px・左右20pxとしていましたが、上下0、左右20pxと上書きます。

さらに、.logo(<h1>)に対して、width(幅)とheight(高さ)を指定し、表示サイズを調整しています。.logo imgはロゴ画像の<img>タグを対象にしており、「vertical-align: top;」で垂直方向に上揃えを指定して、ロゴ画像が小さくなったときに、画像の配置位置が下がってしまわないようにしています。

POINT

ヘッダー内のロゴ画像(logo.png)は幅311×高さ70pxで作成しており、PC用表示では、HTMLの<img>タグ内に「width="311" height="70"」と記述して、原寸で表示しています。スマートフォン表示では、CSSのスタイル指定で幅・高さを上書きして、同じ画像をサイズを小さくして表示しています。

図3 ヘッダーに上書きするスタイル指定

```
/* ヘッダーの中 */
.header-container {
  height: 60px;
  padding: 0 20px;
}

/* ロゴ */
.logo {
  width: 140px;
  height: 32px;
}

.logo img {
  vertical-align: top;
}
```

ナビゲーション

次に、ナビゲーションのスタイル指定を見ていきます。ナビゲーションは、メニュー項目が横並びに表示される状態から、ハンバーガーメニューにデザインが変わります。メニューボタンのタップで開閉し、ナビゲーションが開いた状態ではメニュー項目が縦並びに表示されます図4。

図4 ナビゲーションの表示の変化(上：幅768pxより大きい、下：幅768px以下)

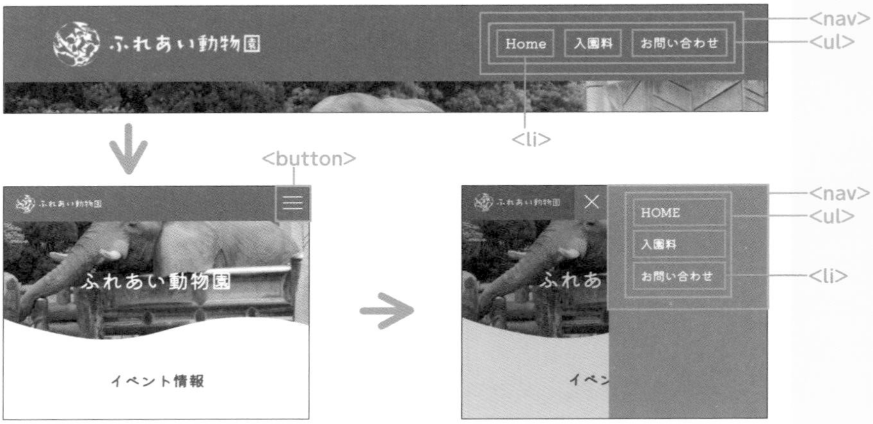

PC・タブレット表示では、.drawer-hamburger（<button>タグ）に対して「display: none;」を指定して、メニューボタンを表示しない指定を行っていましたが（→284ページ図14）、スマートフォン表示では「display: block;」を指定して、メニューボタンが表示されるようにします。通常時・ホバー時の背景色も設定しています図5。

また、図5のCSSでは、Drawerのデフォルトのスタイルから、ハンバーガーメニューのアイコンの色を変えるスタイル指定も行っています。.drawer-hamburger-iconはの横棒が対象で、背景色を白にしています。

スマートフォン表示用として上書きするナビゲーションのスタイル指定は図6です。

まず、.drawer-nav（<nav>）に対して、メニューが開いたときの背景色を指定しています。

.drawer-menu（<ul>）に対してPC表示では「display: flex;」でメニュー項目を横並びにしていましたが、スマートフォン表示では「display: block;」の指定を上書きし、子要素である<li>が縦並びで表示されるようにします。

POINT

ハンバーガーメニューのアイコンは、横棒が縦に3本連なっています。「.drawer-hamburger-icon」に::beforeと::afterの疑似要素を使って、アイコンの横棒3本をセレクタにしています。疑似要素については186ページ、Lesson6-14参照。

図5 メニューボタンを非表示にする

HTML

```
<button type="button" class="drawer-toggle drawer-hamburger">
  <span class="sr-only">toggle navigation</span>
  <span class="drawer-hamburger-icon"></span>
</button>
```

CSS

```
/* スマホナビゲーション用ハンバーガー、再表示 */
.drawer-hamburger {
  display: block;
  background-color: #2e804a;
}

.drawer-hamburger:hover {
  background-color: #5b9a59;
}

.drawer-hamburger-icon,
.drawer-hamburger-icon::after,
.drawer-hamburger-icon::before {
  background-color: #fff;
}
```

<button>をブロックボックスとして扱う

メニューボタンの色をカスタマイズ

図6 ナビゲーションのHTMLとCSS

HTML

```
<nav class="drawer-nav">
  <ul class="drawer-menu">
    <li><a class="drawer-menu-item" href="index.
    html">HOME</a></li>
    <li><a class="drawer-menu-item" href="price/
    index.html"> 入園料 </a></li>
    <li><a class="drawer-menu-item"
    href="contact/index.html"> お問い合わせ </a></li>
  </ul>
</nav>
```

CSS

```
/* ナビゲーション */
.drawer-nav {
  background-color: #9d855f;
}

.drawer-menu {
  display: block;
  padding: 20px 0 0;
  }
```

子要素の<li>を縦並びにする

共通部分で追記するスタイル②：フッター

フッターは、幅768px以下の表示でも大きくレイアウトは変わりません 図7。

幅768px以下のスタイル指定では、.footer-logo（ロゴ画像を囲む<p>）に対して、ロゴ画像の表示サイズを小さく調整し、ロゴ画像をフッター内で水平方向中央に配置するために、margin-right

memo

.footer-logo（ロゴ画像）にwidthを指定すると、幅に沿って自動的に高さが決まるため、heightは指定していません。

とmargin-leftを「auto」としています。

また、.footer-addressで<address>内のテキストの文字サイズを上書きしています図8。

図7 フッターの表示（幅768px以下）

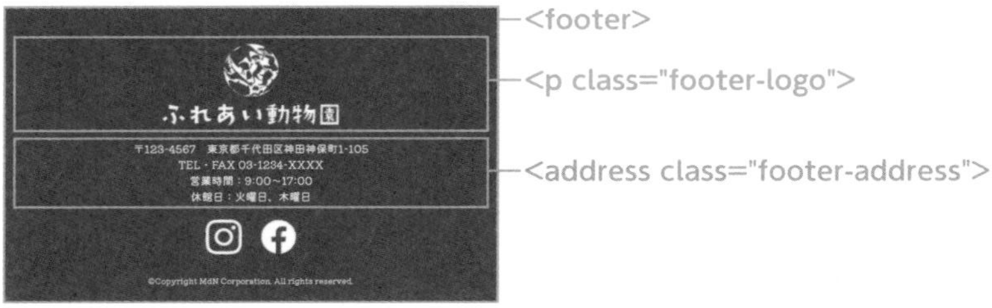

図8 フッターに追記するスタイル

```
/* フッターロゴ */
.footer-logo {
  width: 226px;
  margin-right: auto;
  margin-left: auto;
}

.footer-address {
  font-size: 14px;
}
```

<main>内で共通するスタイル指定

共通部分に追記するスタイル指定がひと通り終わったら、トップページのメインコンテンツ内のスタイル指定に移ります。

<main> ～ </main>内の要素のうち、<section class="section">と<h3 class="heading-section">は、全ページに共通する要素です図9。この2つに対して、<section>のパディング（内余白）と<h2>の文字サイズを調整するスタイルを追記します図10。

POINT

図10は全ページに共通するスタイル指定のため、style.cssでは、メディアクエリ内のナビゲーションのスタイル指定のあとに記述しています。

図9 <main>内の共通する要素

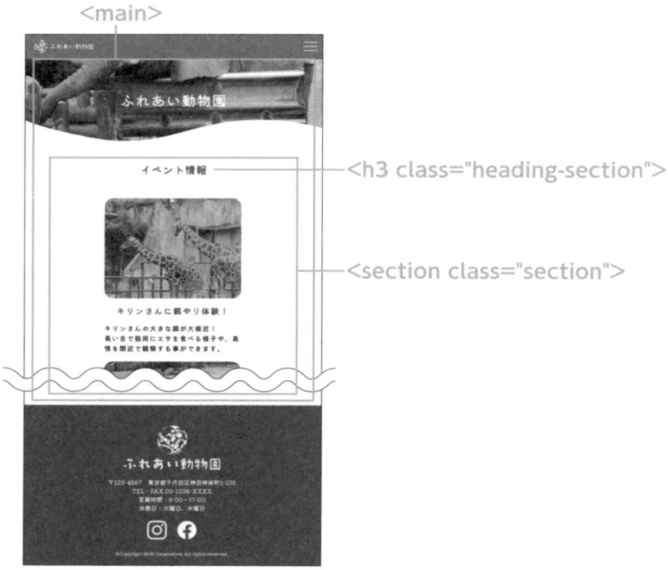

オレンジ色の枠が全ページに共通する要素です。

図10 共通部分に追記するスタイル

```
/* セクション */
.section {
  padding: 50px 20px;
}

/* 見出し */
.heading-section {
  font-size: 26px;
}
```

トップページのメインコンテンツ

続いて、<main> ～ </main>内でトップページ固有の要素にスタイル指定を行います。トップページは<section class="event-item"> ～ </section>で囲んだ3つのブロックが横に並んでいますが、幅768px以下になると、3つの<section>が縦並びに変わります 図11。

このレイアウトの変化は、<section class="event-item">の親要素<div class="event">に対して、PC表示で「display: grid;」を指定したものを、「display: block;」に上書きしてすることで実現します。縦並びとなった.event-itemを最大幅を320pxとして、さらに水平方向中央に配置するため、マージン（内余白）を上0・左右auto・下20pxとしています。

また、幅768px以下のスマートフォン表示では、PC表示とは別のメインイメージ画像（top_sp.png）を読み込んでいます。CSSでは、.top（<h2>タグを囲む<div>）に対して、高さを指定し、背景画像として「top_sp.png」を指定します。さらに、.top-text（<h2>タグ）の文字サイズを上書きしました 図12。

図11 トップページのメインコンテンツの表示（左：幅768pxより大きい、右：幅768px以下）

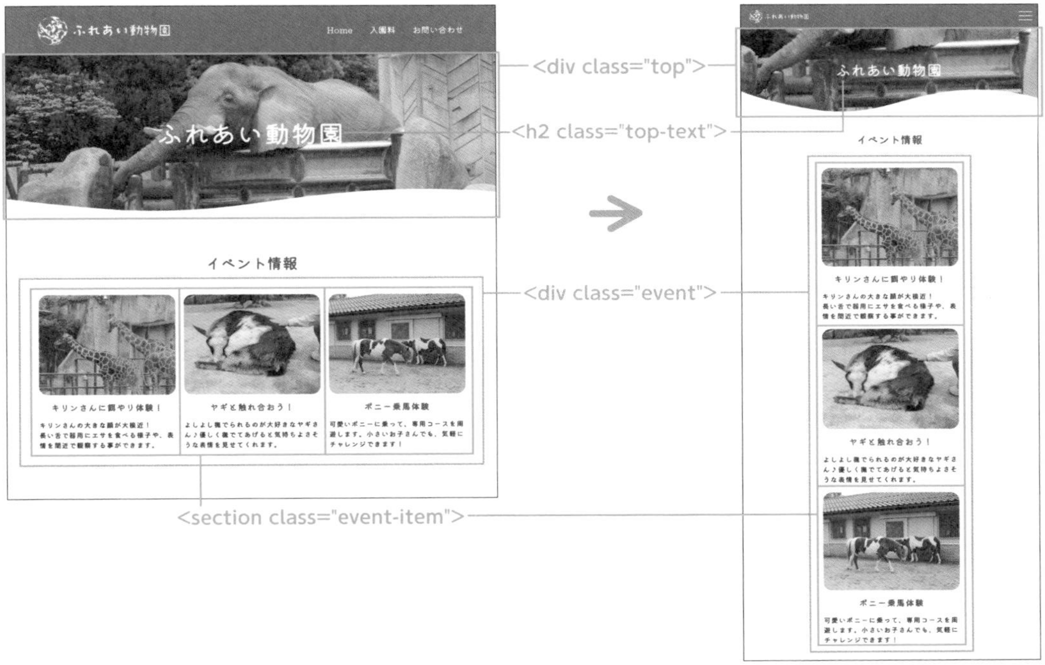

図12 トップページと3つのセクションのスタイル指定

```
/* トップ画像 */
.top {
  height: 200px;
  background-image: url("../img/top_sp.png");
}
.top-text {
  font-size: 34px;
}

/* イベント情報 */
.event {
  display: block;
}
.event-item {
  max-width: 320px;
  margin: 0 auto 20px;
}
```

背景画像をスマートフォン表示用に変更

3つの<section>を縦並びにする

「入園料」ページのメインコンテンツ

「入園料」ページのメインコンテンツで、ページ固有の要素となるのは入園料の表組みです 図13。このページ固有の要素は、幅768px以下になっても表示は大きく変化しません。

スマートフォン表示用に上書きしているスタイル指定は 図14 です。表組み（<table class="price-table">）に対して全体の文字サイズを調整し、<th>と<td>に対してパディング（内余白）の指定を行いました。

POINT

テーブル内のセル一つひとつのパディングを調整するため、<thead>や<tbody>、あるいは<tr>に対してではなく「.price-table th」（<table>内のth要素）、「.price-table td」（<table>内のtd要素）をセレクタにしています。

図13 「入園料」ページのメインコンテンツの表示（幅768px以上）

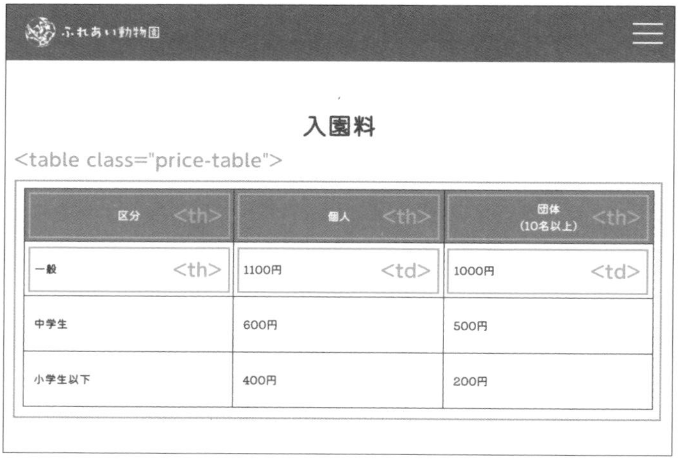

誌面だとわかりづらいですが、ウィンドウ幅を768px以下に縮めると、表組みの文字が小さくなりセルの内側の余白が狭まります。

図14 表組みのスタイル指定

```
.price-table {
  font-size: 12px;
}

.price-table th {
  padding: 10px;
}

.price-table td {
  padding: 20px 10px;
  }
```

「お問い合わせ」ページのメインコンテンツ

「お問い合わせ」ページのメインコンテンツで、ページ固有の要素となるのは入力フォームです。入力フォームは、幅768px以下になると項目名と入力欄が横並びから縦並びに変化します 図15。

このレイアウトの変化は、項目名と入力欄の親要素である<div class="form-group">に対して、PC表示で「display: grid;」を指定していたものを、「display: block;」に上書きすることで実現しています。

また、.form-labelでも「display: block;」を指定しています。これは項目名の<label>タグを対象としていますが、<label>タグはデフォルトではインラインボックスの性質を持っています。インラインボックスのままでは幅や高さの指定ができないため、「display: block;」でブロックボックスの扱いに変え、上部のパディング(内余白)と下マージン(外余白)の調整を行いました 図16。

図15 入力フォームの表示の変化(左:幅768pxより大きい、右:幅768px以下)

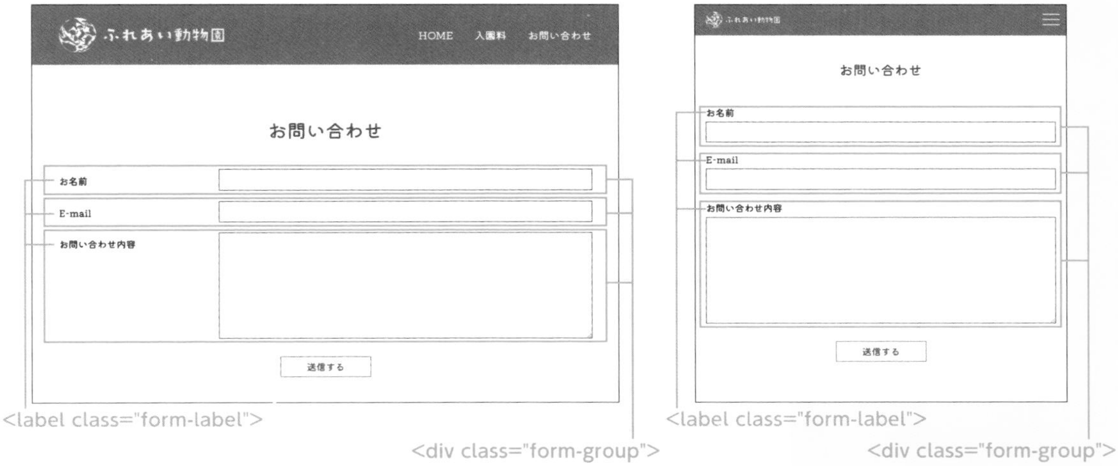

図16 入力フォームのスタイル指定(幅768px以上)

```
.form-group {
  display: block;
}

.form-label {
  display: block;
  padding-top: 0;
  margin-bottom: 5px;
}
```

（display: block; → 子要素の項目名と入力欄を縦並びに配置）

（display: block; → インラインボックスをブロックボックスの扱いにする）

Column

HTMLとCSSのコメント

ブラウザに表示されないメモ書き

HTMLやCSSには「コメント」と呼ばれる、ブラウザの表示や動作に影響しない記述を入れることができます。コメントは、コードをわかりやすくする目的で残すメモ書きのようなものです。

HTMLやCSSのコードの中にコメントを利用して書いた内容は、ブラウザの表示に影響しません。多くの場合、長いコードの中でブロックのまとまりを示したり、コードの内容をわかりやすくする目的で使われます。

HTMLのコメント

HTMLのコメントは、半角の<!--と-->で囲んだ範囲に記述します 図1 。この中に書いた内容はブラウザには表示されません。HTMLでは、ブロックのはじまりと終わりにコメントを入れて、区切りをわかりやすく示すなどの使われ方をします 図2 。

CSSのコメント

CSSのコメントは、半角の/*と*/で囲んだ範囲に記述します 図3 。この間に書いた内容はブラウザの表示には反映されません。CSSでも、スタイル指定のブロックのまとまりごとにコメントを入れることが多いです。

また、制作現場ではスタイルの調整時に一部の指定を反映しないようにして、表示結果を見比べたりする用途でも使われます 図4 。

図1 HTMLのコメントの書き方

```
<!-- ここにコメントを書きます。 -->

<!--
改行を入れる場合は、
ここにコメントを書きます。
-->
```

図2 ブロックの区切りを示すコメント例

```
<!-- ヘッダー -->
<header>
(ヘッダーの HTML)
</header>

<!-- メインコンテンツ -->
<main>
(メインコンテンツの HTML)
</main>
<!-- メインコンテンツ ここまで -->
```

図3 CSSのコメント

```
/* ここにコメントを書きます。 */

/*
改行を入れる場合は、
ここにコメントを書きます。
*/
```

図4 スタイルの一部を表示に反映させない例

```
p {
  font-size: 20px;
  /* color: #f00; */
}
```

Lesson 9

Webサイトを公開してみよう

作成したWebサイトをユーザーが見られる状態にするには、Webサーバーにデータをアップロードする公開作業が必要になります。公開前に行うチェック作業を含めて、実際にどんなことを行うのかを解説します。

読む　練習　制作　公開　運用

Lesson 9

01

30 min

Webサーバーとドメイン

THEME テーマ

Webサイトのデータを作成しただけでは、まだインターネット上で閲覧できる状態になっていません。Webサーバー（データを置く場所）とドメイン（Webサイトの住所）が揃って、はじめてWebサイトが公開可能な状態になります。

サーバーの種類と特徴

Webサイトのデータ（HTMLやCSSなど）は、作成しただけではインターネット上で閲覧できる状態にありません。「Webサーバー」（あるいは単に「サーバー」）と呼ばれる、サイトのデータを置く領域が必要となります。サーバーはインターネット上でWebサイトを公開する役割を持っています。

12ページ、**Lesson1-01**参照。

サーバーを利用するには多くの場合、ホスティングサービスを提供する会社と契約を結び、料金を支払ってサーバーの領域を借りることになります。こうしたサーバーを「レンタルサーバー」といいます。

POINT

レンタルサーバーを使わず、サーバーをゼロから独自で構築することも可能ですが、高度な知識・技術を必要とする上に、セキュリティを含めた保守・運営もすべて自前で行わなければなりません。企業や店舗のサイトはセキュリティが最優先事項ですから、ホスティングサービスを提供する専門の会社と契約するのが一般的といえます。

レンタルサーバーは料金やサービス内容などに幅があり多種多様ですが、大きく分けると「共用サーバー」と「専用サーバー」に分かれます。共有サーバーが1つのサーバーを複数のユーザーで共有して使用するのに対し、専用サーバーは1つのサーバーを独占して使用するものです。

レンタルサーバーの選び方

共用サーバーと専用サーバーの違いは、よく家に例えられます。

共用サーバーはアパートやマンションのような集合住宅に部屋を借りるようなイメージです。家賃も安く、管理人がメンテナンスを行うため、そこまで難しい知識は必要ありません。月額の利用料は安いもので数百円から数千円程度が一般的です。サーバーのスペックやプログラムのバージョンは、サービスを運営する会社によって異なり、あらかじめ提供されているものから選ぶことになるため、その点での自由度は低いといえます。

専用サーバーは、一軒家を丸ごと借りるようなイメージです。アパートやマンションに比べて家賃は高く、専属の管理人がいないためメンテナンスも自分たちで行う必要があります。その分、使える領域も広く自由度が高いため、複雑なプログラムや大規模なWebサイトの運営には適しています。

例えば、個人や小規模の店舗・企業のサイトであれば、共用サーバーで十分ですが、サイトのページ数や規模が大きくなり、多目的な利用を想定する場合には、専用サーバーやVPS（仮想専用サーバー）、クラウドサーバーなどの使用も検討する必要があります。利用目的や用途に合わせてサーバーを選ぶことが重要です 図1。

POINT

レンタルサーバーを選ぶ基準として、比較サイトやユーザーの生の声、過去に起きた障害情報への対応なども見てみると参考になります。また、サーバーの管理画面などが、専門的な知識がない人でも使いやすいかどうかも重要なポイントです。無料期間のうちにいろいろなサービスを試してみてもよいでしょう。

図1 **共用サーバーと専用サーバーを比較**

	共用サーバー	専用サーバー
利用形態	複数ユーザーで共有	1者・1社専用
料金	安い	高い
利用の難易度	低い	高い
利用の自由度	低い	高い
セキュリティ	比較的高い	設定次第で高い
他ユーザーの影響	受ける場合がある	受けない
すぐ利用開始できるか	可能	不可（設定が必要）
適したサイト	小規模サイト	大規模サイト、 複数の用途向け
担当者の専門知識	それほど必要ではない	専門知識が必要

ドメインはインターネット上の住所

インターネット上に公開されているWebサイトは、すべて固有の「ドメイン」を持っています。ドメインはインターネット上での所在地を示すサイトの住所のようなものです。ドメインがなければWebサイトを公開することはできませんし、閲覧する側にとってもアクセスすべきURLが存在しないことになります。

13ページ、Lesson1-01参照。

独自ドメインとサブドメイン

レンタルサーバーを契約すると、URLはそのレンタルサーバーのドメインが入ったものを選ぶことになります。

図2 はさくらのレンタルサーバーで契約しようとする際に初期ドメインを決める画面です。ほかのユーザーにまだ使われていない文字列であれば自由に選ぶことができますが、必ず「sakura.ne.jp」が含まれます。

このようなレンタルサーバー事業者のドメインを含んだURLではなく、独自のURLを使いたい場合、別途独自ドメインを取得する必要があります。独自ドメインは「.com」や「.jp」など、ドメインの種類で料金の相場が違い、安いドメインだと年額1,000円ほどです。また、取得額はドメイン事業者によって異なりますが、品質などに差はありません。

図2 初期ドメイン

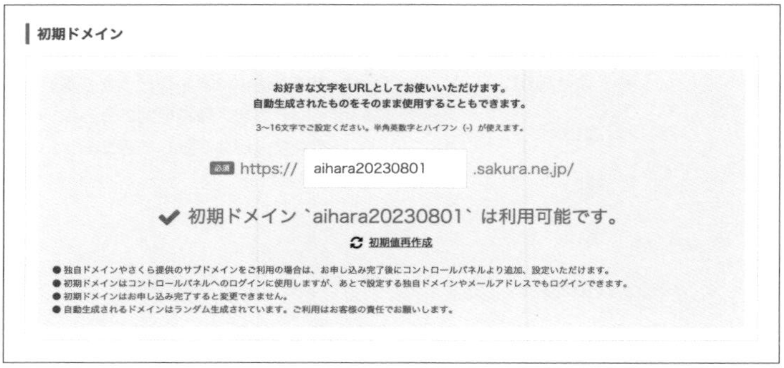

「https://◯◯◯.sakura.ne.jp」の◯◯◯の部分をサブドメインといいます。企業や店舗のサイトであれば独自ドメインを取得することをおすすめします。また、サブドメインはレンタルサーバーの契約時に選ぶだけでなく、独自ドメインを取得した場合でも使うことがあり、同じ会社やお店の中で、目的やターゲットユーザーが違うサイトを用意したいようなときに利用されます 図3。例えば、「https://sample.jp」というドメインの企業サイトにブログを用意するのであれば、「https://blog.sample.jp」や「https://news.sample.jp」になります。

図3 独自ドメインとサブドメイン

独自ドメインの例	サブドメインの例
https://www.yahoo.co.jp	https://news.yahoo.co.jp

WORD 独自ドメイン
独自の文字列を持ったドメイン名のこと。

WORD サブドメイン
ドメイン（○○.com）を例にすると「news.○○.com」のように、サブドメインは「○○.com」の手前に任意の文字列（例では「news.」の部分）をつけることができる。

POINT
レンタルサーバーのサブドメインでWebサイトを運用しても問題ありませんが、独自ドメインであればURLやメールアドレスを自由に設定できるメリットがありますし、何より社名や店名などに由来する独自ドメインを使うほうが対外的な信用度が高まります。

memo
目的の違うサイトを用意する場合、サブドメインを利用する以外に「サブディレクトリ」を利用することもあります。「https://blog.sample.jp」をサブディレクトリで用意する場合、URLは「https://sample.jp/blog/」となります。

Lesson 9

02

30 min

公開前にテスト環境で確認する

THEME テーマ

Webサイトのデータが完成してすぐに公開するのではなく、データに間違いや修正のし忘れがないか、改めて確認する機会を設けてください。本番公開するサーバーとは別にテスト・検証用のサーバーを用意するとよいでしょう。

公開前に見直したいポイント

実際の制作現場ではスケジュールの遅延がつきものです。公開に向けて急いで制作を進めるあまり、「あ！」という大きな間違いに誰も気づかないまま最後まで進んでしまうこともしばしば起こります。本番環境でサイトを公開する前に気持ちを一度リセットして、サイトのデータを冷静に確認するようにしましょう。

ごく基本的なことですが、次のようなポイントは必ず最終確認するようにしてください。

- ファイルやフォルダの名称：すべて半角英数字になっているか、確認します。全角英字や日本語（ひらがな・漢字など）が混じっていると、サーバー環境や閲覧するブラウザ環境によっては表示できません。
- ページ間のリンク：リンクが切れていないか、内部リンク・外部リンクともにすべてのリンクチェックをします 図1。クリック操作による確認だけではなく、HTMLのソースコードでパスが正しく指定されているかも確認しましょう。
- 画像の表示：画像が問題なく表示されているかを確認します。パスの間違いによるリンク切れでの非表示という問題だけでなく、画像の縦横比が間違っていないか、正しい解像度での表示になっているか、著作権を侵害していないかなども確認が必要です。
- 動きのある要素：CSSアニメーションやJavaScriptでのアニメーション、動き、クリックした際の挙動などが意図どおりに実装されているかを確認します。
- ファイルの拡張子：前提として、使用しているコンピューターを拡張子が常に表示される設定にしておきましょう 図2。

POINT

とはいえ、自分自身が制作したものは作る過程で見慣れてしまい、客観的な視点でチェックしにくいものです。制作チームのメンバーで相互に確認し合うなど、ダブルチェック（二重の確認）を行うとよいでしょう。

POINT

拡張子を表示しない設定になっていると、ファイルの拡張子がわかりません。例えば、中身はPNGの画像が、リンクの記述は「.jpg」となっているとリンク切れが発生します。拡張子を常に表示する設定にしておけば、こうしたファイルの拡張子の間違いによるミスが減ります。

図1 リンクをチェックするWebサービス

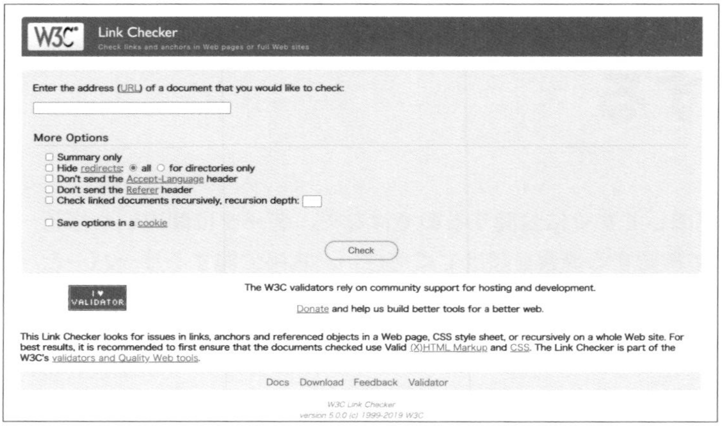

W3C Link Checker（http://validator.w3.org/checklink）
このほかに、Dreamweaverなどのアプリケーションでもリンクの確認は可能です。

図2 拡張子を表示する設定

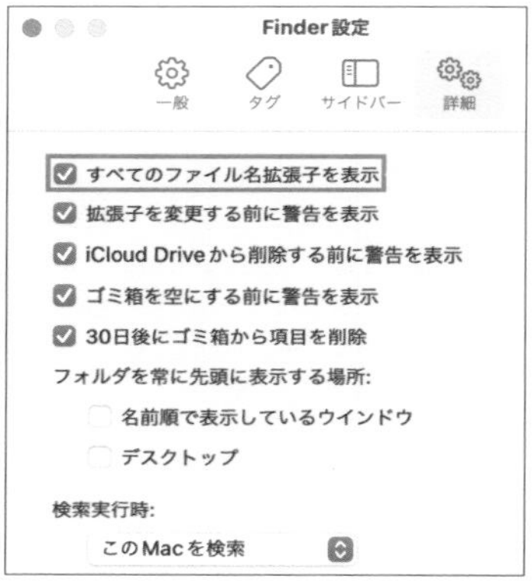

macOSではFinderメニュー→「環境設定...」から「Finder設定」→「詳細」を開いて、「すべてのファイル名拡張子を表示」の項目にチェックを入れておきます。

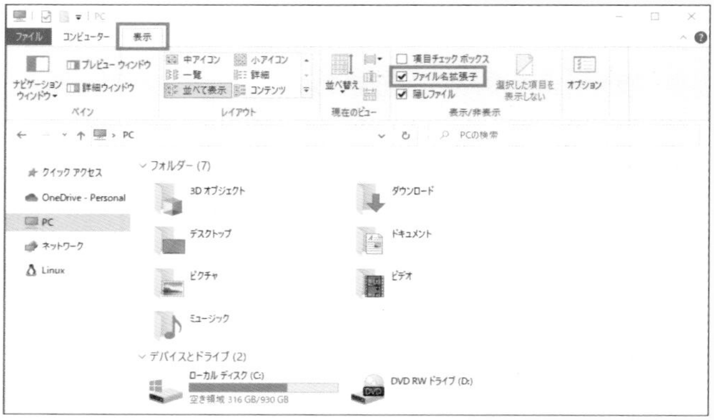

Windowsでは「エクスプローラー」を立ち上げ、「表示」タブ内の「ファイル名拡張子」のチェックを入れます。

また最後に、コンテンツ内の文章を落ち着いて読み直しましょう。Webサイトは印刷物と違い、公開したあとでも気軽に修正できるイメージがあります。しかし、特にクライアントのWebサイトは、公開後にミスを発見しても簡単に修正できるとは限りません。間違っていた箇所や内容を報告する必要が生じたり、厳重注意の対象になるケースもあります。誤字・脱字がないか、内容に間違いがないか、公開前に落ち着いて確認する期間を設けてください。

memo

図2 の左画像では「Finder設定」となっていますが、OSのバージョンによっては、ダイアログ名が「Finder環境設定」と表示されます。

memo

図2 の右画像はWindows10のものですが、Windows11では「エクスプローラー」上部にある「表示」を押すと表示されるリスト内の「表示」→「ファイル名拡張子」を選択します。

テスト環境を使ってチェックする

Webサイトのデータが完成したら、すぐにでも公開したいところですが、公開してから気づいても取り返しのつかないこともあります。また、自分のPC内にデータを置いたローカル環境では、CGIやPHPなどのプログラムの動作チェックやリンク切れがないかなどの確認は十分に行えません。

そこで、Webサイトを本番環境で公開する前に、本番に近い環境としてテスト環境（テスト用サーバー）を別に用意します。そこにWebサイトのデータをアップロードし、プログラムが正常に動作するか、リンク先に記述ミスや**404エラー**がないかなどを、実際にユーザー目線でWebサイトを使ってみて確認します。

テスト環境は、必ずしも本番環境と同じサーバーをもう1つ用意しなければならないわけではありません。本番で公開するのと同じサーバー内にテスト用のディレクトリ（フォルダ）を作成し、特定の人しかアクセスできない状態にして検証を行う方法もあります。こうしたケースでは「**ベーシック認証**」と呼ばれる認証設定でIDとパスワードを使うなどして、一般のユーザーはサイトを閲覧できない状態で検証を行います 図3 。

図3 ベーシック認証の画面例

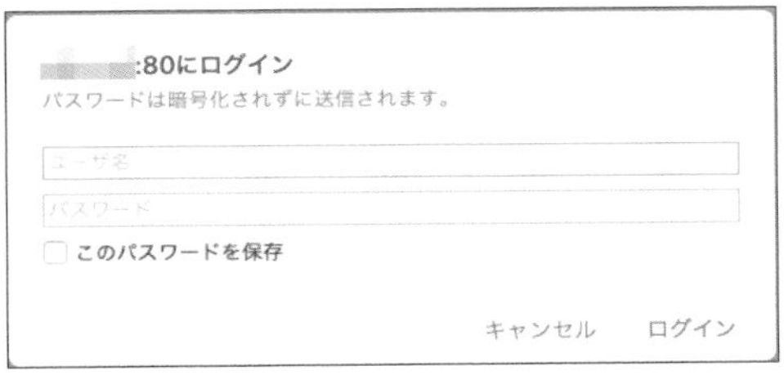

ユーザー名とパスワードを入力しないと、ページを表示できない仕組みになっています。

WORD 404エラー

存在しないページにアクセスした場合に、サーバーが返信・表示するエラーページで、探しているページが見つからなかったことを意味する。「not found」とも呼ばれる。

WORD ベーシック認証（Basic認証）

Webサイトを閲覧する仕組みである「HTTP」に備わっている、最も単純で基本的なユーザー認証の方式。ユーザー名とパスワードを入力することで、アクセス制限されたWebページを閲覧できるようになる。

memo

ベーシック認証は、レンタルサーバーのサービスごとに設定する手順が少し違います。多くのサーバーでは設定方法がマニュアルに掲載されているので、ベーシック認証を設定する場合、それらの資料を参考にしてみましょう。

Lesson 9
03
15 min

Webサイトの品質とバリデーション

THEME テーマ
Webサイトのデータが完成する前後で、もう1つ確認しておきたいのがHTMLやCSSに文法的な記述ミスがないかです。目視での確認も重要ですが、バリデーションサービスを利用すると、効率的かつ確実にチェックできます。

質の高いWebサイトって？

Webサイトの品質の良し悪しは、デザインの優劣や、Webサイトの使いやすさに限った話ではなく、HTMLやCSSのソースコードが正しく記述されているかどうかも大切な指標です。

ひと口に「正しい記述」といっても意味は多岐に渡りますが、HTMLのリンクの記述ミスや、CSSのセレクタ、プロパティ、値のスペルミスは、ひと目でわかるあきらかな誤りです。こうしたミスの多くは、リンク切れやCSSが適用されないなど、表示上の問題に直結するため、比較的気がつきやすいはずですが、HTMLやCSSが複雑になってくると、うっかり見落としてしまう場合も想定されます 図1 。

図1 見つけにくいコードの間違い例

```
<!-- 入れ子構造を間違える -->
<div><strong> 閉じタグが逆になっています。</div></strong>

<!-- 属性値の閉じ忘れ -->
<img src="images/.jpg>

/* id名やクラス名の間違った使用例 */
# 01webdesign {
  float: left;
  margin: 10px;
}
```

memo
セレクタに全角が入っていたり、id名やclass名の先頭の文字列が数字だったりすると、そのスタイル指定は反映されません。

HTMLとCSSの文法は合っている？

単純なスペルミスなどとは別に、HTMLやCSSが決められたルールにのっとっておらず、「文法」として正しくない場合もあります。HTMLであれば、文書を構造化する上で間違ったタグでマークアップしていないか、要素の記述順や階層構造が合っているなどが該当します。

例えば現在のHTMLでは、中央揃えをする<center>タグやフォントの見た目を指定する<font>タグなど、装飾目的の要素は使用が非推奨となっていますので、こうした要素を使ってしまう場合、文法的には正しくありません。また、インラインの性質を持つstrong要素の内側にブロックボックスの性質を持つp要素を書くのは、要素の記述順が正しくないため、標準仕様にのっとっていないことになります。

HTMLやCSSの文法的な正誤がなぜ重要かというと、間違った文法で書かれたWebサイトではコンピューターが内容を正しく理解できないからです。

POINT

特にHTMLはコンピューターや検索エンジンに対して、Webページの文書構造や内容を適切に伝える役割を果たします。正しい文法で記述することで、検索結果の表示順位にも少なからず影響するといわれています。

文法を効率的に検証する「バリデーションサービス」

HTMLやCSSの文法ルールがわかっていたとしても、すべてのソースコードを目で見たり読んだりして、間違いの有無を確認するのは限界があります。実務で制作するようなページ数の多いサイトの場合はなおさら現実的ではありませんので、「バリデーションサービス」と呼ばれるものを利用するとよいでしょう。バリデーションサービスは、HTMLとCSSのソースコードをルールに従って検証し、文法の間違いの有無や記述ミスの内容を機械的に表示してくれるチェッカーです。

バリデーションサービスは複数存在していますが、代表的なものはW3Cが提供している「Markup Validation Service」図2と「CSS Validation Service」図3です。それぞれサービスにアクセスしたら、検証したいWebサイトのURLを入力する、もしくは検証したいファイルをアップロードすると確認ができます。間違いの有無や、間違いがある場合はどの部分がどう違っているかを表示してくれます。

WORD バリデーション

validation（検証、実証などの意）。HTMLやCSSの場合には、仕様や文法上のルールに照らし合せて、ソースコードが適切な形で記述がされているかを検証することを指す。バリデート（validate）とも表現される。

図2 HTMLのバリデーションサービス（検証結果画面）

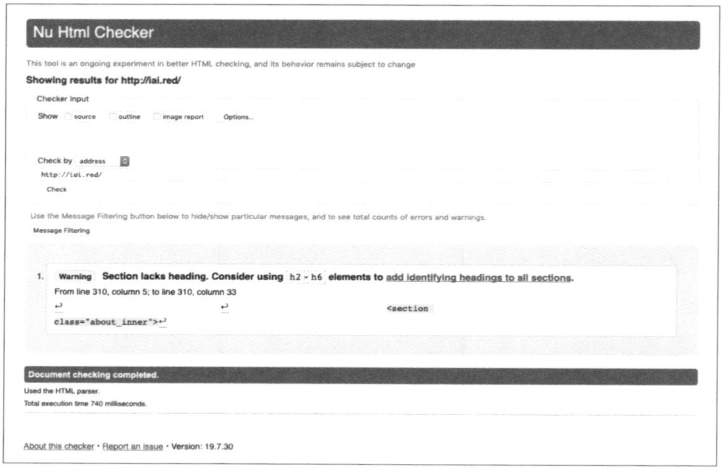

W3C Markup Validation Service
http://validator.w3.org/

図3 CSSのバリデーションサービス（検証結果画面）

W3C CSS Validation Service
http://jigsaw.w3.org/css-validator/validator.html.ja

memo

有志が作成した、Visual Studio Code（81ページ、Lesson4-03参照）上でバリデーションを実行できる拡張機能もあるため、そういったものを導入してみるのもよいでしょう。

Lesson 9
04
15 min

Webサーバーにデータを転送する仕組み

THEME テーマ

作成したWebサイトのファイル群をWebサーバーにアップロードしたり、Webサーバーからダウンロードする際には、「FTP」という通信方式を使います。ここでは、その仕組みや方法について学びましょう。

データのアップロードとダウンロード

Lesson1-01でWebページが表示される仕組みを解説しました。Webサーバーがブラウザから「○○のWebページ（URL）を表示して」とリクエストを受け取っても、該当するページのデータが存在しなければ表示することができません。ですから、サイトを公開するためには、サイトのデータをWebサーバーに転送する必要があります。

12ページ、**Lesson1-01**参照。

作成したWebサイトのデータを自分のコンピューターからWebサーバーに転送することを「アップロード」または「PUT」といい、逆にWebサーバーのデータを自分のコンピューターにコピーすることを「ダウンロード」または「GET」といいます 図1。

図1 コンピューターとWebサーバー間のデータの送受信

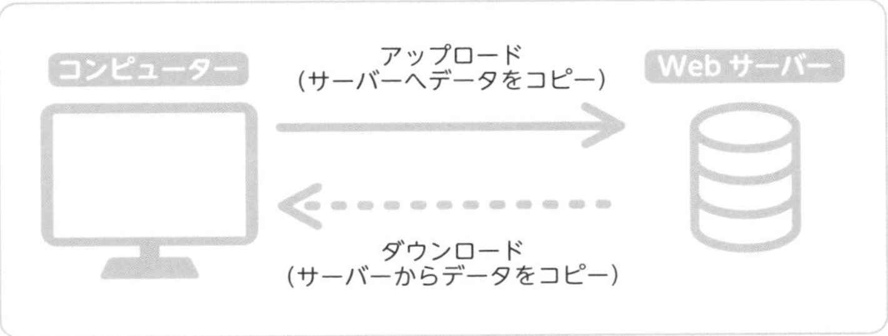

Webサーバーの間でファイルを送受信するのに使われるのが「FTP」と呼ばれる通信の仕組みです。

FTP通信によるデータの送受信には、FTPクライアントと呼ばれるアプリケーションを利用するとよいでしょう。FTPクライアントを使うと、マウスやキーボードの操作によってWebサーバーへの接続やデータの送受信を行えます 図2。

WORD FTP

File Transfer Protocol（ファイル転送プロトコル）。インターネット通信を利用して、データをやり取りする際の通信規約。

WORD クライアント

サービスを受け取るものの意味。ここでは、サーバーにリクエストを送り、それに応じた情報を受け取ってWebサイトを表示するWebブラウザやアプリケーションなどを指す。

図2 FTPクライアントの例

アプリケーション名	対応OS	価格	公式サイト
FileZilla	Windows／Mac	無料	https://filezilla-project.org/download.php
Cyberduck	Windows／Mac	無料	https://cyberduck.io/download/
WinSCP	Windows	無料	https://winscp.net/eng/docs/lang:jp
NextFTP 4	Windows	2,480円	https://www.toxsoft.com/nextftp/
Transmit 5	Mac	5,400円	https://panic.com/jp/transmit/

データをより安全に送受信するには

FTPは最も普及している通信方式のひとつですが、セキュリティ的な問題も存在します。コンピューターからWebサーバーにログインする際、ユーザー名やパスワードを入力し、サーバーに送信されます。このとき、情報が暗号化されずにサーバーに送信されるため、第三者に情報を盗まれる可能性もあるのです。

FTPをセキュリティ面で改良したものが、FTPSやSFTPという通信方式です。こちらの通信方式では、コンピューターとWebサーバー間での情報のやり取りを暗号化して送受信します。Webサイトをより安全に公開・運用することができますので、!FTPSやSFTPの通信方式で行うとよいでしょう。

WORD FTPS

「File Transfer Protocol over SSL/TLS」の略で「FTP over SSL」ともいう。FTPで送受信するデータを、「SSL/TLS」で暗号化する通信方式。

WORD SFTP

「SSH File Transfer Protocol」の略で「SSH FTP」ともいう。FTPで送受信するデータを「SSH」で暗号化する通信方式。

POINT

WebサーバーやFTPクライアントがFTPSやSFTPに対応していなければ、FTPSやSFTPの通信方式は利用できません。レンタルサーバーの安価なプランでは、SFTPには非対応の場合もありますが、FTPSであればほとんどのレンタルサーバーで利用可能です。

Challenge
チャレンジしてみよう！

FTPでデータをアップロードしてみよう

FTPクライアント「FileZilla」を使って、実際にWebサイトのデータをサーバーにアップロードしてみましょう。コツさえつかめば難しくない作業です！

STEP 1 インストールの前に

FileZillaでWebサイトのデータをアップロードするには、まずWebサーバーを確保する必要があるため、レンタルサーバー事業者と契約しましょう。契約後、パスワードなどのログイン情報は、送られてくるメールや管理画面内に記載されています。

管理画面は「ユーザーページ」や「サーバーコントロールパネル」といったり、ログイン情報が記載されたページも「アカウント情報」や「サーバー情報」といったり、名称は事業者ごとに異なります。

STEP 2 FTPクライアントのインストール

まずは、FTPクライアントをインストールします。ここでは、WindowsにもmacOSにも対応している「FileZilla」を使って進めていきます。

「FileZilla」のWebページにアクセスしましょう。「FileZilla Client」(FTP、FTPS、SFTPのクライアント)と、「FileZilla Server」(Windows向けの高機能なFTPサーバー)の2種をダウンロードできますが、ここで使うのは「FileZilla Client」です 図1。「FileZilla Client」のダウンロードページに移動しますので、「Download FileZilla Client」ボタンをクリックします。通常版と有償版をダウンロードできるウィンドウが表示されますので、通常版の「Download」ボタンをクリックします 図2。必要なファイルをダウンロードしてインストールしましょう。Windowsでのインストールでは手順が英語表示となりますが、アプリケーション画面は日本語での表示になります。

FileZillaを起動すると 図3 のようなアプリケーション画面が表示されます。

図1 「FileZilla」のページ

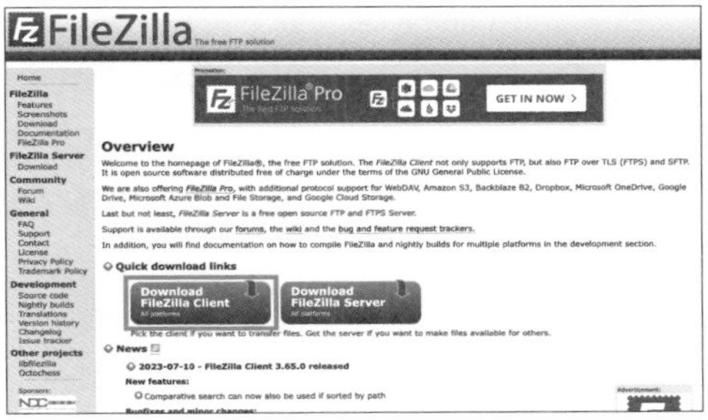

https://filezilla-project.org/

図2 「FileZilla Client」のダウンロードページ

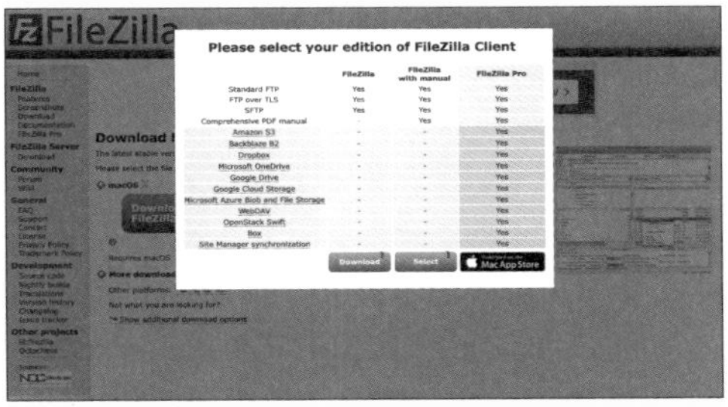

図はmacで表示した場合です。Windowsでは4つボタンが表示されますが、その場合も「Download」ボタンをクリックすることとなります。

図3 「FileZilla」を起動した画面

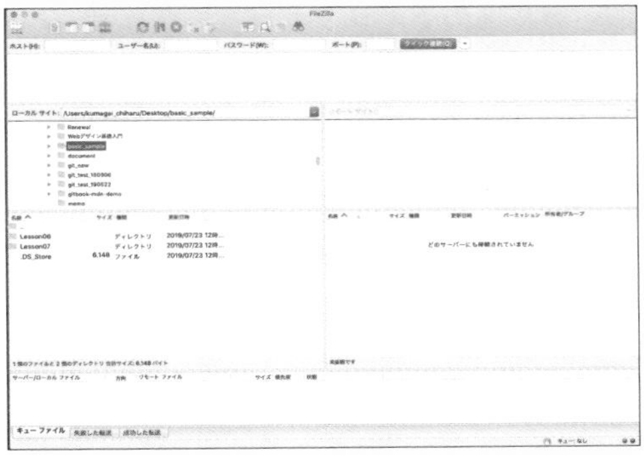

STEP 3

ローカルサイトとサーバーを設定する

まずは、データをアップロードするサーバーの設定を行います。「ファイル」メニューから「サイトマネージャー」を選択し、ダイアログが開いたら「新しいサイト」をクリックして、任意のサイト名を入力します 図4 。

次に、「一般」タブでサーバーやログインの情報を入力していきます。「ホスト」を入力し、「プロトコル」を「FTP – ファイル転送プロトコル」、「暗号化」に「明示的なFTP over TLSが必要」を設定します 図5 。「ログオン タイプ」を「パスワードを尋ねる」にして、FTP接続用のユーザーとパスワードを入力します。

続けて、サイトマネージャーで「詳細」タブの画面に切り替えます。「デフォルトのローカルディレクトリ」の「参照」ボタンをクリックして、使用しているコンピューター上に作成したWebサイトのデータを管理しているディレクトリ（フォルダ）を指定し、「接続」をクリックします 図6 。すると「パスワードを入力」のポップアップウィンドウが表示されますので、パスワードを入力して「OK」をクリックします 図7 。

サーバーへの接続が成功するとFileZillaのアプリケーション画面の上部にメッセージが表示され、画面左側にデータを保存しているローカル上のディレクトリ、右側にサーバー（リモートサイト）が表示されます 図8 。

HINT

お使いのサーバー情報（ホスト名やユーザー名、パスワードなど）は、ホスティングサービスを運営する会社から提供されます。サーバー事業者によって「ホスト」「ユーザー」とは異なる名称を使っていることがあります。FileZillaでの「ホスト」は「FTPサーバー」や「ホスト名」、FileZillaでの「ユーザー」は「FTPアカウント」や「サーバーID」などの名称の場合があります。

図4 サイトマネージャーを開く

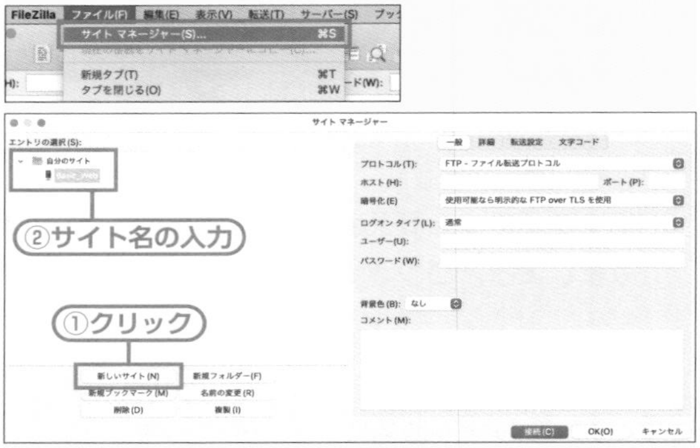

図5 「一般」タブでサーバーの情報を設定

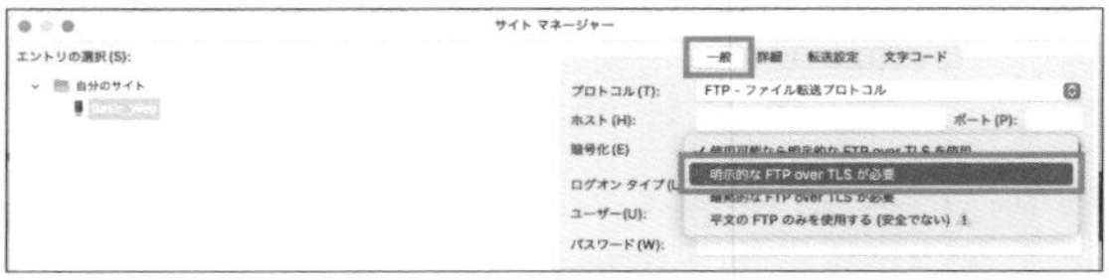

図6 「詳細」タブでローカルディレクトリを設定

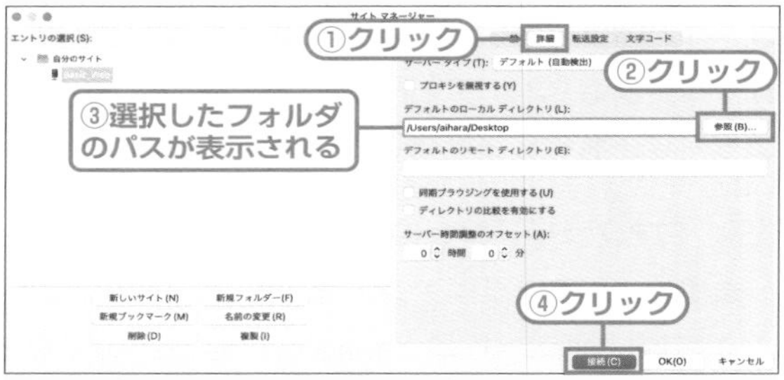

図7 「パスワードを入力」のウィンドウ

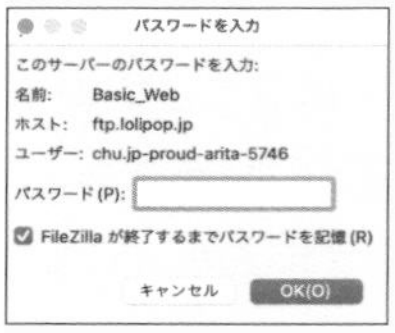

図8 ローカルとサーバー接続の設定を終えた画面

STEP 4

データをアップロードする

データをアップロードするには、左側のローカルサイトにあるファイルやフォルダを、右側のリモートサイトにドラッグアンドドロップします 図9。逆にサーバーからローカルにデータをダウンロードするときは、右側のリモートサイトから左側のローカルサイトにドラッグアンドドロップします 図10。

このとき、アップロード、もしくはダウンロードしようとしているファイルがすでにサーバーに存在する場合、図11のように上書きして問題ないかを確認するダイアログが表示されます。内容に応じて形式を選択してOKを押してください。

図9 ローカルからサーバーにアップロード

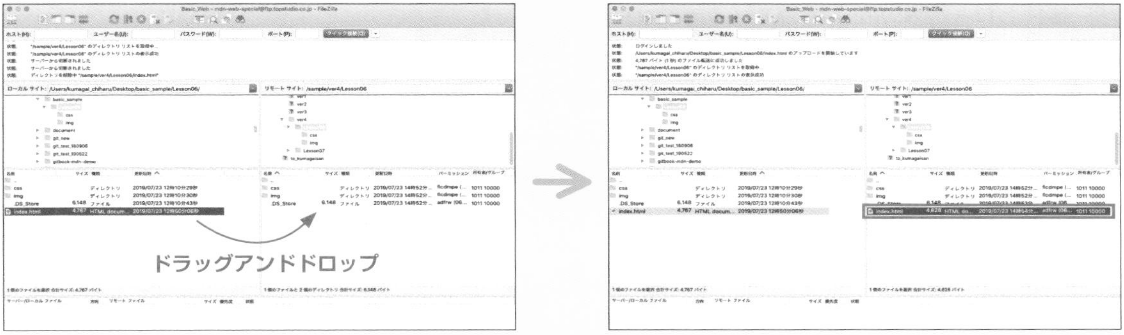

アップロードするファイルを選択します。

サーバーにアップロードされました。

図10 サーバーからローカルにダウンロード

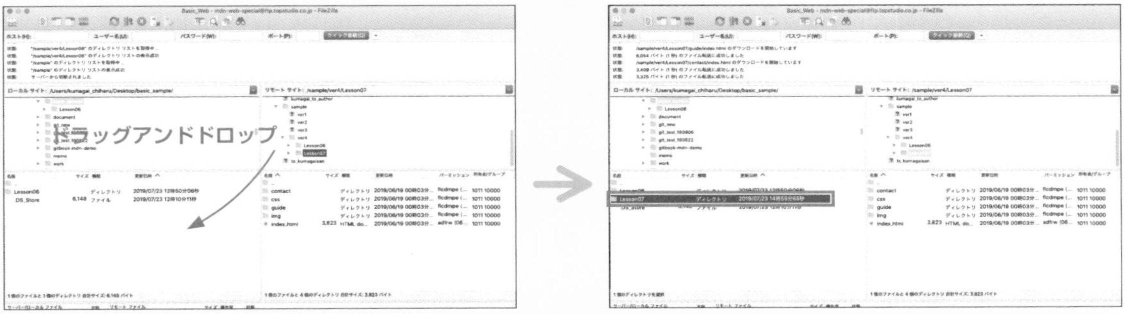

ダウンロードするファイルを選択。フォルダを選ぶと、中身も丸ごとアップロード／ダウンロードできます。

フォルダごとダウンロードされました。

図11 ファイルの上書き形式を選択する画面

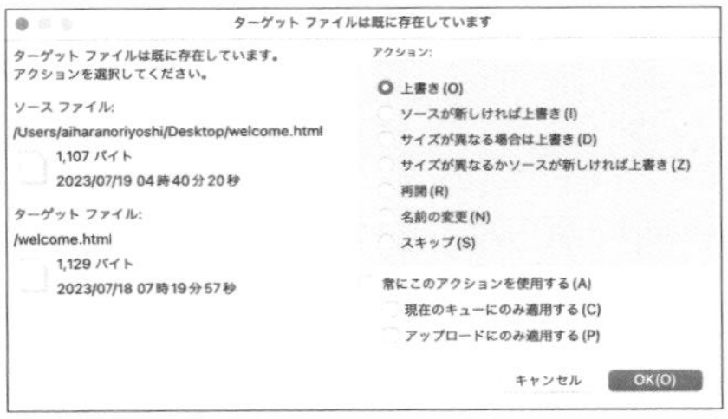

STEP 5
使い方のポイント

FileZillaを含め、一般的なFTPクライアントはアプリケーションを終了するとサーバーへの接続を停止し、起動するごとにサーバーに接続する仕組みになっています。2回目以降、起動したときには再び「サイトマネージャー」、もしくFileZillaの画面上部にある「クイック接続」を使って、サーバーに接続してください。

また、アプリケーションを起動して、サーバー接続とローカルサイトの読み込みを終えたあとに、ローカルでファイルの修正や更新を行っても、FileZillaには更新内容が自動的に反映されません。その場合は「表示」メニュー→「最新の情報に更新」を選び、ファイルの内容を最新にしてから、サーバーにアップロードしてください 図12。

図12 ファイルの変更内容を更新する

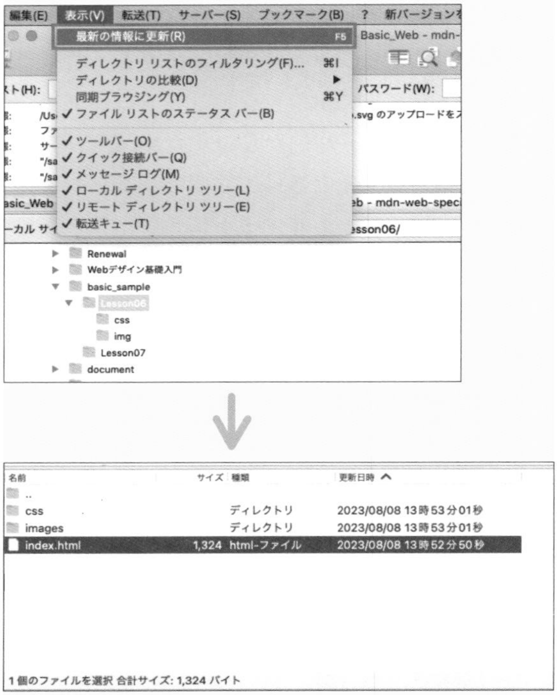

最新の情報に更新されたかは、ファイルの更新日時で確認できます。

Lesson 9

05

15 min

Webブラウザで表示を確認しよう

THEME テーマ

Webサイトのデータをサーバーにアップロードしたら、実際にWebブラウザで表示してみましょう。1種類のブラウザで表示を確認するだけでなく、数種類のブラウザで確認するようにします。

ブラウザを使った表示確認

FTPクライアントなどを使って、サイトのデータをサーバーにアップロードしたら、早速Webブラウザで表示してみます。

ブラウザでの表示確認は、自分が普段使っているブラウザだけではなく、一般的に多くの人が利用している複数のブラウザで行うようにしてください。Webサイトがスマートフォンでの表示に対応しているものであれば、PC以外にiPhoneやAndroid端末での表示確認が必要です。

サイトを閲覧するWebブラウザにはさまざまな種類やバージョンがあります。また、使用するコンピューターのOSによっても表示が異なる場合もあります。例えば、WindowsのMicrosoft Edgeと、macOSのSafariとで、同じWebページの表示を比べてみてください。表示している内容は同じでも表示に使われるフォントなどが違うため、Webページによっては印象が異なります 図1 。

POINT

スマートフォンが登場する以前、WebサイトはデスクトップやノートなどのPCで閲覧するのが主流でしたが、今ではスマートフォン、タブレットなど、閲覧するデバイスが多様化しています。ユーザーがどんな環境で、どのブラウザを使ってアクセスしてくるかは一概に限定することはできません。

15ページ、**Lesson1-02**参照。

図1 同じページでも表示したときの印象は異なる

WindowsのMicrosoft Edgeでの表示。

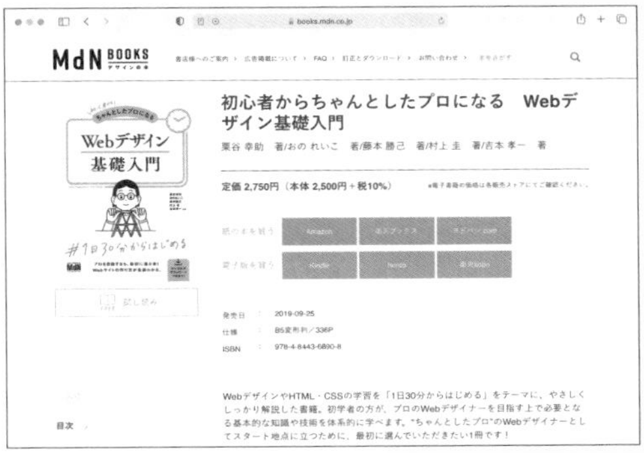

macOSのSafariでの表示。

Webサイトを制作する側が確認しておきたい主なブラウザはiPhoneとAndroidの両方で「Google Chrome」、iPhoneでは「Safari」。Windowsと macOSの両方で「Google Chrome」、「Firefox」、Windowsでは「Microsoft Edge」、macOSでは「Safari」などがあります。特定のブラウザで見た目が大きく違っていないか、文章が意図しない場所で改行されていないかなど確認しましょう。

Webブラウザでチェックするときのポイント

本番サーバーにデータをアップロードしたあとに行う表示確認では、事前にローカル環境やテストサーバーで確認が済んだ点も改めて確認するようにします 図2。こうした表示確認や動作検証もWebサイト制作の一部です。本番環境でWebサイトが問題なく閲覧・使用できるかの確認が完了して、はじめてユーザーに安心して公開できます。

図2 Webブラウザで表示確認する主な内容

ページの読み込み	・ページは正しく読み込まれるか ・読み込みスピードに問題はないか
表示	・CSSが正しく適用されているか ・レイアウトが崩れていないか ・すべての画像は正しく表示されているか ・ウィンドウに不要な横スクロールが出ていないか
文字・文章	・文字化けが起こっていないか ・指定したフォントで表示されているか ・文章に誤字や脱字がないか
動作確認	・リンクが切れていないか ・正しいリンク先が設定されているか ・プログラムが正常に動作するか

次に挙げる点はサーバーにアップロードしてからでないと判明しないこともあるため、改めてチェックすることをおすすめします。

- 文字崩れや文字化け：CGIやPHPなどのプログラムファイルは、Webサーバーによって文字コードの扱いが異なります。意図せず文字コードが変換され文字化けが起こる場合があるので、プログラムの文字化けが起こっていないか確認します。
- プログラムの動作：問い合わせフォームに代表される、CGIやPHPなどを使った ! プログラムが正常に動くかどうかを実際に試して確認します。

POINT

テスト環境と本番環境で違うサーバーを利用している場合、テスト環境では問題なく動いていたプログラムが、本番環境では動かない事態は往々にして起こります。テスト環境で問題なかったからといって気を抜かず、本番環境のサーバーでもプログラムの動作確認を必ず行ってください。

Lesson 9

06

15 min

Webサイトデータのバージョンを管理する

THEME テーマ

Webサイトの規模が大きくなると、サイトを制作・運営する中で複数の人が同時にコーディングを行う場面も出てきます。データの管理や受け渡しを楽にするために、ファイルの「バージョン管理」について知っておくとよいでしょう。

ファイルのバージョンを管理する必要性

Webサイトを作る過程では、HTMLやCSSなどたくさんのファイルを作成・更新していきますが、サイトの規模によっては複数のメンバーが同時にコーディング作業を行う場面が多々あります。誰かが部分的にコーディングしたHTMLやCSSを別の人が完成させたり、1人が行った修正をほかの全員が作業中のファイルに反映したりといった分業も頻繁に行われます。

そうした作業過程で更新したファイルの受け渡しなどを、毎回メールやFTPサーバーなどを介して行っていると、ファイルが先祖返りしたり、最新ファイルがどれかわからなくなったりなど、効率的ではありません。こうした作業中のミスを減らし管理の煩雑さを改善するために、制作現場で導入されるのがバージョン管理システム(VCS：Version Control System)です。

WORD 先祖返り

修正や更新したはずの箇所が、意図せず元に戻ってしまうこと。更新したデータや内容が、何か作業ミスで古い状態に戻ってしまうことを、制作現場などでは「先祖返り」という。

POINT

例えば、1つ前の状態のファイルを必ずコピーしてバックアップとして残してから、更新作業にあたる方法も不可能ではありません。しかし、ファイルの数や作業にあたる人が増えるほど作業の間違いは起こりやすくなります。また、こうしたやり方では、複数の人が1つのファイルを同時に編集することもできないため、効率的ではありません。

Webの制作現場でよく利用されている「Git」

バージョン管理システムはいくつか種類があり、代表的なものに「Subversion」、「Git」などがあります。Web制作の現場で比較的よく使われているのが分散型バージョン管理システムのひとつであるGitです 図1。

Gitは作業内容や状況に応じて、ファイルの状態を更新履歴として保存していく仕組みになっています。細かな更新を一つひとつ更新履歴として残すのではなく、変更内容に応じていくつかまとめて共有することができます。また、編集箇所の差分を表示したり、1度編集したファイルを過去の状態に戻したりなども可能です 図2。

WORD 差分

ここではファイルやプログラムなどの、変更前と変更後の違いのこと。

図1 GitのWebサイト

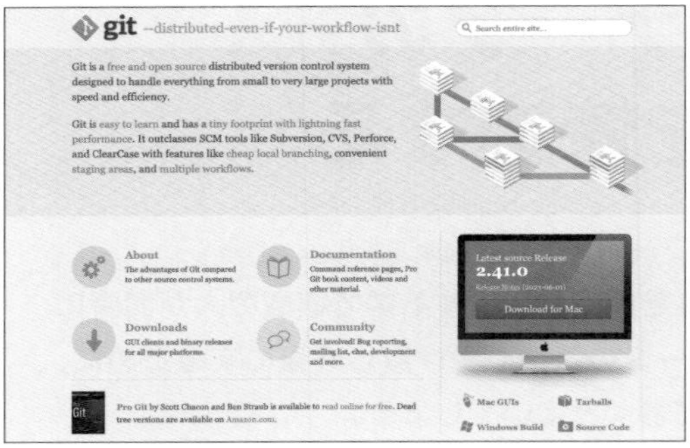

http://git-scm.com/

図2 Gitの作業履歴の表示例

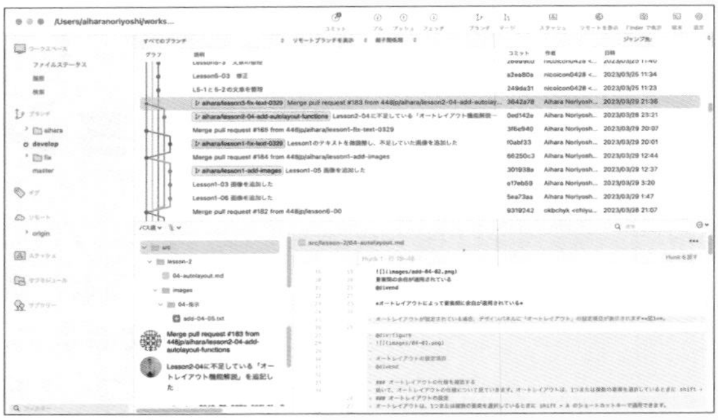

画面はSourcetreeのもの

テキストファイルの更新履歴や差分がわかるだけではなく、画像ファイルの修正前・修正後を管理することもできますし、特定の期間の差分ファイルだけを抽出したりなども可能です。このため、コーディングやプログラムを行うエンジニアだけではなく、デザイナーやディレクターにとっても非常に便利なものです。Gitを利用するためには、「GitHub」図3や「Bitbucket」、「GitLab」などのホスティングサービスを利用するとよいでしょう。

初心者の方にとって、Gitの設定や操作方法が難しく感じる面もありますが、「Sourcetree」などのGUIアプリケーションを使うと比較的簡単に利用できるようになっています図4。1人以上で作業の履歴を管理するときには、ここで紹介したようなGitサーバーやWebサービスを使ってみることをおすすめします。

WORD GUI

Graphical User Interface（グラフィカル・ユーザー・インターフェース）の略。一般的なPCやスマートフォンの画面のように、画像や図形などのグラフィカルな要素を使って情報が表示されるインターフェースを指す。

POINT

GitはCLIと呼ばれる、Windowsのコマンドプロンプトやmac OSのターミナルなどの画面から、コマンドラインを使って操作するソフトウェアですが、GUIアプリケーションを組み合わせることで、ボタン操作などによって比較的容易に使うことができます。

WORD CLI

Command Line Interface（コマンド・ライン・インターフェース）。キーボードからのテキスト入力（コマンド）によって操作するタイプのユーザーインターフェース。

図3 GitHub

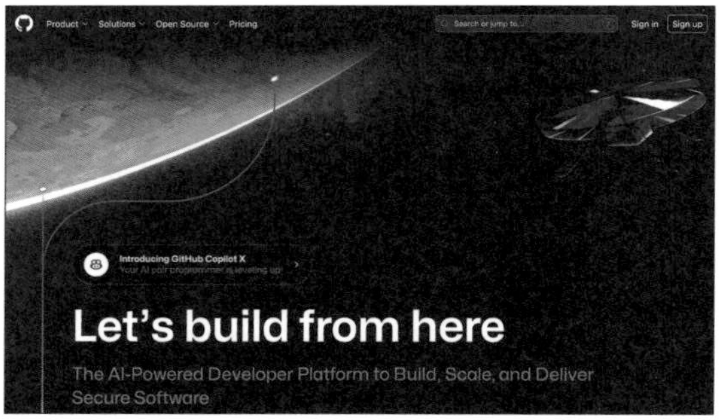

https://github.com/

図4 Sourcetree

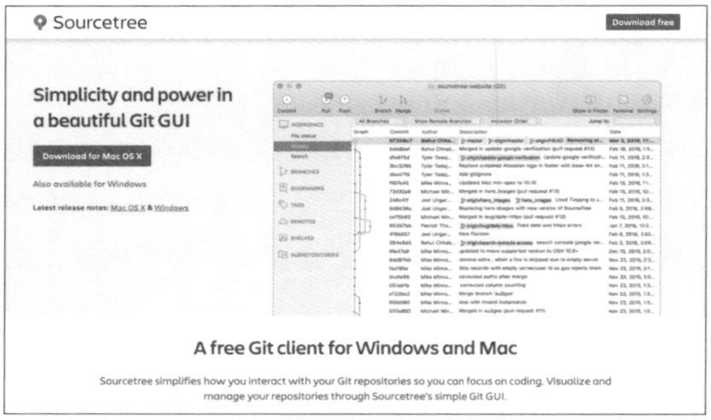

https://www.sourcetreeapp.com/

Lesson 10

Webサイトを運用する

最後の章では、Webサイトを公開したあとの「更新・運用」フェーズについて解説します。1人でも多くのユーザーに、サイトを快適な状態で見たり使ったりしてもらうには、どんなことが大切になるのでしょうか？

読む → 練習 → 制作 → 公開 → 運用

Lesson 10
01
60 min

Google Search ConsoleにWebサイトを登録する

THEME テーマ

制作したWebサイトをそのまま公開しただけでは、訪問者が増えることはありません。訪問者を増やすさまざまな施策を考える必要があります。Googleにサイトを登録することも有効な施策のひとつです。

検索エンジンがWebサイトを検知する仕組み

制作したWebサイトを公開すれば、それだけですぐにサイトがGoogleの検索結果に表示されるわけではありません。公開したばかりのWebサイトは、検索エンジンがサイトの存在そのものを知らないからです。

検索エンジンの仕組みには「クローラー型」と「登録型」の2つがあり、Googleはその両方の特徴を持っています。通常、クローラー型の検索エンジンは数多あるWebサイトを巡回しながら、サイトに埋め込まれたリンクを次々にたどって、更新・追加された情報があれば、それらをデータベースに登録していく仕組みになっています。Webサイトにクローラーが訪問する頻度が少ないと、いくら新しいリンクを掲載しても！更新・追加した情報に気づいてもらえません 図1。ですから、検索エンジンに早くWebサイトの存在を知らせる必要があります。

図1 **検索エンジンにWebサイトの存在を認識させる必要がある**

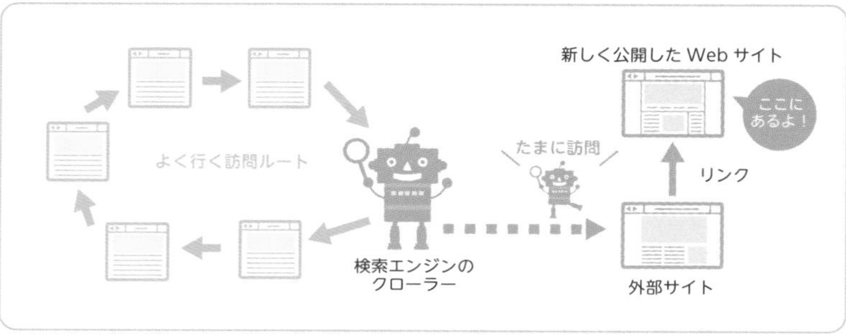

WORD **クローラー型**

検索エンジンに登録するデータを、プログラム（ロボット）がWebページを巡回して収集するロボット型検索エンジンを指す。HTMLの中に記述されたリンクをたどり、そのサイトの内容や構造を読み取って、検索エンジンのデータベースに登録していく。

WORD **登録型**

ディレクトリ型検索エンジン。Webサイトをジャンルに応じて、カテゴリに分類・収録した検索ポータルサイトで、自分のサイトを該当するカテゴリに申請し、登録するもの。

！ POINT

Googleのクローラーはすべてのwebページを同じ頻度で訪れるわけではありません。更新頻度の高いサイトは、常に情報が変わる可能性も高くなりますから、クローラーの訪問する頻度も高くなります。更新が少ないWebサイトは、クローラーの訪問頻度は下がります。

Google Search Consoleができること

Googleでは、「Google Search Console」(グーグル・サーチ・コンソール:(以下、Search Console))という、サイトの検索結果における掲載順位を管理・改善するための無料ツールを提供しています。公開に合わせてSearch Consoleにサイトを登録することで、Googleにサイトの存在を伝えることができます。

Search ConsoleでWebサイトの登録を行うと、WebサイトがGoogleの監視下になります。そして、Search Consoleの機能を通して、Googleが感知したそのサイトで起こっている問題(ファイルが存在しない、レスポンスがないなど)がわかったり、先に述べたGoogleのクローラーを巡回させる頻度を指定したり、検索結果として表示させたくないコンテンツを意図的に除去したりといったことも可能になります。

POINT

新しいWebサイトを公開し、外部のサイトにリンクを貼って、クローラーが外部サイトのリンクを経由して新しいサイトの存在に気づくのを待っていたのでは、時間がかかります。クローラーの訪問しないサイトにリンクを貼ってもなかなか気づいてもらえないため、Search Consoleを使って先にサイトを登録するほうが効果的です。

Google Search Consoleの登録方法

Search Consoleの登録方法を見ていきます。Search Consoleを利用するには、Googleアカウント(Googleのメールアドレス)が必要になりますので、アカウントを持っていない場合は取得しましょう。Googleアカウントにログインしたあと、Search Consoleにアクセスします。「プロパティタイプの選択」画面が表示され、「ドメイン(ドメインプロパティ)」と「URLプレフィックス」のどちらかを選んで入力していきます 図2 。Search Consoleに、すでに別のサイトを登録しており、新しいサイトを追加したい場合は、左上の管理しているプロパティの一覧から「プロパティを追加」を選びます 図3 。

memo

Googleアカウント(Googleのメールアドレス)は、Googleアカウントのページ(https://myaccount.google.com/intro)から氏名などを登録することで、作成できます。

図2 **Google Search Consoleの登録画面**

Googleアカウントに未ログインの状態でアクセスすると、ログインを要求されます。
https://search.google.com/search-console/welcome

図3 **「プロパティを追加」を選ぶ**

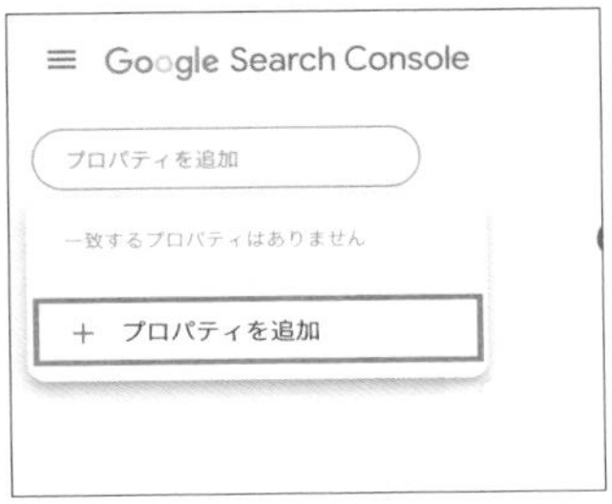

プロパティ一覧の「▼」を押すと、「プロパティを追加」が表示されます。

ドメインプロパティは2019年2月に加わったSearch Consoleの新しい機能です。URLプレフィックスはSearch Consoleの従来からの機能です。従来のSearch Consoleでは、URLの「wwwの有無」や「プロトコルの違い（httpやhttps）」「別URLのモバイルサイト（m.が付いたもの）」「サブドメイン」などは、それぞれ別のプロパティとして登録する必要があり、データもプロパティごとに別々に集計・レポートされていました。ドメインプロパティを利用すると、これらのデータを一括して管理・確認することができます。

通常はドメインプロパティを選ぶほうが便利です。Webサイトのドメインを入力し、「続行」を押します 図4。続いて表示される「DNSレコードでのドメイン所有権の確認」の画面で、TXTレコード（DNSレコード）をコピーします 図5。このDNSレコードを、使用している サーバーの管理画面などからDNS設定にコピーして設定を行ったあと、図5 の「確認」ボタンを押します。

POINT

使用しているサーバーによって詳細は異なりますが、通常はサーバーの管理画面のドメインを管理しているメニューなどに、DNSレコードを設定する項目が用意されています。また、サーバー側でDNSレコードの設定を終了した直後は、Search Consoleが認証できないことがあるので、少し時間をおいてから「確認」ボタンを押してみてください。

図4 ドメインプロパティを選択して入力

図5 「DNSレコードでのドメイン所有権の確認」画面

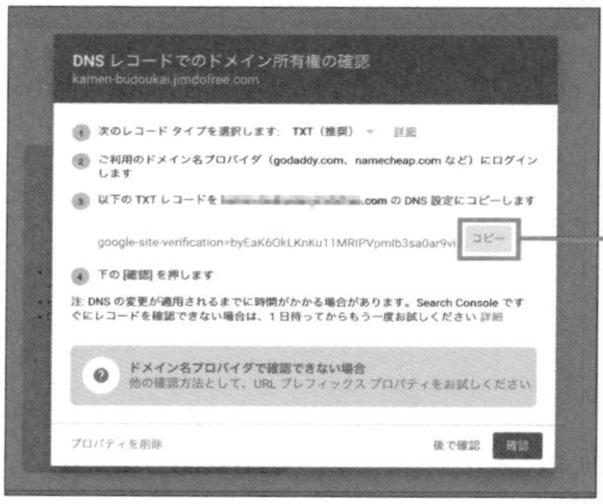

サーバー側でのDNS設定を終えてから、「確認」を押します。

URLプレフィックスで登録を行うことも可能ですが、前述のように、例えば「http://www.exmple.com」と「https://www.exmple.com」のURLを別々に登録する必要があります 図6。この場合、所有権の確認は、Search Consoleが発行したHTMLファイルをWebサイトにアップロードする、HTMLタグ（<meta>タグ）をWebページの<head>タグの中に貼り付けるなど、複数の方法から選択可能です。

ドメインの所有権の確認に成功すると 図7 のような画面が表示され、Search Consoleにドメインの登録が完了します。

図6 URLプレフィックスを選択して入力

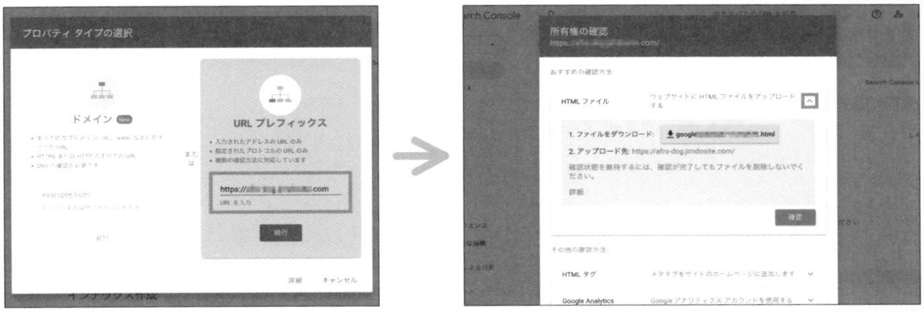

複数の確認方法から選べます。「∨」(下向き矢印)を押すと、それぞれの詳細が表示されます。

図7 所有権の確認に成功した画面

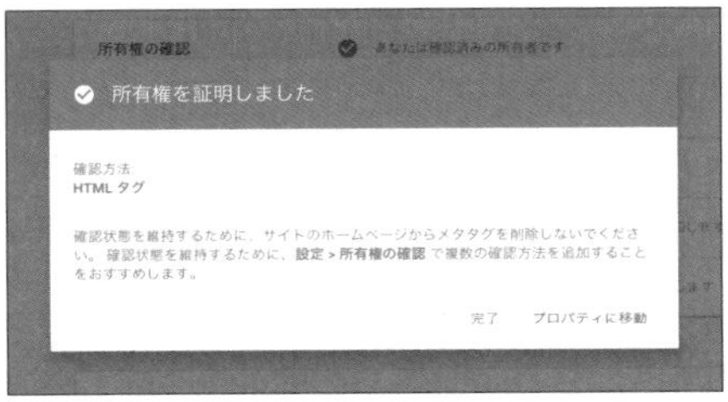

サイトマップを登録する

Search ConsoleにWebサイトの登録を終えたら、サイトマップと呼ばれるURLリスト(sitemap.xml)の登録も行いましょう。サイトマップを登録すると、Webサイトにあるコンテンツを1度でSearch Consoleに認識させることができます図8。サイトマップはXML形式でサイト内のURLのリストにしたものですから、XMLの記述ルールに則って自分で記述することできますが、「sitemap.xml Editor」などのサービスを利用すると便利です図9。WordPressなどのCMSには自動で生成するプラグインも公開されています。

図8 サイトマップを登録

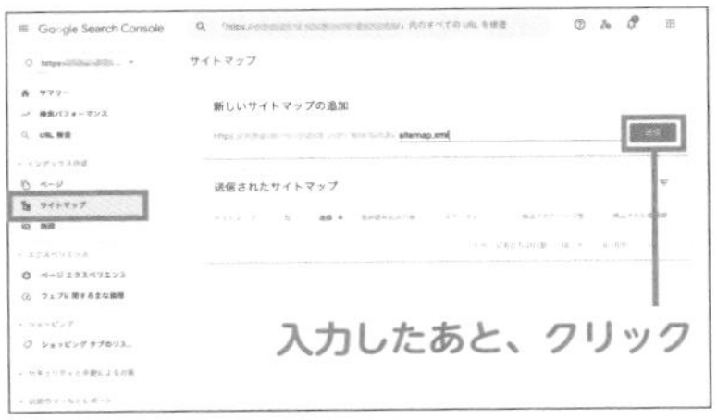

画面左のメニューで「サイトマップ」を選び、「新しいサイトマップの追加」に、サイトマップのファイル名を入力します。

図9 サイトマップを自動生成できる「sitemap.xml Editor」

サイトマップを作成したいサイトのURLを入力して、「サイトマップ作成」ボタンを押します。
http://www.sitemapxml.jp/

WORD サイトマップ

ここでのサイトマップは、検索エンジンにWebサイト内の各ファイルの関係を伝えるためのファイルを指す。サイト内のURLの一覧をXML形式で記載したもので、ファイル名は通常「sitemap.xml」。検索エンジン向けではなくサイトを訪れた人向けに、サイト内のページ構成が一目でわかるよう案内するページも「サイトマップ」と呼ぶ。

POINT

サイトマップは、検索エンジンのクローラーがサイト内を隅々まで巡回しやすくするためのものです。クローラーがサイトマップを読み取ることで、そのサイトにどんなページがあり、どんな構成になっているかを把握しやすくなります。

Lesson 10

02 Webサイトの効果を測定するアクセス解析

15 min

THEME テーマ

Webサイトを制作する期間はもちろん大切ですが、公開しただけでは入り口に立ったに過ぎません。サイトを作る目的は、公開したその先にあるからです。公開後に、その目的を達成できているかを確かめるのがアクセス解析です。

公開は目的達成のスタート地点

Web制作に携わる人の間では「Webサイトは公開してからが本番」という言葉がよく使われます。本来Webサイトは「商品を売るため」「会社やブランドの認知度を上げるため」など、何らかの目的があって作るものだからです。サイトを公開した時点では、目的達成のスタート地点に立ったに過ぎません。

Webサイトを実店舗に例えると、サイトの制作期間はお店の内装工事や商品を準備している状態です。サイトの公開がお店のオープンにあたり、どれだけのお客さまに来てもらえるか、売り上げが上がるかはオープンしてみないとわかりません。Webサイトも同様に、ユーザーが活用しやすい作りになっており、本来の目的が達成できているのかは、公開後に稼働してはじめてわかります。

公開したWebサイトをユーザーと同じように見るだけでは、目的がどのぐらい達成できているかはわかりません。制作したサイトがちゃんと機能しているか、閲覧した人が迷うことなく求める情報にたどり着けているかなどは、アクセス解析を行うことで、ある程度計測することができます 図1。

図1 アクセス解析ツールの画面例(Googleアナリティクス)

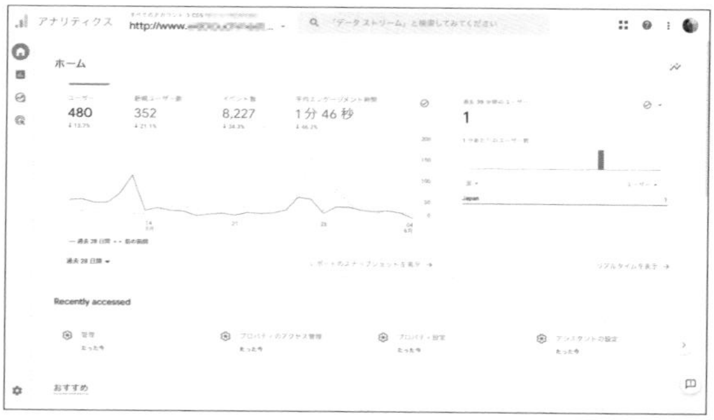

アクセス解析ツールを使うと、指定した期間の閲覧ページ数などをはじめ、さまざまな数値を計測できます。

POINT

例えば、ECサイトであれば、商品の売り上げ数などでサイトの一定の成果を測れますが、購入手続きを終える前に、途中で離脱した人の動きまではわかりません。サイトをどのぐらいの人が訪れ、目的を達成する前に離脱した人がどこでつまずいたのかなどは、アクセス解析を行うことで、ある程度詳しく知ることができます。

WORD アクセス解析

Webサイトを訪問したユーザーの行動を分析すること。サイトへのアクセス数やコンテンツごとの閲覧数、離脱率など、訪問者の行動をデータで取得し解析する。このためのツールをアクセス解析ツールと呼ぶ。

アクセス解析を行って改善を繰り返す

公開したWebサイトに実際はどのぐらいのアクセスがあり、どのぐらい見られているかなどは、専用のアクセス解析ツールやサービスを使うと簡単に計測できます。

アクセス解析の結果、もし求める成果が得られていないのであれば、サイトの作りに何かしらの問題がある可能性があります。ナビゲーションやメニューが使いにくく、ユーザーが見たいページにたどり着けないのかもしれません。メニュー名の見直しを図ったり、場合によってはサイトの構造を変える必要も出てきます。購入者の数が思うように伸びないのであれば、訪問者が購入前のどの時点で離脱しているかを探る必要があります。

このようにして、Webサイトの企画から制作、運用、改善といった流れで見直していくことを「PDCA」と呼びます。サイトを公開して終わりではなく、公開後にPDCAを繰り返し、より良くしていくことが大事とされています。

アクセス解析ツールにはどんなものがある？

アクセス解析ツールやサービスには無償で利用できるものもあれば、月額固定費を支払うもの、料金がページビューで変わるものなど実にさまざまです 図2。無償でも驚くほど高機能なものがある一方、有料のツールはアクセス解析の専門家でなくとも解析画面がわかりやすいよう工夫されていたり、サポート面も充実していたりします。無償ツールには使い方をていねいに教えてくれるサポートや詳細なマニュアルはないのが普通です。

WORD ページビュー

Webサイト内の特定のページが閲覧された回数のこと。そのサイトがどのぐらい見られているかを測る指標になる。

図2 有料のアクセス解析ツールの例

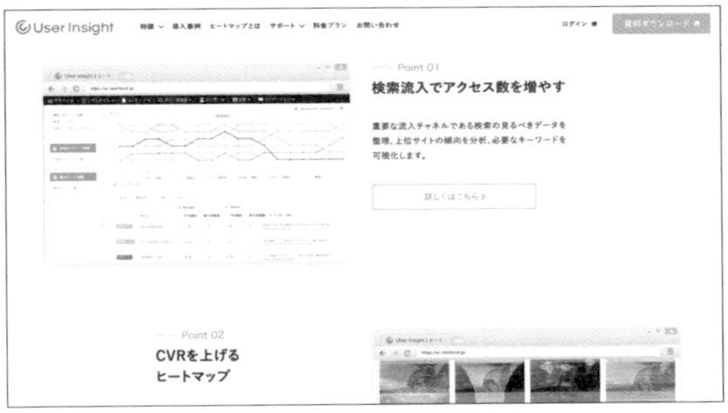

User Insight（https://ui.userlocal.jp）
ヒートマップ機能がモバイル端末にも対応しているなど高機能。

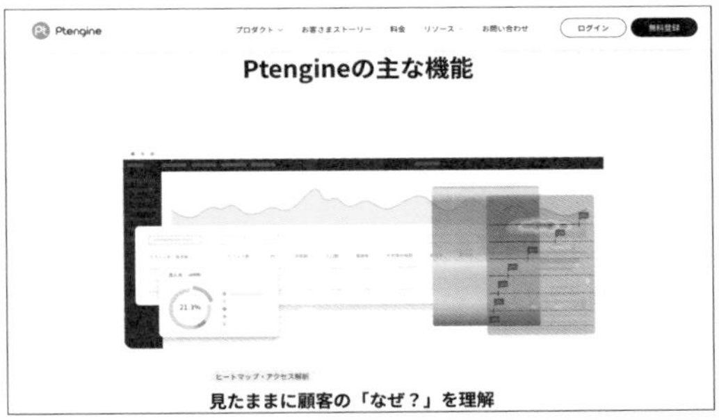

Ptengine（https://www.ptengine.jp）
サイト内でのユーザーの行動データを視覚的に判断しやすいのが特長。

Lesson 10

03

60 min

Google アナリティクス 4を設定してみよう

THEME テーマ

Webサイトのアクセス解析ツールとして広く使われているGoogle アナリティクスの設定手順を見ていきます。Google アナリティクスは2023年にバージョンアップし、従来から仕様が大きく変わりました。

アップデートの背景

Googleアナリティクスは Google が提供するサービスで、高度な機能を持ちながら無料で利用できるアクセス解析ツールとして広く使われています。Googleアナリティクスは2023年7月、ユニバーサルアナリティクス（以下、UA）と呼ばれていた従来のものから、新バージョン「Googleアナリティクス 4」（以下、GA4）に完全移行し、仕様が大きく進化しました 図1。

Googleアナリティクスは2005年に誕生しましたが、そこから約18年が経過し、さまざまな社会状況が変化したことが、バージョンアップの背景にあります。

図1 UAの画面（左）とGA4の画面（右）

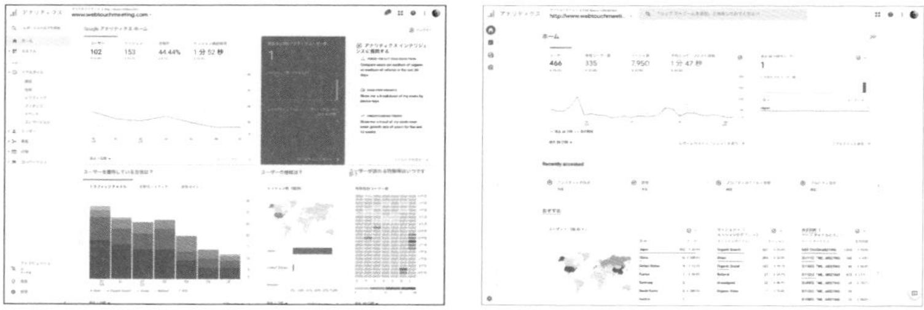

インターネットを活用したマーケティングでは Cookie（クッキー）という仕組みを用い、ユーザーが Web 広告や Web サイトを閲覧する行動データを分析しています。Googleアナリティクスの登場時に比べると、スマートフォンやタブレットなどの閲覧デバイスが多様化し、ユーザーは複数の端末を使って Web にアクセスすることが一般化し、行動データを追いづらくなっています。

また、デジタルマーケティングに不可欠な Cookie は匿名化された情報ですが、インターネット上の個人情報保護の観点から、

WORD Cookie（クッキー）

ユーザーがWebサイトにアクセスした際、訪問したサイトのサーバーに、ユーザーが入力したデータや接続環境などの情報が記録される仕組み。サイトを再訪問した際、サーバーに記録された前回訪問時の情報を読み取ることで、ユーザーの利便性が高まる。反面、Cookieには認証情報などの重要な情報も保存されているため、Cookieが漏えいした場合、機密情報の漏えいや不正アクセスといったサイバー犯罪に悪用される危険性もある。

2010年代後半から2020年にかけて欧米ではCookieを個人情報として扱う法律が制定されました。日本の法律では、まだCookieは個人情報として扱われてはいませんが、ほかの情報と紐づけることで個人情報と同じ扱いになったり、Cookieの取得や利用に関してユーザーの同意が必要になったりと、慎重な取り扱いが求められる流れになっています。

GA4での仕様変更は、こうしたインターネット環境の変化やプライバシー保護規制の強化といった世の中の流れが背景にあります。ユーザーのプライバシーにも配慮をしながら、ユーザー中心の分析ができるようになったのがGA4です。

> **POINT**
>
> EUでは2016年にEU一般データ保護規則（GDPR）、アメリカでは2020年にカリフォルニア州消費者プライバシー法（CCPA）、それぞれプライバシー保護に関連する法律が制定されました。欧米に商品やサービスを提供する日本企業は、こうしたプライバシー保護を強化する動きに注視・対策が必要です。日本でも、2022年4月に施行された改正個人情報保護法によって、Cookieが規制対象になりました。

GA4の設定方法

ここからは、GA4の設定方法を見ていきます。

Googleアカウントにログインし、Googleアナリティクス（https://analytics.google.com/analytics/）にアクセスします。アカウントに未ログインのままアクセスすると、ログイン画面が表示されますので、ログインしてください。

UAを使用していた方は「設定アシスタントに移動」という項目を選び、「＋プロパティを作成」をクリックします 図2 。GA4から利用開始する場合も「＋プロパティを作成」 図3 をクリックしたあとの、設定の流れはほぼ同様です。

図2 「GA4の設定アシスタント」からプロパティを作成

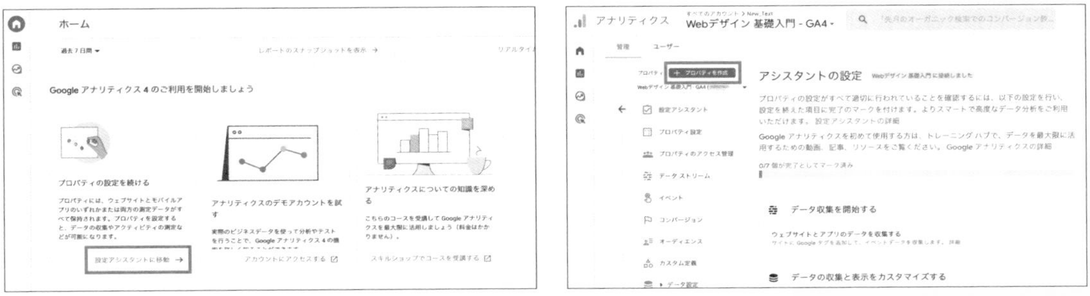

図3 プロパティを作成（Google アナリティクスをはじめて利用する場合）

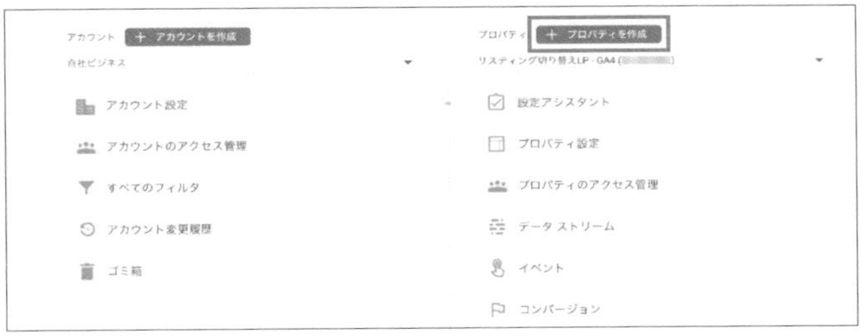

「＋プロパティを作成」をクリックしたあと、「プロパティの作成」→「お店やサービスの詳細」→「ビジネス目標」→「データの収集」の流れで、それぞれの必要項目を入力し、設定を行います図4～図7。

図4 プロパティの詳細を入力する

図5 「お店やサービスの詳細」入力画面

図6 「ビジネス目標」入力画面

図7 「データの収集」設定画面

入力を終えると「データ ストリームの設定」が表示されますので、アクセス解析の対象とするWebサイトのURLとストリーム名を入力し、「ストリームを作成」を押すと、測定IDなどの発行されます図8。次に、実装手順のページが表示されます（表示されない場合は「タグの実装手順を表示する」をクリック）。「手動でインストールする」のタブ画面に表示されるGoogleタグ図9をコピーして、対象とするWebページの、<head>タグ内に1番目の要素として貼り付けてください。これで設定は完了です。

設定を行った直後はデータが蓄積されていませんが、通常は48時間程度で測定データが見られるようになるので、時間をおいて確認してみましょう。

memo

Googleアナリティクスの登録は手軽にできますが、詳細な機能を使いこなしデータを深く分析するためには、ある程度の学習が必要です。詳しく知りたい方は専門の解説書を参照することをおすすめします。また、Googleアナリティクスの管理画面や機能は比較的、頻繁に変更されます。解説書を購入するときは情報の古くない、なるべく最新のものを選ぶとよいでしょう。

GA4の解析画面

すでにアクセス解析を行っているサイト画面を例に、GA4のインターフェースや特徴を紹介します。ホーム画面は図10です。

GA4では、画面の左側に各種メニューが表示されます。対象サイトを訪問しているユーザー数がリアルタイムで表示されます。

レポートのメニューは大きく「レポート」「探索」「広告」「設定」「管理」の5つに分類されました 図11。GA4では、以前にも増して直感的な操作でレポートやグラフの作成が行えるようになっています。例えば、ユーザーの操作や行動（イベント）を計測できるようになり、「最後までページを読んだ（最後までスクロールした）」分析が行えるようになりました。また、デバイスやプラットフォームの違いに関わらず、ひとつのレポートをすべてのイベントで確認できるようになり、集計作業も以前より効率化されています。

WORD イベント

「ユーザーイベント」とも呼ぶ。クリック操作やページスクロール、PDFファイルのダウンロード、入力フォームからの送信、動画再生などといった、ページを閲覧するユーザーの行動を指す。

図8 データ ストリームの設定

URLとストリーム名を入力します。

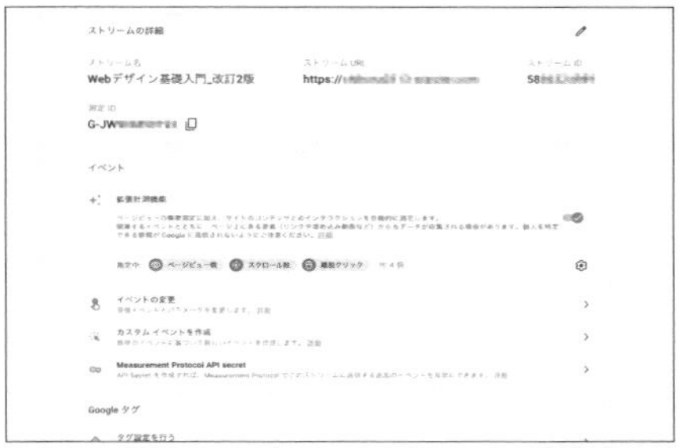

測定IDなどが発行されます。

図9 「実装手順」→「手動でインストールする」

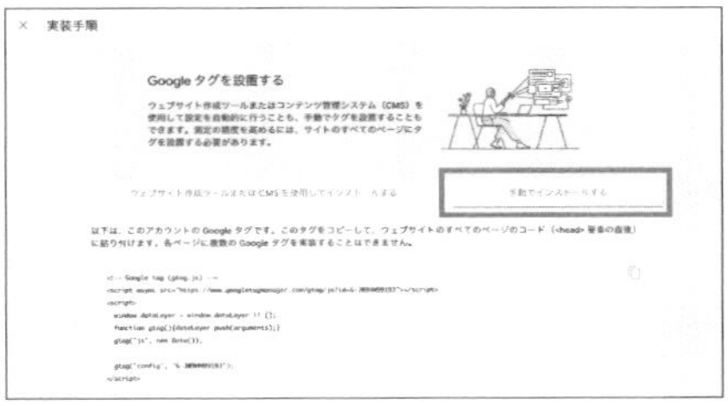

表示されるGoogleタグをコピーして、解析対象となるサイトのWebページに貼り付けます。

図10 GA4の「ホーム」

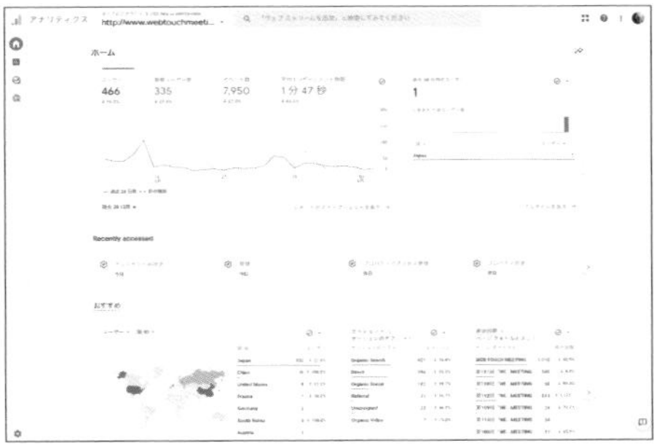

図11 GA4の「レポート」

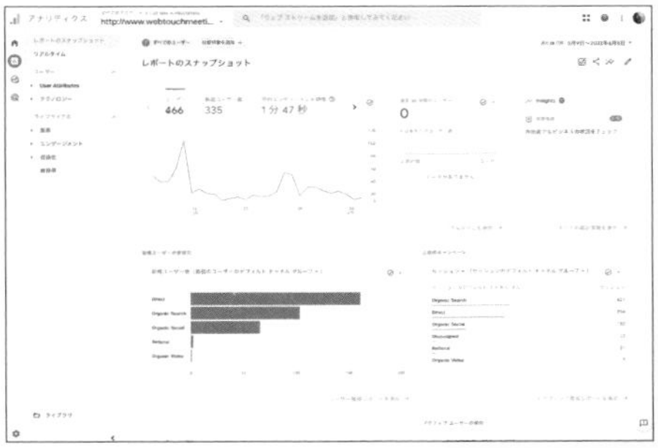

「レポート」を見るだけでも、大まかなアクセス状況を知ることができます。

Lesson 10
04
15 min

ユーザビリティやアクセシビリティの改善

THEME テーマ
公開されたWebサイトが、ユーザーにとって「本当に使いやすいのか」は、アクセス解析の数字からは見えにくいものです。ユーザビリティやアクセシビリティの検証には、ときには専門家の力を借りることも必要になります。

アクセス解析ではわかりにくい問題点

Webサイトを作った目的を達成する意味では、公開後のアクセス数やページビューといった数字はもちろん重要といえます。同時に、Webユーザビリティ（使いやすさ）やWebアクセシビリティ（アクセスのしやすさ）が本当に実現できているのかも、公開後に検証すべき大切な要素です 図1。ユーザビリティやアクセシビリティは、アクセス解析で計測するデータや数字からはなかなか見えてきません。

35ページ、Lesson2-02参照。

図1 ユーザビリティの定義や指標がわかる「U-Site」

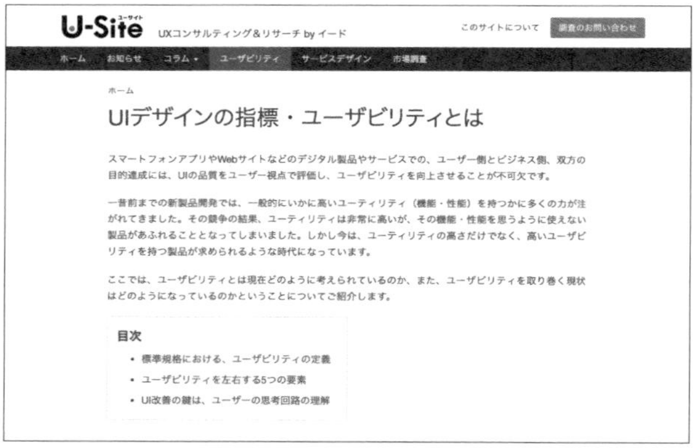

すぐには全部理解できなくても、1度目を通しておくと非常に参考になります。
https://u-site.jp/usability/

問い合わせフォームを例にします。サイトの訪問者が問い合わせフォームの送信ボタンを押すまでにはページ遷移や必要項目の入力など、いくつかのステップがあります。どの時点で途中離脱している人が多いかは、アクセス解析である程度は把握できますが、その理由まではわかりづらいものです。フォームの手前で離脱したのは説明書きが難しいからなのか、次に進むリンクがわかりにくいからなのか。フォーム入力で挫折する人は、どの入力項目でつまずきやすいのか。アクセス解析だけでは原因の特定が難しいでしょう。

作る側は問題点を客観的に分析できない

ユーザビリティやアクセシビリティを測定する方法は複数あります。実際にWebサイトを使うターゲット層となる人に協力してもらい、ユーザーテストなどを実施するのも有効です。ときには専門の会社に依頼してヒューリスティック評価などの調査を行うことなども視野に入れましょう。制作したサイトが実際にどのように見られているかなど、ユーザビリティやアクセシビリティをしっかりした指標で本格的に調査・評価したい場合には、専門の会社に依頼するのが現実的です。

ただ、Webサイトによっては予算や体制が限られていることも多々あります。そういった場合でも、ユーザーテストやアンケートであれば、友人・知人に協力してもらうなどして自分たちの力だけでも実施できます。最近では、手軽に利用できるヒートマップツールも登場しています 図2。ページ上でユーザーの視線がどんな動きをしているのか知りたいときに、試験的に使ってみるのもよいでしょう。

どの方法をとるにしても大事なことは、使いやすさやアクセスのしやすさを制作する側の勝手な推測や思い込みで判断しないということです。

WORD ユーザーテスト

Webサイトを実際の利用者に閲覧・操作してもらい、使いにくさなどの具体的な問題点を洗い出すテスト。

WORD ヒューリスティック評価

ユーザビリティの評価手法のひとつで、ヒューリスティック分析とも呼ぶ。ガイドラインにもとづき、特定分野の専門家が個別に評価作業を行い、評価結果をまとめる。

WORD ヒートマップ

Webサイトの場合には、訪問者のページ上での目線やマウスの動きなどの情報を、可視化したもの。数値ではなく、サーモグラフィーのように色分けされて可視化される。

POINT

制作した側は、自分たちで完成させたサイトが良いものだと思っていますから、「使いにくい、わかりにくい」などの問題点を、客観的な視点から探ることは難しいのです。常に使う人の立場になって考えることを忘れないでください。

図2 ヒートマップツール「Hotjar」

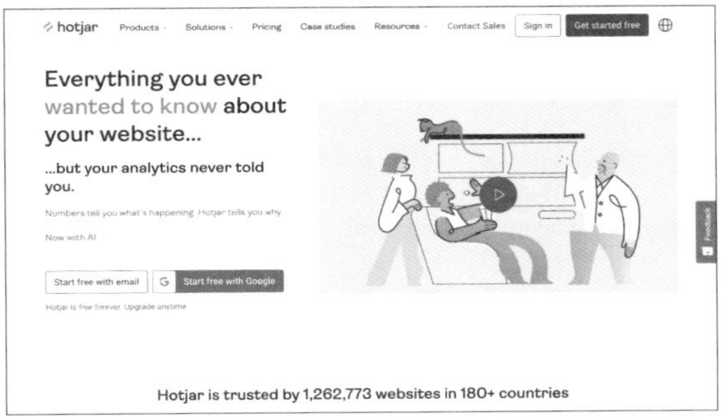

Webサイトのトップページ(https://www.hotjar.com/)

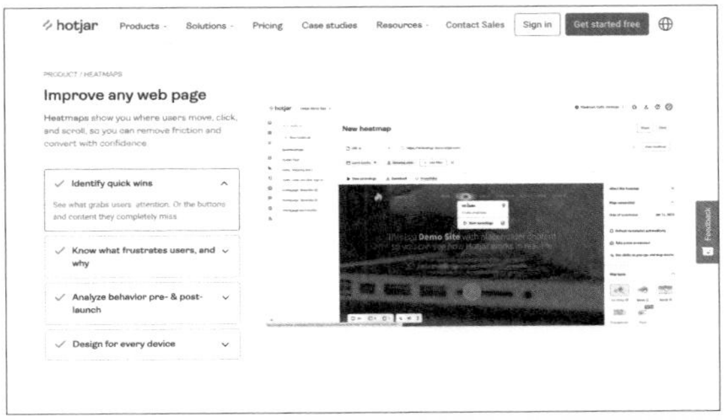

「Hotjar」の製品詳細ページ。ユーザーの目線はどこに長く留まっているかなどを可視化する機能が搭載されています。

Lesson 10

05

15 min

セキュリティ対策の基本はアップデートと情報収集

THEME テーマ

公開したWebサイトやデータを置いているサーバーは、外部からの攻撃の対象となる可能性があります。知らなかったでは済まない事態にならないよう、ソフトウェアのアップデートと情報収集を心がけましょう。

外部からの見えない攻撃

Webサイトや Webサーバーには、みなさんが想像している以上にさまざまなアクセスがあります。WWWにファイルを公開するということは、インターネット環境があれば世界中の誰でもそこにアクセスできるということです。そのページにある情報を知りたい、コンテンツを見たいと思ってやって来る訪問者であれば大歓迎ですが、サーバーやサイトのまだ塞がれていないセキュリティホールを見つけようとするアクセスも押し寄せてきます 図1 図2。

WORD セキュリティホール

プログラムの不具合や設計上のミスが原因となって発生する、セキュリティ上の脆弱性のこと。コンピューターのOSやソフトウェア、Webブラウザやプラグインにも存在する。

図1 サイバー攻撃は絶え間なく行われている

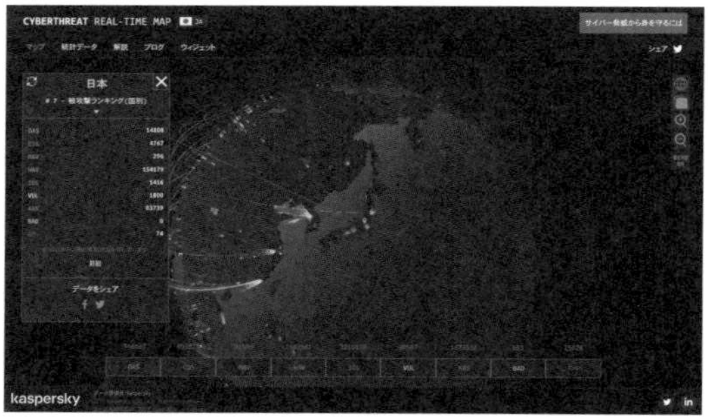

セキュリティソフトの会社であるカスペルスキーが運営する、サイバー攻撃を可視化したサイト。世界中のサイバー攻撃を、リアルタイムで表示しています。
https://cybermap.kaspersky.com/

図2 国民のための情報セキュリティサイト(総務省)

インターネットやコンピューターの情報セキュリティについて、ごく基本的なことを学びたい場合には、総務省のWebサイトも参考になります。
https://www.soumu.go.jp/main_sosiki/joho_tsusin/security/

残念ながら、コンピューターのOSやソフトウェアにはセキュリティホールがつきものです。Webサイトを動かすためにサーバーにインストールされているソフトウェアには、サーバーが乗っ取られてしまうような重大なセキュリティホールが見つかることもありますし、WebブラウザやCMSなどにもセキュリティホールは存在します。そして、セキュリティホールを塞がずに放置しておくことは、みなさんが想像している以上に危険なことです。

場合によっては、サーバーの管理者アカウントが乗っ取られてサイトを勝手に書き換えられたり、サイトにアクセスしてきたユーザーにウイルスをバラまいてしまう事態も起こりえます。

アップデートと情報収集を心がける

セキュリティ対策の専門家ではないみなさんができる最も有効な対策は、OSやソフトウェアを迅速にアップデートすることです。アップデートを行うことで、それまでに発見されたセキュリティホールを塞ぐことができます。また、まだ見つかっていない新たなセキュリティホールが見つかる可能性は常にありますから、OSやソフトウェアの更新情報には常時注意を払うようにしましょう。

コンピューターセキュリティにかかわる情報を収集・発信している「JPCERT コーディネーションセンター（JPCERT/CC）」では、WebサイトやX（旧Twitter）アカウントを通じて、深刻なセキュリティホールなどをはじめとして、セキュリティに関する情報提供や注意喚起を行っています 図3 。サーバー側のソフトウェアの情報だけではなく、Webブラウザなどクライアント側のソフトウェアの脆弱性などの情報も発信されていますので、使用しているソフトウェアにかかわる注意喚起がなされていないか、定期的にチェックするとよいでしょう。Webサイトを制作する側に立つのであれば、セキュリティに関しても他人事にしない姿勢が大切です。

POINT

一般的な共用レンタルサーバーは、ホスティングサービス側で外部からの悪意ある攻撃を防ぐための対策がなされています。けれども、「VPS」と呼ばれる自由度が高い代わりに使用者側がサーバーそのものを管理するようなサービスでは、サーバーのソフトウェアの管理や外部からの攻撃への対策も自分たちで行わなければなりません。

WORD CMS

コンテンツ・マネージメント・システム。Webサイトのコンテンツを管理したり、更新を効率化するためシステム。代表的なものにWordPressがある。

POINT

みなさんが使っているパソコンやOS、メールソフト、Webブラウザなども、何かの原因でウイルスに感染しまう場合もあります。メールやデータのやり取りを介して、同僚や外部の人まで感染させてしまわないよう、OSやソフトウェアは面倒がらずに、常に新しいバージョンにアップデートしてください。

図3 JPCERT/CCのWebサイト（左）とX（Twitter）のアカウント（右）

https://www.jpcert.or.jp/

https://twitter.com/jpcert/

Lesson 10

06 ソーシャルメディアとの連携について

15 min

THEME テーマ

Webサイトを公開したあと、より多くの人に見てもらうためには、SNSなどのソーシャルメディアを使うことも効果的な方法のひとつ。サイトの特徴や内容に合わせて、各種ソーシャルメディアとの連携方法を紹介します。

SNSの魅力と集客効果

SNS（ソーシャル・ネットワーキング・サービス）は、私たちの日常にすっかり浸透しました。みなさんの中にも、普段の生活でInstagram、X（旧Twitter）、FacebookなどのSNSを楽しんでいる方が大勢いらっしゃるでしょう。個人の利用だけではなく、企業や商品のWebサイト、Webを使った広告キャンペーンなどにも、集客力や話題性を高める目的でSNSを活用している事例がたくさんあります。

インターネット上の広告に慣れてしまったユーザーは、簡単にはクリックしてくれません。一方、SNS上で友人・知人のクチコミ、あるいはインフルエンサーと呼ばれる人が発信した情報であれば、ユーザーは信頼度が高いと判断し、気軽にシェアしたり拡散したりしてくれます 図1 。

図1 SNSを使った集客

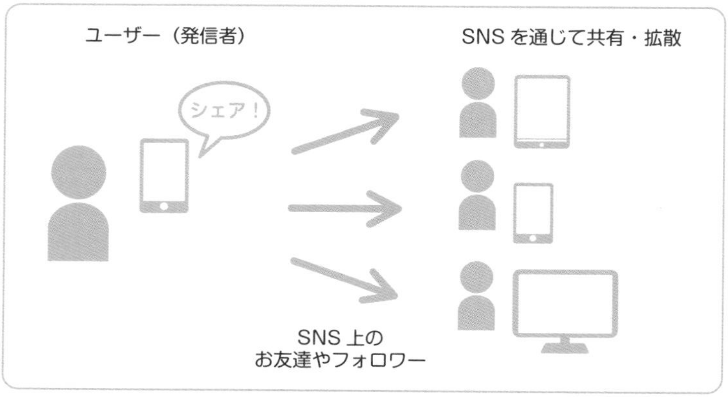

シェアされた側のユーザーが内容に共感し、さらにシェアしてくれれば、情報はどんどん広がっていきます。

memo

Twitterは2023年7月24日、新名称「X」とのサービス名の変更が発表され、ロゴも新しいものに変わりました。

memo

Facebookを運営する旧Facebook社は、2021年Meta Platforms社（通称：Meta）に社名が変更されました。SNSサービスとしてのFacebookの名称は現在もそのまま使用されています。

POINT

企業の広告宣伝でもSNSが頻繁に活用されるのには、こうした背景があります。SNSで発信された情報を通して、興味を持ったユーザーがWebサイトにアクセスしてくれる可能性が高まるわけです。サイトのSNSのいいね！ボタンやシェアボタンを活用し、気軽に拡散・共有してもらうことで、訪問者を増やすことにつなげていきましょう。

SNSの特徴や使い分け

写真の投稿を中心したSNSであるInstagramは、世界中で10億人が利用し、日本でも3,300万人以上のユーザーがいるといわれています。主にスマートフォンから写真や動画を共有し合い、好みの写真を投稿するユーザーをフォローしたり、いいね！を押したりすることでコミュニケーションを図ります。

Xは、フォローしているユーザーのポスト（ツイート）した情報が流れてくるタイムライン上でのコミュニケーションが中心です。タイムライン上のポストを、自分自身のフォロワーに共有することで情報が広がっていきます。フォロワー数が桁違いに多いユーザーがポストすることで、爆発的に拡散することがあります。

Facebookは実名で登録することを原則としたSNSです。ユーザー同士で友達になったり、ほかのユーザーをフォローすることでつながりを広げていきます。また、Facebookページという機能を使って、企業やお店、商品のページを作ることもできます。

memo

Instagramのユーザー数は下記の記事を参考にしました。
・ガイアックス ソーシャルメディアラボ「2023年8月更新！性別・年齢別 SNSユーザー数(Twitter、Instagram、TikTokなど13媒体)」
https://gaiax-socialmedialab.jp/socialmedia/435

WORD Facebookページ

Facebookのユーザーが作成し、管理者となることで、企業や団体、店舗、商品、イベントなどの、専用ページを作ることができる機能。ユーザー個人ではなく、Facebookページとしての情報投稿やコミュニケーションも可能。

SNSの共有ボタンを設置するには

Webサイトに各種SNSで情報を共有してもらうためのボタンを設置するのは、技術的にそこまで難しいことではありません。多くのSNSには一般のユーザーではなく、WebサイトやWebサービスを制作する開発者専用に情報を集めたページが用意されています。開発者向けのページには、Xであればいいね！ボタンやポストボタン、Facebookであればいいね！ボタンやシェアボタンといった、各種リンクボタンを設置するソースコードのジェネレーターが用意されています 図2 図3。

WORD ジェネレーター

ここでは設定した条件などにもとづき、ソースコードを自動的に生成してくれるプログラムを指す。

memo

Xの公式開発者向けサイトも以下に挙げておきます。開発者向けのサイトは英語版のみのこともしばしばあります。初心者の方にはハードルが高いかもしれませんが、徐々に必要な情報だけでも探し出せるようになるといいでしょう。
・Xの開発者向けサイト(英語)
https://developer.twitter.com/

図2 X(Twitter)のリンクボタンのジェネレーター

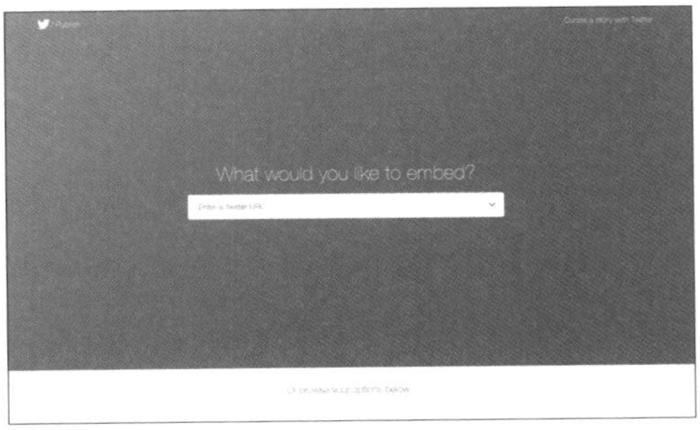

Webサイトに設置するポストボタンやフォローボタンなどのリンクを生成できます。
https://publish.twitter.com/

図3 Facebookの開発者向けサイト

こちらは日本語版でも提供されていますが、開発者としてのアカウント登録が必要になります。
https://developers.facebook.com/

Index 用語索引

アルファベット

A

B

C

D・E

F

G

H・I・J

L・M・N

五十音

あ～お

か～こ

さ～そ

Index 用語索引

執筆者紹介

栗谷 幸助 （くりや・こうすけ）

Lesson 1・2執筆

福岡県久留米市生まれ。「人と人とを繋ぐ道具」としてのWebの魅力に触れ、1990年代後半にWeb業界へ。Webデザインユニットを結成し、Webの企画・デザイン・サイト運営などを手掛けながら、各地でWeb関連の講師を担当。その後、デジタルハリウッドに所属し、現在はデジタルハリウッド大学・准教授として教育・研究活動を行う。

栗谷 幸助 准教授 | デジタルハリウッド大学【DHU】
https://www.dhw.ac.jp/feature/teacher/kuriya/

相原 典佳 （あいはら・のりよし）

Lesson 5・6・9執筆

1984年群馬県生まれ。2006年よりDTP、Web制作に携わる。Webアシスタントディレクター業務を経たのち、2010年にフリーランスとして独立。また、デジタルハリウッドなどでWeb制作の講師としても活躍。デザインからフロントエンド構築まで、一貫したWebサイト制作を提供している。

X（Twitter）：@noir44_aihara

藤本 勝己 （ふじもと・かつみ）

Lesson 7・8・10執筆

広島県廿日市市出身。穴吹デザイン専門学校非常勤講師。製造業や保険業などの異業種を経験後、独学で勉強をしWeb業界に。Web制作に関わる人達を集めた勉強会を15年開催し、企業の人材育成や広島県から依頼を受けた人材集積の事業も行い、ゼロからのコミュニティ作りなど、さまざまな事業の形成・発展につなげている。

アイエーアイ：https://iaiweb.co.jp/
WEB TOUCH MEETING：https://www.webtouchmeeting.com/

村上 圭 （むらかみ・けい）

Lesson 3・4執筆

秋田県出身。広島県在住。ギター製作とリペアの技術を身につけた後に楽器販売店へ入社。その後ブライダル写真集制作会社へ入社。退社後、株式会社インターロジックに入社。Web制作のディレクション、HTML/CSSのマークアップのほか、社内外での制作研修を定期的に行う。

インターロジック：https://interlogic.jp/

吉本 孝一 （よしもと・こういち）

Lesson 7・8サンプル制作

和歌山の那賀高校を卒業後、広島市立大学に入学。その後穴吹デザイン専門学校に入学。同校を卒業後、株式会社織に入社。同社を退職した後、フリーランスとして独立、フロントエンドエンジニアとして活動中。

nkhr7：https://nkhr7.com/
X（Twitter）：@nkhr7_web

●制作スタッフ

［装丁］ 西垂水 敦（krran）
［カバーイラスト］ 山内庸資
［本文デザイン］ 加藤万琴
［編集・DTP］ 株式会社トップスタジオ
［制作協力（Lesson5・6）］ おのれいこ

［編集長］ 後藤憲司
［担当編集］ 熊谷千春

初心者からちゃんとしたプロになる

Webデザイン基礎入門　改訂2版

2023年10月 1日　初版第1刷発行

［著者］ 栗谷幸助　相原典佳　藤本勝己　村上 圭　吉本孝一
［発行人］ 山口康夫
［発行］ 株式会社エムディエヌコーポレーション
〒101-0051　東京都千代田区神田神保町一丁目105番地
https://books.MdN.co.jp/
［発売］ 株式会社インプレス
〒101-0051　東京都千代田区神田神保町一丁目105番地
［印刷・製本］ 中央精版印刷株式会社

Printed in Japan

【カスタマーセンター】
造本には万全を期しておりますが、万一、落丁・乱丁などがございましたら、送料小社負担にて
お取り替えいたします。お手数ですが、カスタマーセンターまでご返送ください。

落丁・乱丁本などのご返送先
〒101-0051　東京都千代田区神田神保町一丁目105番地
株式会社エムディエヌコーポレーション カスタマーセンター
TEL：03-4334-2915

書店・販売店のご注文受付
株式会社インプレス　受注センター
TEL：048-449-8040 ／ FAX：048-449-8041

【内容に関するお問い合わせ先】

株式会社エムディエヌコーポレーション
カスタマーセンター メール窓口

info@MdN.co.jp

本書の内容に関するご質問は、Eメールのみの受付となります。メールの件名は「Webデザイン基礎入門　改訂2版 質問係」、本文にはお使いのマシン環境（OSとWebブラウザの種類・バージョンなど）をお書き添えください。電話やFAX、郵便でのご質問にはお答えできません。ご質問の内容によりましては、しばらくお時間をいただく場合がございます。また、本書の範囲を超えるご質問に関しましてはお答えいたしかねますので、あらかじめご了承ください。

ISBN978-4-295-20545-6　C3055